国土空间规划
大数据计算平台建设与应用

张晓东　梁　弘　刘　博等　　著

中国建筑工业出版社

审图号：京S（2024）053号

图书在版编目（CIP）数据

国土空间规划大数据计算平台建设与应用 / 张晓东
等著 . -- 北京：中国建筑工业出版社，2024. 10.
ISBN 978-7-112-30292-5

Ⅰ. TU98

中国国家版本馆 CIP 数据核字第 2024S0B540 号

责任编辑：陈夕涛　徐昌强　李　东
责任校对：赵　力

国土空间规划大数据计算平台建设与应用

张晓东　梁　弘　刘　博　等　著

＊

中国建筑工业出版社出版、发行（北京海淀三里河路9号）
各地新华书店、建筑书店经销
华之逸品书装设计制版
北京富诚彩色印刷有限公司印刷

＊

开本：889 毫米 ×1194 毫米　1/16　印张：17¾　字数：311 千字
2025 年 2 月第一版　　2025 年 2 月第一次印刷
定价：**158.00** 元
ISBN　978-7-112-30292-5
（43187）

本书编写组

张晓东　梁　弘　刘　博　顾重泰　崔　鹤
鞠秋雯　陈易辰　赵培松　张　淼　薛皓硕
孙道胜　吴运超　陈　猛　崔　喆　王　良
许丹丹　李　伟　钟桂玲　金尚琪　桂　朝

序一

第四次科技革命以全球互联和信息共享为背景、以数字化和智能化为抓手、以学科融合和跨界创新为动能、以可持续发展为牵引，围绕信息技术、先进制造、新能源、通信、航空航天、节能环保等核心应用领域，不断涌现新技术，为人类社会进步创造新的条件。国土空间规划是国家空间治理行为，是国家治理体系和治理能力现代化的重要组成部分。当前，我们要把握好数字科技发展机遇，以数字科技变革规划新范式，以数字科技构建规划新服务，实现数字科技赋能规划新效益。这一话题，不仅关乎数字科技本身，而且是一次规划范式变革式的思考，一次规划行业发展的自我审视。面对机遇和挑战，我们的规划行业，以及每一位规划人，应当以更锐利的洞察力、更坚定的意志力、更无畏的行动力，积极推动新一轮的规划行业转型创新发展。

数字科技驱动下的转型，首先面临的是赛道的转变。规划职业，是规划师借助一系列的专业知识与技能，影响和塑造空间使用和发展的活动。而数字科技，将规划师对于空间的理解，从物理维度，延展到了"物理－社会－数字"三元互动的复合维度——重塑物理空间的组织形态、调整社会空间的干预方式、改变数字空间的交互属性。物理空间与数字空间，通过物联网，实现万物互联；物理空间与社会空间，通过交通网络，形成人地互联；数字空间与社会空间，通过互联网，实现人人互联。在三个空间之中，分别通过布设智慧设施、构建智慧平台、提供智慧服务，不断创造智慧化场景。我们必须要深刻理解，由三元空间互动带来的新领域、新赛道。

本书依托北京市城市规划设计研究院规划大数据联合创新实验室建设，针对大数据赋能规划创新实践应用的难点、堵点、卡点，建设了国土空间规划大数据计算平台，突破了当前大数据在国土空间规划领域的落地应用瓶颈，实现了从"规划编制、方案审查、规划实施、体检评估、监督反馈"业务场景逻辑和"现状感知、分析认知、机制研判、决策验证"技术应用逻辑的平台化综合支撑能力。首先，通过各种技术手段收集城市运转各种活动产生的规划数据，具备存储能力、计算能力和服务能力，丰富大数据赋能规划的要素资源；其次，通过计算提供数据间的因果关系，为外部应用提供正确、精确、全面的数据指标计算结果，提升大数据赋能规划的技术能力；最后，消除了跨部门的数据协同中的数据壁垒，打破了一般规划人员应用规划大数据开展工作的技术壁垒，推动实现高效的大数据分析与挖掘工作，增强大数据赋能规划的价值效用。

建设国土空间规划大数据计算平台是新质生产力的一种探索，也是一种直面各种机遇和挑战的积极应对，希望能够加快推动全过程的数字化规划决策链的形成，全面推进可感知、能学习、善治理、自适应的数字化规划能力矩阵的建设。本书面向国土空间规划实施和城市治理领域，希望能够为规划行业从业者在大数据知识体系和创新能力建设方面提供有益借鉴。

北京市城市规划设计研究院院长

序二

随着人类社会进入信息时代，国土空间规划学科也不可避免地向数字化、信息化、网络化、智能化和智慧化的方向发展。2024年5月，国家发展改革委、国家数据局、财政部、自然资源部发布《关于深化智慧城市发展 推进城市全域数字化转型的指导意见》，提出充分发挥数据的基础资源和创新引擎作用，全面提升城市数字化转型的整体性、系统性、协同性。以智慧城市和智慧国土为代表的新型科学研究方向的兴起，将国土空间规划与经济社会发展更紧密地联系在一起。大数据作为国土空间治理的重要技术手段，可以更加精细、精准地实现社会感知，理解社会时空行为的完整信息链，从而揭示国土空间承载的经济社会活动行为和过程演变的规律，可以在智慧城市和智慧国土空间规划建设中发挥重要作用。

国土空间规划大数据计算平台汇聚了海量与规划相关的大数据资源，融合了分布式存储和计算、人工智能、大数据分析和挖掘、GIS技术、可视化等多项先进技术，实现了后台、中台和前台技术方案的全流程闭环贯通，打通了数据感知和规划应用之间的技术瓶颈，具备人类时空间行为特征分析、人地交互关系模型构建、活动行为决策规则和异质性认知等能力，能够支撑全流程国土空间规划业务场景的大数据指标监测，是国土空间规划领域集成创新能力的重要成果，为国土空间治理注入了新动能和新引擎。

北京市城市规划设计研究院团队在大数据赋能国土空间规划创新应用领域完成了诸多成果，取得了良好成效。但是，作者团队并没有止步于内生的创新发展逻辑，局限于固有规划业务场景和项目应用，而是积极采取开放的创新逻辑，勇于探寻通用化、规范化和共享化的大数据赋能国土空间规划基础平台能力建设，以期消除跨部门数据协同中的数据壁垒，打破规划人员应用规划大数据开展工作的技术壁垒，提高大数据赋能国土空间规划场景的广度和深度，为国土空间规划领域的从业人员和研究者探索一种全新的平台化规划范式。希望本书能够成为这一领域的参考之作，激发更多人对于大数据平台技术在规划领域的应用进行深入思考和不断实践。

北京大学地球与空间科学学院博雅特聘教授、副院长国土空间是高度开放的复杂巨系统，各种要素有机融合、关联、互动和协作。在全球信息化高速发展的今天，信息的传播打破了时空限制，地理邻近性不再决定一切。影响国土空间变化的因素更加多元化、复杂化。大数据的动态时空属性以及多尺度多精度的特性可以支持新时期国土空间规划复杂性以及人本理念的量化分析要求，个体化视角下"复杂巨系统"的解读成为可能。

大数据具有大规模、高时效、动态性、多样化的特点，为城市全新形式规划研究带来新机遇的同时也带来了巨大挑战。对于全市域、大范围的数以亿级个体样本多维特征的高效提取，传统城市规划大数据平台架构难以满足指数型增长的超大算力需求。另一方面，海量数据多源异构，面向规划业务构建数据体系存在诸多缺陷，规划工作体系各流程中的数据应用不统一，多源数据要素融合应用不足，难以在更广范围内整合更多数据资源，弱化了数据本身对规划工作的驱动作用。

人工智能算法、分布式存储与计算等数字技术的发展突破了海量数据操作瓶颈，为开展基于规划大数据智能计算的规划工作提供了变革性手段，以大数据驱动城市建设规划现代化，实现城市功能品质全面提升是行业共识。为此，本书从国土空间规划工作全流程角度出发，按照总体规划、详细规划、专项规划的分类类别，构建大数据环境下支撑规划实施、监测和评估工作的城市特征监测指标体系，围绕职住通勤、人口流动、商业活力、生活圈、交通运行和街道空间等多元应用场景，搭建一个集数据存储、数据计算、数据管理、数据分析、数据表示、决策支持于一体的综合性规划大数据计算平台。依托平台可伸缩可调度的弹性计算能力，以及高扩展的系统架构和定制化的功能特性，将大数据智能计算与国土空间规划工作体系形成紧密联系，提升规划决策制定的科学性，同时减少规划人员应用数字技术进行规划编制、实施和监督等环节的困惑和阻力，为各个规划部门决策业务需求提供基础支撑。

本书以服务国土空间规划的大数据计算平台搭建为基本框架，将大数据平台技术与国土空间规划相关知识融会贯通，内容全面，简明适用，便于理解。本书共分为6章，第1章浅析了数字化时代下的国土空间规划新机遇，探讨了规划大数据的相关概念和研究理论，简述了常见领域大数据平台建设内容并提出了国土空间规划大数据计算平台的基本内涵；第2章分析设计了新时期国土空间规划大数据的需求框架，围绕规划大数据的应用需求形成了平台建设的组织架构，构建了空间精细、更新高频、覆盖更广的城市特征监测指标体系，重点设计了规划大数据平台的总体架构和技术架构；第3～5章对国土空间规划大数据后台的关键技术以及前台的功能设计进行了描述，重点提出了高效建设规划大数据中台的方法论；第6章以实际应用场景为切入点勾连计算平台与规划业务的纽带，重点介绍了多个实际场景下平台应用实践成果。

本书在编写过程中，得到了北京市城市规划设计研究院规划大数据联合创新实验室首席业务设计师杨明、首席技术架构师张宇、副主任魏贺等领导和专家的指导，同时，也得到了联通智慧足迹、百度地图慧眼、北京极海纵横等数字科技企业的大力支持，在此一并表示衷心感谢！

本书可作为高等院校地理科学、城市规划、交通规划等专业的教学实验与科研参考书，也可供国土空间规划管理工作者与相关专业技术人员阅读。本书是集体智慧的结晶，在此谨向付出辛勤劳动的各位作者致敬！书中错误和不当之处在所难免，欢迎各方专家批评指正。

编者

2024年3月

目　录

01

1.1 数字化时代国土空间规划新机遇

1.1.1 数字革命推动时代变革

近三十年间，以信息网络系统基础设施和数据为关键生产要素，数字经济通过数字技术和经济社会产生了前所未有的全面交汇融合，引发了以信息技术、节能环保技术、通信和航空航天技术、新能源技术、先进制造技术等为应用领域的"第四次工业革命"，数字经济成为继农业经济、工业经济之后的全新经济形态，"数字革命"的时代已经来临。新兴的技术层出不穷，形成了丰富的"技术群"，并极大改变了当今社会的生产、生活和消费模式。以人工智能为例，根据麦肯锡报告《人工智能前沿手记——AI对于世界经济的影响分析》的统计和调查，自2017年以来，人工智能的产业率已经翻了一倍。人工智能可能会将工作组合转向需要高数字技能的任务和涉及非重复性工作的任务，低数字技能和非重复性任务的类别可能会发生重大改变。这预示着，人工智能技术将在未来的生活、经济发展和转型上发挥关键性作用。

数字经济正成为世界经济发展的主业态[①]。从生产力水平来看，人类进入文明社会以来主要经历了两大阶段，即农业经济阶段和工业经济阶段。农业经济阶段的显著特征是工具驱动，即人类通过规模化制造和使用工具，极大地提高了开拓土地、驾驭牲畜、改善生产的能力，促进了种植农业和畜牧农业的快速发展。这种因工具制造和使用而驱动的经济文明，可以视为工具型文明，其驱动的经济增长开启了算数级数增长模式。工业经济阶段的显著特征是人类在提升制造工具与使用工具能力的同时，创造性实现了对能源的规模化、标准化使用，特别是电力的发现及普遍应用，极大地提高了全社会的劳动生产率。这种由工具和能源双轮驱动的经济文明就是工业文明，其驱动的经济增长开启了乘数级数增长模式。

进入21世纪以来，数字经济作为一种全新的经济形态，其显著特征是在工具驱动、能源驱动基础上，又出现了数据驱动。数字经济是信息革命的成果，数据驱动是数字经济的核心动力。这种由工具、能源、数据三元驱动的经济文明，就是数字经济文明，其驱动的经济增长开启了指数级增长模式。

数字技术飞速发展加速数字经济拐点出现。20世纪70年代至今，信息革命分别

---

① 房汉廷.挖掘数据潜能 驱动创新发展[N].科技日报，2023-07-10（8）.

经历了信息处理革命浪潮、信息传输革命浪潮和信息采集革命浪潮，如今又迎来信息采集、信息传输、信息处理技术及应用大爆发，特别是算法、算力的飞速发展，使整体社会经济形态快速进入了数字经济时代。以"互联网+""智能+"为代表的数字技术与数字经济蓬勃发展，驱动经济社会加速数字化转型。与此同时，数据成了重要的资源和资本，数据边际成本非常接近固定成本，数字经济拐点已经出现。

数字经济飞速发展，全领域行业变革"奇点"加快到来。2022年1月，国务院发布《"十四五"数字经济发展规划》，要求到2025年，数字经济核心产业增加值占国内生产总值比重达到10%；2035年，数字经济发展水平位居世界前列，并重点部署了"十四五"期间数字经济的八大任务。根据《中国数字经济发展研究报告（2023年）》，2022年，中国数字经济规模达到50.2万亿元，数字经济占GDP比重达到41.5%。在政策的引导下，传统产业链将全面实现数字化转型，我国数字经济产业发展将进入加速期。

数据作为继土地、劳动力、资本、技术之后的第五大生产要素，是支撑新时期经济发展的关键，并对于传统要素发挥新效益起着"跳板"式作用。在数据要素的作用下，各类传统生产要素转变成为赋能的新要素，土地的利用产出效率得到提升、劳动力的综合素质得到提高、资本得到合理配置、技术得到快速增值。生产要素变革带动了各行业整体数字化转型，促使金融、制造、农业、建筑、能源和各类公共服务事业形成更高效的生产组织方式，带来更高的价值创造能力。

数字经济的出现使得经济活动更加灵活智慧，不断催生出新业态、新模式，深刻改变了人类的生活、工作、学习和思维方式。数字革命背景下，人类正在进入一个"人—机—物"三元融合的万物智能互联时代。

1.1.2　数字技术驱动国土空间规划行业转型

数字技术赋能国土空间规划，不仅使规划从业者甩开图板，而且可以实现对于城市状态的全面认知、对于规划体系的高效管理、基于模型运算的科学决策，以及对于实施过程的精准管控。数字技术推动规划行业进一步向科学范式发展，促使规划主体空间范畴更加丰富、学科交叉更加多元，进而使规划技术知识体系更加复杂。

数字技术变革下的国土空间规划新范式，是能够有效应对城市复杂性的范式。首先，新范式让规划人员能够以更精准的方式对城市全域全要素进行可计量、可监测、可追溯的量化描述，让新时期的规划加快成为重实施、精细化、闭环式的规划，从过去"毕其功于一役"的规划变成全生命周期、陪伴式的规划；其次，从基于规则的决策转变为基于实验科学的决策，研究论证的过程变得更加可复制、可检验，在算法的驱动下，从被动的规则执行走向主动的知识发现和知识服务；最后，在科学范式之下研究分析结论，不仅适用于城市快速扩张等局限性边界条件，而且适用于城市综合治理背景下的广泛边界条件，进而推动国土空间规划向着全时空要素统筹、全发展阶段衔接的更高阶段迈进。

数字技术驱动下的国土空间规划，规划主体空间范畴更加丰富。规划职业是规划师借助一系列的专业知识与技能，影响和塑造空间使用和发展的活动，而数字技术将规划师对于空间的理解，从物理维度延展到了"物理—社会—数字"三元互动的复合维度——重塑物理空间的组织形态、调整社会空间的干预方式、改变数字空间的交互属性。如图1-1所示，三元空间互动带来了新领域、新赛道，物理空间与数字空间通过物联网实现万物互联；物理空间与社会空间通过交通网络形成人地互联；数字空间与社会空间通过互联网实现人人互联。在三个空间之中，分别通过布设智慧设施、构建智慧平台、提供智慧服务，不断创造智慧化场景。

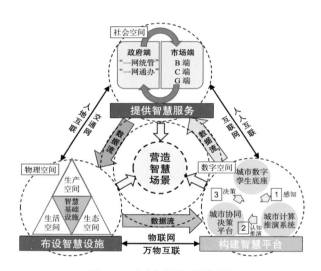

图 1-1　三元空间体系框架图

上述三元空间的多元性、多向性，需要多类型综合学科的交叉融合，规划学科不断取他山之石，从工程科学、管理科学、空间科学、社会科学等相关学科领域，汲取营养，深化学科理论，创造共性通用技术、原始创新技术、交叉融合技术、工程集成技术，并进而以丰富的应用场域，反哺科学领域和技术领域的原始创新。

新的治理环境要求规划师队伍既能透视现象、把握问题、提出策略，还要具有价值判断、综合决策、路径构建的能力。数字技术可以让规划师更深刻地理解时空多元性、复合性，成为未来空间语言的翻译家；更全面地洞察城市规律的复杂性、系统性，成为城市规律的洞见者；更有效地把握城市治理的协同性、多向性，成为治理创新的领航人。为此，规划师的技术知识体系将不仅是标准化的知识体系，而且是不断生长的知识图谱，需要考虑如何应对大量的外部变量和内部变量带来的机遇与挑战。此外，新时期的规划师不仅要有对规则的解释力和执行力，而且还必须具备高度的应变性，在任何历史时期、任何时空场景，都能够施展刚柔结合、软硬兼施的本领，构建系统分析路径、推敲多元分析场景。

1.1.3　数字技术赋能国土空间规划的新趋势

随着数字技术的迅猛发展，国土空间规划逐渐迈入全新时代。数字技术为国土空间规划带来了更丰富的数据支持，并通过融合大数据、物联网、云计算、人工智能等先进技术，实现城市各方面的数字化、智能化管理和运营。这一趋势不仅为城市带来了高效、便捷的服务，也挑战了传统规划范式，塑造了更智慧、可持续的城市。

1. 国土空间大数据宏观发展要求

2017年起，国家针对大数据技术标准、产业发展和应用场景提出了明确要求：

一是规定了数据及平台建设的技术标准。2017年9月，国家测绘地理信息局发布《智慧城市时空大数据与云平台建设技术大纲（2017版）》，对指导各地加快推进智慧城市时空大数据与云平台试点建设、加强与其他部门智慧城市工作的衔接，全面支撑智慧城市建设提出了具体要求。在此基础上，自然资源部办公厅发布《智慧城市时空大数据平台建设技术大纲（2019版）》，明确了具体内容：包括建设智慧城市时空大数据平台试点，指导开展时空大数据平台构建，鼓励其在国土空间规划、市政建设与管理、自然资源开发利用、生态文明建设以及公共服务中的智能化应用等。

二是明确了数据作为生产要素的基础地位。2020年4月1日，习近平总书记在浙江省考察时再次强调要抓住产业数字化、数字产业化赋予的机遇。同年4月9日，中共中央、国务院印发《关于构建更加完善的要素市场化配置体制机制的意见》，将数据作为一种新型生产要素，与土地、劳动力、资本、技术等传统要素并列。同年4月7日，国家发展改革委、中共中央网络安全和信息化委员会办公室联合印发了《关于推进"上云用数赋智"行动 培育新经济发展实施方案》，该方案明确提出：将在已有工作基础上，大力培育数字经济新业态，深入推进企业数字化转型，打造数据供应链，以数据流引领物资流、人才流、技术流、资金流，形成产业链上下游和跨行业融合的数字化生态体系。

三是构建了数据应用的系列场景。2021年2月，中共中央、国务院印发《国家综合立体交通网规划纲要》，重点内容包括推动智能网联汽车与智慧城市协同发展，建设城市道路、建筑、公共设施融合感知体系，打造基于城市信息模型平台、集城市动态静态数据于一体的智慧出行平台。2022年6月，国家发展改革委印发《"十四五"新型城镇化实施方案》，重点内容包括推进智慧化改造，丰富数字技术应用场景，发展远程办公、远程教育、远程医疗、智慧出行、智慧街区、智慧社区、智慧楼宇、智慧商圈、智慧安防和智慧应急。

2. 基于算力算法深挖数据价值

目前，我国已成为世界数据资源大国和世界数据中心。根据国家互联网信息办公室发布的《数字中国发展报告（2022年）》显示，2022年，我国大数据产业规模达1.57万亿元，同比增长18%；数据产量达8.1ZB，同比增长22.7%，占全球数据总量的10.5%。数字化、信息化的快速推进，5G、移动互联等网络基础设施的建设，使得海量数据的积累在技术上成为可能，而超级数据的量变将引发超级智能的质变，从而引领生产力快速发展。

面对巨大的数据增量，对于数据处理的算力算法的诉求日益显著。算力层面，围绕海量数据分析处理需求而产生的分布式计算、高性能计算、云计算、雾计算、图计算、智能计算、边缘计算、量子计算等"算力"体系成为大数据发展的重要引擎，算力的支持是理解数据、转化数据、分析数据的前置条件。算法层面，当前以人工智能、深度学习、复杂网络为代表的前沿算法模型呈现出越来越快的迭代速度，近年以AIGC为代表的多模态大模型进入研究视野，迅速形成对相关技术的替代趋势，体现更强自适应、自学习能力，是当前模型研究的前沿热点。在算力、算法升级迭代的基础上，以5G、NB-IoT、TSN为代表的移动通信网络将数据、算力与算法紧密地连接在一起，实现了协同作业和价值挖掘。对大数据的充分挖掘而形成的智慧支撑系统，势必成为未来引领大数据应用领域拓展与应用层次升维的关键。

当前，算力可分为基础算力、智能算力和超算算力三大类。基础算力是指由基于CPU芯片的服务器所提供的算力，主要用于基础通用计算，如移动计算和物联网等。日常提到的云计算、边缘计算等均属于基础算力。智能算力指基于GPU、FPGA、ASIC等AI芯片的加速计算平台提供的算力，主要用于人工智能的训练和推理计算，比如语音、图像和视频的处理。超算算力指由超级计算机等高性能计算集群所提供的算力，主要用于尖端科学领域的计算，比如行星模拟、药物分子设计、基因分析等。

算法层面，种类繁多且迭代迅速，典型的包括关联规则学习算法，指分析数据中的频繁项集和关联规则的算法；数据聚类算法，指将数据（包括结构化数据和空间数据）分为若干个聚类的算法；相关性分析算法，如随机森林等用于分类和回归分析的算法；深度学习算法，多用于图像识别、自然语言处理等任务的算法；网络分析算法，主要基于节点和节点之间的关系，探究小世界网络、关键节点、网络中心性等网络特征。

当前数据迭代速度迅猛，新增数据类型不断涌现，数据增量日新月异，对于数据的持续处理和深度挖掘面临较大的需求，经过挖掘、治理的多源数据将在国土空间规划领域发挥数据价值。

3. 搭载IoT助力智慧城市建设

智慧城市建设的政策文件内容涉及从总体架构到具体应用等角度，且内容中"加快"和"促进"是出现频度较高的关键词。随着智慧城市参考指标体系的构建完善，政府对于智慧城市建设的细化指导意见将会陆续出台，智慧城市建设的"政策光环"仍将延续。然而大数据是智慧城市各个领域都能够实现"智慧化"的关键性支撑技术，智慧城市的建设离不开大数据。

在智慧城市建设中，物联网（IoT）是一个正在迅速发展的领域，它将各种设备、传感器和系统连接在一起，以实现数据的实时监测、分析和响应。IoT为城市大数据提供了实时性、高效性均较强的感知数据，IoT助力推进大数据建设与应用的重点逐步从建立标准、夯实基础等基础建设内容向跨行业联通、大数据应用转变。如何打破行业壁垒，整合更多的城市数据资源，如何在大数据层面更高效、更精准地响应各类业务应用需求，逐步形成"用数据说话、用数据决策、用数据管理、用数据创新"的智慧城市建设新模式，是未来智慧城市建设的关键。

大数据时代下智慧城市建设是城市发展的新范式和新战略。目前，大数据技术已经在智慧城市建设规划的多个研究领域中得到广泛应用，例如居民时空行为[1]、城市交通网络[2]、城市功能分区[3]、区域联系和城市等级[4]、城市生态环境治理[5]、城市开发边界和生态红线划定[6]等领域。未来大数据将遍布智慧城市的方方面面，从政府决策与服务，到人们衣食住行的生活方式，再到城市的产业布局和规划，直到城市的运营和管理方式，都将在大数据支撑下走向"智慧化"，大数据成为智慧城市的智慧引擎。

大数据从以前的单纯技术支撑手段，逐步向智慧城市的核心建设内容与应用抓手

① 龙瀛，李派.新数据环境下的城市增长边界规划实施评价[J].上海城市规划，2017(5)：106-111.
② 周洋.基于出租车数据的城市居民活动空间与网络时空特性研究[D].武汉：武汉大学，2016.
③ 韩昊英，于翔，龙瀛.基于北京公交刷卡数据和兴趣点的功能区识别[J].城市规划，2016，40(6)：52-60.
④ 赵映慧，谌慧倩，远芳，等.基于QQ群网络的东北地区城市联系特征与层级结构[J].经济地理，2017，37(3)：49-54.
⑤ 杨显华，黄洁，田立，等.基于高分辨率遥感数据的矿山环境综合治理研究——以冕宁牦牛坪稀土矿为例[J].国土资源遥感，2015，27(4)：115-121.
⑥ 孟祥玉.基于多源数据京津冀城市群边界识别研究[D].北京：中国地质大学，2017.

转变。随着城市规模越来越大、城市人口越来越多、构成越来越复杂，传统的按条块分工模式早已无法满足城市的管理与运营，城市的精细化治理只有依靠全面分析与科学决策才可持续，只有对城市运行产生的大数据进行充分理解与分析，才可支撑新型智慧城市有序运行。国土空间规划大数据已经逐步成为智慧城市的信息化基础设施之一，是数据驱动下的新型智慧城市的重要组成部分。

4.依托云计算平台赋能多维规划场景

互联数据中心（Internet Data Center，简称IDC）发布的《IDC MarketScape：中国城市智能计算平台厂商评估，2022》报告指出，随着城市智能化发展，越来越多的城市场景需要智能计算平台的支撑，整体呈现三大趋势：第一，城市智能计算能力将赋能更多场景，未来智慧应急、智慧交通、智慧能源等场景对AI技术的需求将不断增加。第二，智能计算算法种类增多，城市长尾场景和细分需求繁杂，需要高效低成本的核心技术去解决，对AI算法的精度和种类需求也在不断增加。第三，通过大规模的城市感知，可进行多维度复杂的场景推理和关联，对城市事件进行溯源、预测，把握城市脉搏体征。

大数据赋能国土空间规划已成必然趋势，依托大数据开展"特征分析、问题追踪、机制解析、模拟预测"的工作链条逐步明晰，对于数据稳定性监测、共享式发布、迭代式演进的平台提出了具体的要求。例如，基于移动通信及物联网技术形成持续感知数据接口，通过Kafka等数据推送架构构建大数据传输的通道，集成智能模型形成对数据汇集、处理、分析、判断，甚至形成决策结论的城市计算平台，将分析信息通过云平台以服务形式共享发布给应用方，城市计算平台在这一过程中起至关重要的作用，是承接信息的输入和发布的神经中枢，对精准分析城市问题，提出科学决策手段起着至关重要的作用。

关于城市计算平台在未来城市决策中如何发挥作用，首先，应该关注新一代智能计算模型对SaaS平台、PaaS平台、DaaS平台的赋能，通过平台集成面向城市场景应用的AI能力，首先可为城市决策应用方提供个性化场景化服务，同时降低应用开发难度，并实现统一管理提高业务效率；其次，应该构建支持多类算力协同、多重算法兼容的智能计算平台，以解决当前多源数据复杂异构、多种算力分散难以协同、多类算法编码差异难以兼容等问题，形成共建共享的数据运算中台；最后，应承接当前多模态大模型在全领域发挥作用的重要契机，形成智能化技术赋能优势，降低算法开发成本，对应智慧城市场景进行开发，同时给使用者更加深入、多功能、形象化的使用体验。

5.融合AIGC探索智能规划新模式

当前，以生成式人工智能（Artificial Intelligence Generated Content，简称AIGC）为代表的多模态大模型已引起城市规划领域重要关注，目前对于大模型在城市规划领域的应用层次集中在数据分析与挖掘、城市空间规划、三维城市构建等多个领域：

具体而言，数据分析与挖掘层面，AIGC可辅助城市规划处理大量数据，包括地理信息、人口数据、交通情况等[①]。通过更高效率地快速处理、分析和挖掘这些数据，为城市规划提供更全面、准确的信息支持。例如，AIGC可以通过对历年城市交通流量数据的分析，预测未来城市交通流量变化趋势，为交通规划提供科学依据。城市空间规划：AIGC可以通过模拟和优化算法，自动生成城市空间规划方案，并帮助规划师进行方案优化。这可以有效提高城市空间规划的效率和精度，减少人为错误和成本。例如，AIGC可以根据城市地形、气候、交通等因素，自动设计出合理的城市建筑布局和道路网分布。三维城市模型构建：AIGC可以帮助我们快速构建三维城市模型，将城市建筑、道路、植被等各种要素以立体的方式呈现出来。这可以为城市规划和城市管理提供更直观、更准确的数据支持，提高城市规划的科学性和前瞻性。城市仿真与预测：AIGC可以构建城市仿真模型，对城市的发展进行预测和分析。这可以帮助城市规划师更好地预测城市未来的发展，并为决策提供科学依据。例如，AIGC可以通过对历年城市人口数据的分析，预测未来城市人口变化趋势，为城市人口规划提供科学依据。公共设施与公共服务规划：AIGC可以帮助城市规划师更好地规划和布局公共服务和设施，包括交通、教育、医疗、文化等。这可以提高城市的公共服务水平和居民生活质量。例如，AIGC可以根据城市交通流量数据和居民出行习惯，自动规划出合理的公共交通线路和站点分布。

在应用前景方面，大模型体现出以下几个层面的应用方向。一是融合现有大数据工作工具和知识，Otthein HERZOG结合Back Propagation Neural Network（BPNN）、Neural Networks（NN）、Large Language Models（LLM）等智能工具，论述了AI工具在城市规划过程中的不同使用场景，明确了AIGC对于现有多源冗余大数据的治理前景[②]，更设想了有效借助"AIGC+大数据"进行城市规划设计、实施及运营管理阶段场景赋能的思路，大模型对于人工成本难以维系的大数据处理分析、深入挖掘等工作具有广阔的应用前景。二是转型现有规划工作方式。人的劣势在于人脑对知识存储的广度和深度有限，在面对日益复杂的规划决策系统时捉襟见肘；但人的优势在于仅需要少量的案例经验即可进行规划方案的推理和演绎（而不必像大模型一样需要数以

①《城市规划学刊》编辑部."人工智能对城市规划的影响"学术笔谈会[J].城市规划学刊，2018,（5）：1-10.
② 新一代人工智能赋能城市规划：机遇与挑战[J].城市规划学刊，2023（4）：1-11.

亿计的资料进行训练）。因此，人与AI的协同能达到一定程度的优势互补从而产生更高效的协同工作方式。三是推动学科教育转变，规划学者与从业者应主动迈向超学科（transdisciplinary）研究范式，以更开放的心态去拥抱学科间的知识体系交叉，以更包容共进的模式完成新旧技术的优势互补与融合。人工智能内容生成技术的普及与铺开，会促使城市规划与设计的组织架构从"金字塔形"权力关系转向"图钉形"联结关系，规划师的主要角色必然由编制文本、绘制图纸转向更底层的设计逻辑构建。吴志强（2023）提出AI不仅会改变城市规划，还会革新教育方式，不仅要培养AI技术的研究和开发人才，更要培养能够理解、指导和应用AI的专业人士[①]。

1.2　国土空间规划大数据

1.2.1　国土空间规划大数据相关概念

1.国土空间规划大数据的定义

"大数据（Big Data）"是一个广泛的概念集合，用以指代各种规模巨大到无法通过手工处理来分析解读信息的海量数据。近十年中，许多学者为大量涌现的数据给出了定义。在维克托·迈尔·舍恩伯格及肯尼斯·库克耶编写的《大数据时代》[②]中，大数据是指不采用随机抽样法而是采用全量数据提供给使用者分析处理的数据资源。英国智慧城市与大数据专家迈克尔·巴蒂（Michael Batty）[③]提到："无法在一张Excel表格上放置的数据即可视为大数据。"这些定义揭示了大数据具有双重内涵：一是大数据的数据样本量足够大，即样本数据就能实现对分析对象的充分覆盖；二是大数据并非一个新概念，而是传统小样本数据在样本数量上的扩展。

学界与业界普遍认为大数据具有"5V"的特点（The Five Vs of Big Data）：Volume（大量）、Velocity（高速）、Variety（多样）、Value（低价值密度）、Veracity（真实性）[④]。地理学家罗布·基钦（Rob·Kitchin）则提出，除大量、高速与多样之外，大

① 新一代人工智能赋能城市规划：机遇与挑战[J].城市规划学刊，2023（4）：1-11.
② MAYER S V，CUKIER K. Big data：A revolution that will transform how we live，work，and think[M]. Houghton Mifflin Harcourt，Boston：2013.
③ BATTY M. Smart cities，big data[J]. Environment and Planning B：Planning and Design，2012，39（2）：191-193.
④ ISHWARAPPA，ANURADHA J. A brief introduction on big data 5Vs characteristics and hadoop technology. Procedia Computer Science[J]. 2015，48：319-324.

数据还具有全面（exhaustive in scope）、高分辨率（fine-grained in resolution）、可关联（relational in nature）和灵活（flexible）的特性。凭借上述优势，大数据已经被逐渐应用于科学分析、天文学、生物学和社会学等诸多领域[1]，大数据中以社交网络、手机数据、浮动车数据和城市传感器数据为代表的多源时空数据为城市地理学提供了丰富的研究素材[2][3]。在城市相关的研究中，与城市中各类活动关系紧密的大数据被普遍称为城市大数据，其高时空精度、时间维度上连续、样本覆盖广的属性在城市规划的研究与实践中具有极大潜力。

综合上述对大数据特性与用途的描述，本书将国土空间承载经济社会活动运转过程中产生或获得且能够为国土空间规划决策提供支撑的大数据称为国土空间规划大数据。国土空间规划大数据的数据资源来源丰富多样，广泛存在于经济、社会各个领域和部门，是政务、行业、企业等各类数据的总和。同时，国土空间规划大数据具有时空属性、异构特征显著，数据类型丰富、数量大、速度增长快、处理速度和实时性要求高，且具有跨部门、跨行业流动的特征。

2.国土空间规划大数据的分类

国土空间规划大数据具有来源广泛、形式多样的特点，并涉及各类领域和部门，因此很难依照数据的单一属性为其明确清晰地划分类别。不同领域的学者基于不同视角构建了不同的城市数据的分类标准。

计算机领域学者按照直接获取的数据形式，将大数据分为结构化数据（structured data）、半结构化数据（semi-structured data）和非结构化数据（unstructured data）三类[4]。结构化数据指先有结构后有数据，即行数据，例如二维表。半结构化数据具有先有数据后有模式、无规则性结构的特点[5]，典型例子包括HTML文档、XML文档[6]和SGML文档。非结构化数据是指模式多样的数据，包括图形、文本、视频、音频等。

地理学与国土空间规划领域的学者更多地考虑了数据的形成机制和获取方式。Kitchin主张按照来源将大数据分为直接获取型数据（directed data）、自动获取

① DOUGLAS，LANEY. 3D Data Manage-ment：Controlling Data Volume，Velocity and Variety[N]. Gartner，2001-02-06.
② BATTY M，AXHAUSEN K W，Giannotti F，et al. Smart Cities of the Future[J]. The European Physical Journal Special Topics，2013（1）：481-518.
③ YUE Y，LAN T，YEH A G O，et al. Zooming into Individuals to Understand the Collective：A Review of Tajectory-based Travel Behaviour Studies[J]. Travel Behaviour and Society，2014（2）：69-78.
④ 彭宇，庞景月，刘大同，等.大数据：内涵、技术体系与展望[J].电子测量与仪器学报，2015，29（4）：469-482.
⑤ 王静，孟小峰.半结构化数据的模式研究综述[J].计算机科学，2011，28（2）：6-11.
⑥ WILDE E，GLUSHKO R J. XML fever[J]. Communi-cations of the ACM，2008，51（7）：40-46.

（automated data）和自愿提供（volunteered data）[1]。直接获取型数据来自数字监控手段，由人类操作员监控人与场所的行为得来。自动获取型数据是由设备和系统自动生成的，包括记录使用者使用痕迹的智能手机等电子设备的轨迹，数字网络中的交易和互动，网站和应用程序（App）点击记录，各类传感设备收集的气温、湿度、光线等环境数据，机器可读物体的扫描数据（公交IC卡等），护照和包裹条码等系统内注册物体交易和移动的数据。自愿提供型数据是由用户主动提供的数据，包括社交媒体（social media）上的互动数据和以众包形式生成并由用户上传至共享系统的数据（如OpenStreetMap）。

武汉大学城市设计学院城市规划系的牛强充分考虑数据来源与特性，将当前较广泛使用的城市数据分为7类[2][3]：一是业务运营数据，例如公交IC刷卡数据、水电煤气数据、业务审批数据、出租车GPS轨迹数据、移动通信数据、金融数据、物流数据、超市购物数据、就医数据等。二是普查数据，例如人口普查数据、经济普查数据等。三是监控数据，例如视频监控、交通监控、环境监控等。四是社会网络数据，例如微博、论坛等。五是主动感知数据，例如关于温度、湿度、$PM_{2.5}$等环境的感知数据、手机信令数据、手机定位数据等。六是遥感数据，例如航空遥感和航天遥感数据等。七是GIS数据，例如关于道路、建筑、行政区划的地形数据等。此分类融合了传统数据和新数据，体现了国土空间规划领域数据的潜在利用价值。

在龙瀛和毛其智共同编写的《城市规划大数据理论与方法》中，两位学者认为城市新数据应按数据来源、数据环境等特征分别划分类别[4]。按照数据来源可分为政府数据、开放组织数据、企业数据、社交网站数据、智慧设施数据，这些数据的产生和收集机制存在差异，因此其可信程度和所需的清洗手段各不相同。而按照数据环境，则能够将数据分为建成环境数据和行为活动数据。前者是物质环境的客观数据，包括地块、街道和建筑等环境要素，后者是指人类的电子足迹，通过社交平台、传感器、监测器等形式记录并收集，能够反映人的行为活动规律和特征。

综合上述分类方法，本书将国土空间大数据分为建成环境数据和行为活动数据两大类。前者包括房地产、POI、街景图片、道路环境等，后者包括手机信令、公交地铁刷卡、社交网络舆情、大众点评商户和评价数据等。

① KITCHIN R. Big data and human geography：Opportunities，challenges and risks[J]. Dialogues in human geography，2013，3（3）：262-267.
② 王静，孟小峰.半结构化数据的模式研究综述[J].计算机科学，2011，28（2）：6-11.
③ 牛强.城市规划大数据的空间化及利用之道[J].上海城市规划，2014（5）：35-38.
④ 龙瀛，毛其智.城市规划大数据理论与方法[M].北京：中国建筑工业出版社，2019.

3.国土空间规划大数据感知

国土空间规划大数据感知是智慧国土空间规划中的重要前端性部分，它能够实现对城市的多维度、多尺度、多时序监测，以及对城市环境、设备设施运行、人员流动、交通运输、事件进展等方面的全方位感知，实时获取城市运行数据，为规划编制、实施和评估提供数据支撑和分析手段。

目前应用较为广泛的感知技术包括遥感技术、物联感知技术、社会感知技术，这些技术从不同尺度、不同对象和不同层面形成了丰富的数据感知体系，为国土空间规划编制工作提供了现代化的多源数据采集和获取手段。

1）遥感技术

遥感技术是一种利用人造载体（如卫星、飞机、无人机等）搭载各种传感器（如光学、雷达、红外等）从远距离获取地球表面信息的技术，具有覆盖范围广、重复周期短、数据量大、信息丰富等特点。广义的遥感泛指一切无接触的远距离探测，包括对电磁场、力场、机械波（声波、地震波）等探测。狭义的遥感指应用探测仪器，不与探测目标相接触，从远处把目标的电磁波特性记录下来，通过分析揭示出物体的特征性质及其变化的综合性探测技术。

应用遥感技术可获取从定性到定量、从宏观到微观、从历史到现实的大量数据信息，有效补充国土空间数据信息，以此辅助城市规划与设计。传统的数据采集方式无法满足城市快速发展对数据信息快速获取和更新的要求，而遥感技术具有大范围同步观测、时效性强的特点，能迅速获取大范围的国土空间数据信息，满足城市规划对数据的实时性和空间性要求。其次，遥感技术可以采集处理空间地物的三维空间坐标数据，并结合地表纹理相关数据完成对实际地物的模拟，通过数据融合手段实现地物的精确分类和识别，表现形式丰富直观，充分利用遥感技术多平台、多分辨率和多时相的综合技术优势，可以快速获取基础的地形数据，建立国土资源数据库以满足规划的需要。

2）物联感知技术

"物联网"（Internet of Things）最早于1991年由美国麻省理工学院凯文·阿什顿（Kevin Ashton）教授提出，并在1999年基于RFID技术被首次正式定义，之后物联网逐渐成为研究热点。凯文·阿什顿认为物联网指的是将各种信息传感设备，如射频识别（RFID）装置、红外感应器、全球定位系统、激光扫描器等，与互联网结合起来而形成的一个巨大网络，其实质就是将RFID技术与互联网相结合加以应用。物联网可划分为感知层、网络层和应用层，我们将感知层所涉及的相关技术统称为物联感知技术。

城市中的物联感知技术是实现城市管理"自动感知、快速反应、科学决策"的关键基础设施，关键技术包括传感技术、无线通信技术、数据分析处理技术和网络通信技术等，在智慧城市建设中具有重要作用。城市物联感知体系以物联网技术为核心，通过身份感知、位置感知、图像感知、环境感知、设施感知和安全感知等手段提供对城市的基础设施、环境、设备、人员等方面的识别、信息采集、监测和控制，使智慧城市的各个感知单元具有信息感知和指令执行的能力。并在数字孪生理念的基础上，将物质世界数据化，从而对城市中的人与空间进行全面感知、动态监测并实时掌握城市运行状态。

物联感知技术可以为城市的规划建设提供更加详细的数据依据，实现科学精准规划。例如，通过在城市布设摄像头等感知设备，可以获取到城市与城市之间、城市内部等各区域的车流量数据、交通安全数据、人流量数据和天气数据等流动空间数据，以便规划者可以更好地进行交通流量预测，分析人们在不同时间和场景下的活动范围和交通出行方式，帮助城市规划者更好地把握市民的出行需求和习惯，优化城市交通路线、车辆配给和道路规划，缓解交通拥堵和减少事故发生率，为城市提供更加流畅的通行环境。

3）社会感知

大数据时代产生了大量具有时空标记、能够描述个体行为的空间大数据，如手机数据、出租车数据、社交媒体数据等。这些数据为人们进一步定量理解社会经济环境提供了一种新的手段。近年来，计算机科学、地理学和复杂性科学领域的学者基于不同类型数据开展了大量研究，试图发现海量群体的时空行为模式，并建立合适的解释性模型。

社会感知（Social sensing）是以人作为最小粒度的感知单元，以手机定位、社交媒体、出租车轨迹、公交刷卡等地理大数据为数据源，基于并扩展GIS空间模型和分析方法，通过数据融合、机器学习等手段，提取人的时空行为模式，反演人文及社会经济要素的地理空间特征。北京大学的刘瑜教授是国内"社会感知"技术概念较早的提出者，将"社会感知（Social sensing）"的概念定义为可以构建空间大数据研究框架，也就是借助于各类空间大数据研究人类时空行为特征，进而揭示社会经济现象的时空分布、联系及过程的理论和方法，并最终揭示其背后的社会经济现象的时空分布格局、联系以及演化过程的理论和方法。在大数据实践中可以认为凡是以市民为传感器，通过大规模市民行为产生的数据来感知社会运行的方法都可以称为"社会感知"方法，其中包括了人的行为及其与社会要素、空间要素和城市治理因素的交互过程和反应结果的全过程感知[①]。

社会感知技术既可以单独作为城市运行的感知数据监测来源、实现城市问题的判断，又可以结合实时、多样、海量的遥感数据、物联感知数据形成全面的城市感知体系，提升城市感知的广度、深度和敏感度，优化城市规划的分析方法和维度，增强城市管理服务能力。

1.2.2　国土空间规划大数据优势作用

1. 国土空间规划大数据的优势

国土空间规划大数据的多源、人本、时空属性等特征，反映了数据背后关于人群行为、移动、交流等活动的丰富信息，与新时期的"以人为本""自下而上"等国土空间规划理念紧密契合，被认为是促进国土空间规划科学化、空间治理高效化的有力工具，主要优势如下：

一是有利于构建城市长期跟踪与问题解析的机制。大数据应用于国土空间规划最关键优势不止于提供基础数据或技术手段，更在于提供了针对研究对象——国土空间的长期观察、持续跟踪、迭代分析、决策反馈的研究视角，有助于将从业人员先验知识转化为科学分析和量化认识的着眼点[②]，形成对城市发展线索、运行逻辑、演变趋势的系统性思考，从而提升规划的科学性和合理性。

二是有利于推动国土空间规划行业和相关行业的知识融合。大数据本身来源自计算机信息技术、地理学等相关行业，具备信息科学、城市地理、经济运行、人文社科等相关行业基础知识和应用方法，利于丰富国土空间规划作为多领域、多专业交叉学科的知识体系内涵，包括理论构建、方法创新和领域延展等。

三是有利于创新计量分析和模型算法的应用领域。大数据带来的量级式基础资料增长赋予了传统计量模型更加广阔的应用领域，同时催生了新的研究方法和技术手段，例如近年来时空间模型、复杂网络模型、机器学习、深度学习、多模态大模型在空间规划治理中的创新应用。

四是有利于打通多源数据融汇、归集的新渠道。具体包括政府数据、社会数据及自主采集数据等。多源数据融合一方面有助于提升传统数据采集的颗粒度、时效性和科学性，另一方面可在一定程度上对传统专项数据的准确性进行校正、优化，形成更客观的国土空间数据本底。

---

① 茆明睿. 城市治理中的社会感知方法应用 [J]. 办公自动化，2020，25（5）：11-13，46.
② 袁昕，吴巧，李晓燕. 新常态下谈创新，规划要有新能力 [J]. 北京规划建设，2015（6）：183-184.

五是有利于集成低门槛、简易化的技术工具落地。在做好研究和分析的基础上，结合软件研发能力，将研究成果转化为一些工具，提供给决策者或规划者使用。从而使得门槛较高的研究，工具化、简易化，让每一个国土空间规划的决策者都能用上专业的分析内容，更好地检验、推广研究成果。

2.国土空间规划大数据的作用

国土空间规划大数据为空间的研究、规划、建设和治理提供了具有真实性和有效性的数据支持，并在时空尺度、核心价值等方面提升了科学性、精细度和自动化水平。以城市为例，剖析国土空间规划大数据的作用如下：

1）城市研究

纵观城市科学的发展历史，从对城市现象的记载、描述，到对其进行归纳、总结，再到对城市事物之间的关系进行描述，最后发展到用系统乃至复杂系统的观点看待城市，其发展历程经历了一个从定性到定量的过程[1]。数字时代的到来为定量城市研究提供了大量新的数据来源，使相关研究更注重对城市现象客观、直观、全面地分析，从多方面提高了国土空间规划与相关政策制定的科学性。从国内定量城市研究进展可以发现，大数据环境促进了国土空间规划与其他相关学科的进一步融合，以及在研究范式、研究方法与内容上的革新[2]。在这种背景之下，有学者观察到，主要出现了四个方面的变革[3]：空间尺度上由小范围高精度、大范围低精度到大范围高精度的变革；时间尺度上由静态截面到动态连续的变革；研究粒度上由"以地为本"到"以人为本"的变革；以及研究方法上由单一团队到开源众包的变革。

2）城市规划

国土空间规划大数据的应用为城市规划工作提供可解释复杂问题的高精度、高时效的数据分析和建模依据及导向，进而推进国土空间规划科学性、实效性发展。国土空间规划大数据在不同的空间尺度和范畴为规划应用体系提供支撑，涵盖各个规划层级的众多应用场景。在总体规划领域，规划大数据可用于人口规模分析、现状土地利用识别、空间结构分析和规划、环境指标监测和分析、总体规划评价等。在详细规划领域，规划大数据可以用于土地形态评价、空间可达性分析、产业发展动态监测、控制指标计算等。在交通管理领域，规划大数据可以根据交通信息的即时挖掘，有效改善交通问题，在紧急情况下快速响应决策。在交通规划领域，规划大数据可用于分析

---

① 刘伦，龙瀛，麦克·巴蒂.城市模型的回顾与展望——访谈麦克·巴蒂之后的新思考[J].城市规划，2014（8）：63-70.
② 龙瀛，刘伦伦.新数据环境下定量城市研究的四个变革[J].国际城市规划，2017，32（1）：64-73.
③ 同上。

车站选址、线路优化、换乘设置等问题。在城市设计领域，规划大数据可用于公共空间评价、就业吸引力评价、土地使用情况评估等。在其他各专项规划方面，通过收集相关的专业大数据，对城市基础设施、教育、商业、医疗等用地布点和实际效果进行分析判断。在这些方面，通过规划大数据可以准确、直接地反映国土空间要素的行为模式和动态变化，为智慧城市规划和用途管制提供准确、可靠的基础数据支撑，支持国土空间资源的保护、开发利用、管理和监督工作。

此外，国土空间规划大数据驱动公众以不同方式参与城市规划。规划大数据与公众参与规划的高度耦合以社交媒体、移动数据设备、定位服务和视频监控等新媒体技术和物联感知技术应用为承载，实现了"自下而上"的视角创新规划编制工作。与此同时，社交媒体打破了面对面的交流模式，让公众畅所欲言，不受时空约束地发表观点，有助于充分发挥公众参与的主观能动性，真正实现"众人参与"的城市规划。

3）城市建设

国土空间规划大数据是城市建设的智慧引擎，基于国土空间规划大数据的智慧城市建设可以感知城市、获得服务、触摸未来，是促进城市数字经济发展，促进全社会共建共享城市生活的方向。

国土规划大数据是新型智慧城市建设中重要的生产要素，为智慧城市建设带来了强大的数据分析和决策支持，在智慧城市建设中贡献了很大力量。一方面，城市的智慧化建设离不开人工智能、大数据等新一代信息技术的支持，在技术应用过程中必然会产生大量的数据，包括人口大数据、地理信息大数据、经济产业大数据等；另一方面，城市的智慧化建设需要充分发挥这些数据的作用，数据的共享、融合和深入挖掘是城市建设的重要信息基础设施，不仅为智慧城市建设带来强大的数据分析和决策支持，还可以借助大数据自身所蕴含的实时性与真实性为社会民生、产业发展等各行各业的科学化提供有力支撑。

4）城市治理

传统城市治理模式主要依靠政府部门主导，根据已有城市问题总结与管理者经验对具体城市问题进行梳理与处置。受限于数据获取渠道单一、数据质量精度较低、部门数据沟通不畅等多方面因素影响，使得具体治理过程中管理部门对城市问题的理解被动片面、缺乏系统化认知；治理单元较大，难以深入细节，难以满足新时期城市治理主动化、全局化、动态化、精细化的发展要求[1]。大数据广泛应用背景下，智慧城市的建设及发展对城市治理提出了创新发展要求，并推动中国新型城市治理模式的形成与发展。

---

[1] 曹阳，甄峰，席广亮.大数据支撑的智慧化城市治理：国际经验与中国策略[J].国际城市规划，2019，34（3）：71-77.

相较于传统城市治理思维，大数据主要在三方面起到对治理模式的变革作用[①]。一是从样本思维转变为全局思维，随着数据采集、存储、分析等技术的成熟，对治理对象的感知越发全面与系统化，管理者可以从系统角度架构治理对象与内外环境之间的关联，从而全面把控治理过程。二是从精准思维转变为趋势思维，传统城市治理方案制定时受限于样本量过小，要求数据足够精准以提升分析的准确性，而在大数据环境下，大量的半结构化、非结构化数据要求分析模型具有足够的运算能力，这时绝对的精准不再是主要任务，更重要的是从宏观上把握治理对象的整体趋势和方向，通过对数据进行关联分析与模拟预测，挖掘城市问题并探索解决策略，从而保障了城市要素的高效运转[②]。三是从因果思维转变为相关思维，传统的城市治理注重探寻事件的因果关系，而随着治理任务的复杂多样，任务之间的交叉关联，更需要借助大数据方法找寻不同治理对象的关联关系，掌握传统因果分析方法无法揭示的复杂动态规律[③]。

1.2.3 国土空间规划大数据研究历程

1. 研究发展趋势

大数据分析是可用于探究不易于事物间发现的规律和联系的研究方式[④]。关于城市和人时空规律的研究也具有同样特性。随着 ICT 技术的高速发展，可用于科学研究的国土空间规划大数据样本得到了极大扩充，使得对人类行为更精细尺度的时空规律探究成为可能。

对国土空间规划大数据相关 SCI 论文进行数据分析[⑤]，如图 1-2 所示，可见相关文献数量在 2004～2014 年平稳缓慢上升。2013～2014 年，建筑、城市科学相关领域

[①] 曹阳，甄峰，席广亮.大数据支撑的智慧化城市治理：国际经验与中国策略[J].国际城市规划，2019，34（3）：71-77.

[②] 纪媛媛.城市社区治理中大数据战略的实施路径[J].社会科学前沿，2017，6（12）：1520-1526.

[③] 曹策俊，李从东，王玉，等.大数据时代城市公共安全风险治理模式研究[J].城市发展研究，2017，24（11）：76-82.

[④] SAGIROGLU S, SINANC D. Big data: A review[C]//2013 international conference on collaboration technologies and systems（CTS）. IEEE, 2013: 42-47.

[⑤] 通过 Web of Science 搜索，收集并统计了发表于 1991～2023 年间的"城市规划"和"城市研究"相关 SCI 期刊文献 4263 篇，并对论文的关键词、作者和作者所属机构的出现频数和共现频数进行分析。

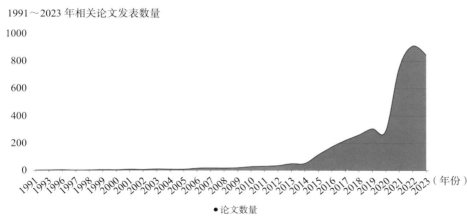

1991～2023 年相关论文发表数量

● 论文数量

图 1-2　1991 ～ 2023 年 SCI 相关文献数量统计图

学者起到了引导促进作用[①-⑧]。从 2015 年开始，相关主题文章数量迅速增长，这印证了 Thakuriah，Tilahun 和 Zellner 的观点。在城市规划与研究领域，利用大数据技术与分析的研究和实践从 2000 年开始逐渐增加[⑨]。在此期间，新出现的手机信令数据和基于位置的服务（Location Based Service，简称 LBS）数据作为人类时空行为的客观记录受到相关学者的关注。2006 年，美国 MIT 的城市规划学者 Carlo Ratti 和 Dennis Frenchman 联合意大利与荷兰的研究者提出可获取的面向用户的 LBS 数据能够成为城市分析研究的有力工具[⑩]。2018 年，美国东北大学的学者利用手机信令数据提取的用户活动轨迹进行定量分析，并提出"人类的活动轨迹与莱维飞行和随机行走法预测

① KANG C，SOBOLEVSKY S，LIU Y，et al. Exploring human movements in Singapore：A comparative analysis based on mobile phone and taxicab usages[J]. explorations，2013（CD/ROM）：21282135.
② SCHNEIDER C M，BELIK V，COURONNÉ，T，et al. Unravelling daily human mobility motifs[J]. Journal of the Royal Society Interface，2013，10（84）.
③ LIU Y，SUI Z，KANG C，et al. Uncovering patterns of inter-urban trip and spatial interaction from social media check-in data[J]. PLoS ONE，2014，9（1）：e86026.
④ NEIROTTI P，de MARCO A，CAGLIANO，A C，et al. Current trends in smart city initiatives：Some stylised facts[J]. Cities，2014，38：25-36.
⑤ HAWELKA B，SITKO I，BEINAT E，et al. Geo-located Twitter as proxy for global mobility patterns[J]. Cartography and Geographic Information Science，2014，41（3）：260-271.
⑥ YOSHIMURA Y，SOBOLEVSKY S，RATTI C，et al. An analysis of visitors' behavior in the louvre museum：A study using bluetooth data[J]. Environment and Planning B：Planning and Design，2014，41（6），1113-1131.
⑦ PEI T，SOBOLEVSKY S，RATTI C，et al. A new insight into land use classification based on aggregated mobile phone data[J]. International Journal of Geographical Information Science，2014，28（9），1988-2007.
⑧ SOBOLEVSKY S，CAMPARI R，BELYI A，et al. General optimization technique for high-quality community detection in complex networks[J]. Physical Review E - Statistical，Nonlinear，and Soft Matter Physics，2014，90（1）：012811-1-012811-8.
⑨ THAKURIAH P，TILAHUN N Y，ZELLNER M. Big data and urban informatics：innovations and challenges to urban planning and knowledge discovery[M]. Seeing cities through big data：Research，methods and applications in urban informatics.Berlin：Springer，2017：11-45.
⑩ RATTI C，PULSELLI R M，WILLIAMS S. Mobile landscapes：Using location data from cell phones for urban analysis[J]. Environment and Planning B：Planning and Design，2006，33（5），727-748.

的随机结果不同，而是具有时空间规律性的"[①]。这是国土空间大数据应用于地理学的创新突破。

通过对2004～2023年相关研究的文献数据来源的统计分析，发现信息通信技术的发展极大丰富了研究的数据基础，研究者们在持续探索通过不同形式追踪各种空间尺度下的人类活动，规划大数据的来源逐渐丰富。如图1-3所示，2014年开始，多元的大数据为城市领域的研究注入了活力（年度论文数量激增）。遥感数据是最早应用于国土空间规划研究的数据来源，并且此类数据一直保持着文献主要数据来源的主要构成部分，然而随着数据源的逐渐丰富，遥感数据的主流地位正逐渐被新数据取代；POI数据早在2007年就被用于研究，但直到2019年才逐渐成为主流研究的热门数据来源；社交媒体数据则是自2014年起持续增长，到2020年成为关键词频次最高的数据类型。

SCI 论文数据来源

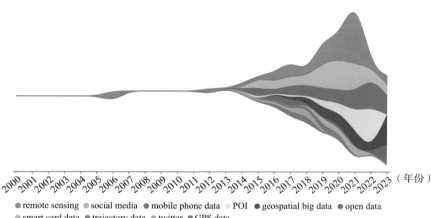

图 1-3　SCI 文章数据来源

在国内相关研究中，如图1-4所示，大数据自2013年出现在规划研究领域后呈逐年增长的态势，研究热度持续增加，"大智云移"的技术破冰及手段创新使得其发展迅速。随着学术界对城市认知的发展，研究重点从以空间场所为主的"位"空间理论向网络（network）和流（flow）组成的"流"空间理论体系转化[②][③]，在这一转变中，国土空间规划大数据作为人员、物品、资金和信息在城市中交织吞吐的集中体现，备受

① GONZÁLEZ M C，HIDALGO C A，BARABÁSI A L. Understanding individual human mobility patterns[J]. Nature，2008，453：779-782.
② 秦萧，甄峰. 数据驱动的城市规划科学化探讨[J].南方建筑，2016（5）：48-55.
③ BATTY M. Artificial Intelligence and Smart Cities[J]. Environment and Planning B：Urban Analytics and City Science，2018，45（1）：3-6.

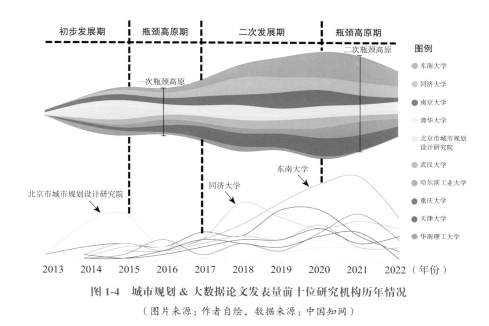

图 1-4　城市规划 & 大数据论文发表量前十位研究机构历年情况
（图片来源：作者自绘，数据来源：中国知网）

理论研究的关注，这些空间规划大数据不仅丰富了我们对城市的认知，还为我们提供了更深入的洞察力，帮助我们更好地理解城市的运作和发展。

针对国内的规划大数据相关论文发表数据进行统筹，对于同时包含"城市规划"和"大数据"两个主题的论文进行可视化分析，来自中国知网的统计结果显示规划大数据研究的发展可分为三类时期：

（1）研究起步期：规划大数据的研究于 2008 年首次出现，经过 5 年沉淀在 2013 年进入初步发展阶段。

（2）快速发展期：相关研究前后出现过两个快速发展时期，即 2013～2015 年以及 2017～2020 年两个阶段。在这一时期，2013 年北京市城市规划设计研究院首次主办中国城市规划年会大数据论坛，2017 年在东莞举行的中国城市规划年会主题为"持续发展，理性规划"，两个节点性事件成为规划大数据研究进入迅速发展阶段的催化剂。

（3）瓶颈高原期：一是 2015～2017 年，相关论文发表量维持平衡，增长速度逐步减缓。二是 2020 年至今，在 2021 年以后甚至出现加速下降的趋势。可以发现，当前的规划大数据理论研究正处于第二次瓶颈期，尽管相关论文发表量由于统计时间等原因会出现一定的迟滞，但可以明确 2020 年至今，规划大数据研究领域论文发表量进入高原期。

针对促进研究领域最活跃的十大研究机构进行论文发表量分析发现，包括 9 家重点高校和 1 家规划设计研究院，这些机构的研究脉络与规划大数据的研究历程高度相关，曾出现过两次快速发展阶段，其中三次显著波峰分别由北京市城市规划设计研究院、同济大学、东南大学引领；出现过两次研究领域的瓶颈高原期，分别是2016年及2022年，理论研究呈现渐次增长的态势。

2. 理论研究领域

行业内诸多学者对大数据支持下的城市研究理论进行了持续开拓与深入研究，形成了各自的大数据理论基础，整体可分为数据感知、分析认知、模拟推演、决策实践四个领域：

（1）数据感知领域以数据来源、类型、格式等认知城市数据。龙瀛（2018）将新数据按照数据来源、数据环境、几何形态、状态等不同分类方式进行了数据类型框架构建，并对15类典型数据（包括手机信令、GPS、微博签到、POI、IC卡等）进行了阐述[①]。

（2）分析认知领域指从计量分析手段层面对数据研究工作进行划分。典型的如牛强（2017）构建的计量方法框架：分为城市测度、评价和特征识别；城市改变预测和模拟；改变影响评估、运筹和决策、运作机制解析和模拟，阐述从特征描述到机制解析再到运作模拟的数据分析手段。甄峰（2013）则从改变传统城市时空间行为研究的技术方法出发，重点从居民时空行为、城市空间及城市等级体系3个层面、8个子方向构建了基于大数据应用的城市时空间行为研究方法框架[②]。

（3）模拟推演领域指按照数据应用的空间领域差异进行的理论综合。丁亮（2015）认为移动定位大数据研究可分为空间现象描述、空间功能识别、理论模型验证、中心体系分析4种类型，指出大数据适宜于验证理论模型、提出研究问题以及分析空间现状、评估空间规划两类研究[③]。

（4）决策实践领域指按照大数据在城市中的应用领域进行阐述。甄茂成（2019）将当前规划大数据研究归纳入居民时空行为、交通路网布局优化、城市功能区划分、区域联系和城市等级分析、城市生态环境治理以及城市边界等研究领域[④]。

除了空间大数据外，还要结合传统空间数据（如城市用地和建筑数据、道路网数据、监测站点数据等）进行分析。城市是空间大数据产生最频繁的区域。因此，空间大数据的应用研究目前主要集中在城市区域。相关的研究领域有交通管理、城市规划、环境、公共卫生等。在此基础上，郑宇等提出了城市计算（urban computing）的

① 龙瀛，李苗裔，李晶.基于新数据的中国人居环境质量监测：指标体系与典型案例[J].城市发展研究，2018，25（4）：86-96.
② 甄峰，翟青.移动信息时代的中国城市地理研究[J].科学，2013，65（1）：42-44，4.
③ 丁亮，钮心毅，宋小冬.基于移动定位大数据的城市空间研究进展[J].国际城市规划，2015，30（04）：53-58.
④ 甄茂成，党安荣，许剑.大数据在城市规划中的应用研究综述[J].地理信息世界，2019，26（1）：6-12.

概念，利用包括空间大数据在内的城市多源数据进行计算分析，发现并解决城市运行中的问题。相关学者利用旧金山和波士顿地区的手机数据和路网数据，发现了交通拥堵路段的车流来源，并且给出了缓解拥堵的建议；利用监测站数据、天气数据以及交通和人的移动数据，推断城市的实时精细分辨率空气质量数据，该结果有助于城市居民规划户外活动。由于空间大数据的获取建立在海量群体的空间行为的基础上，因此可以使我们能够更好地感知人的行为模式及其与地理环境之间的耦合。可以看出建立在社会感知基础上的公共政策制定，更能够体现"以人为本"的理念，有着广阔的应用前景。

通过学者们就新数据环境下的数据来源、处理方法及应用场景的整体研究及设计，可知大数据应用的关键问题是：一是数据来源及适宜应用研究领域；二是数据空间研究尺度、内容及分析主题；三是分析数据所需的应用模型和基础算法；四是对应城市研究、城市规划工作的应用场景和应用领域；四者相互关联、逻辑严谨。

3.理论研究演变

1）从基于土地的空间视角到基于个体的行为视角

以往的规划量化分析通常是以空间为基本单元，譬如土地使用规划支持决策系统就是以土地作为分析的基本对象。随着数据来源的丰富，基于人类个体行为的数据（譬如网络行为习惯、GPS定位、刷卡数据等）的获取成为现实。通过对这些数据进行分析，可以获得居民的行为特征和规律，还能得到居民对于城市建成环境的感受与反应。例如：利用微博签到数据和文字信息数据分析大众的情感变化，利用社交网络图片数据分析居民对于城市空间的认知意象，利用手机信令数据模拟居民在空间移动上的日常行为习惯等。

2）从"自上而下"的宏观视角到"自下而上"的微观视角

以往的规划量化分析多是以"自上而下"的宏观视角建立模型，如多准则用地评价模型。随着规划理念的变迁、规划分析模型方法的演化、计算机运算能力的提升，规划量化分析越来越重视"自下而上"的视角与理念，如元胞自动机模型。另外，一些综合性的分析模型越来越多的是"自上而下"的宏观视角与"自下而上"的微观视角相结合，例如北京城市空间发展分析模型[①]。

3）从普适性问题建模到专项问题建模

传统的城市战略规划、城市总体规划等宏观规划关注的重点是城市的总体发展方向，因此早期的城市量化分析模型多关注城市在空间布局上的发展方向，通过计算机

---

① 龙瀛，沈振江，毛其智，等.基于约束性CA方法的北京城市形态情景分析[J].地理学报，2010，65（6）：643-655.

模拟发展结果。这种普适性的规划决策支持对于把握城市的总体发展方向有一定意义，但是对于具体问题的把握与解决的作用则较为有限。随着城市量化分析模型的发展与积累，越来越多的专用模型可以针对城市发展中的特定问题或城市特定发展阶段进行分析，实现模型的精细化发展，例如英国卡迪夫大学开发的 sDNA 分析模型就专门用于分析城市道路各路段在路网中的中心性。

4.理论应用转化

理论应用转化层面，以大数据相关理论主导的实施项目数量（大数据、云平台、决策支持模型等）整体呈现逐年攀升的趋势（图1-5），可见规划大数据研究正逐步实现向从理论阐述到应用实践的转化。

按照项目研究主题将历年获奖项目划分为数据集成、平台建设、案例实践三个领域，可以看出：

（1）规划大数据应用呈现出"数据集成→平台建设→案例实践"的技术转化路径。从2013年初期的基础规划支持系统建设开始，到2019年，案例实践类项目已经占据了获奖项目的半数以上。

（2）理论研究瓶颈期成为应用转化高峰期。结合前文所述规划大数据理论研究的发展变迁（图1-4），可以发现2015 ~ 2017年是理论研究的瓶颈期，同时也是案例实践类获奖项目首次出现并快速增加的阶段（图1-5），说明一次理论研究"高原"成为项目实践及前期技术转化的关键期。

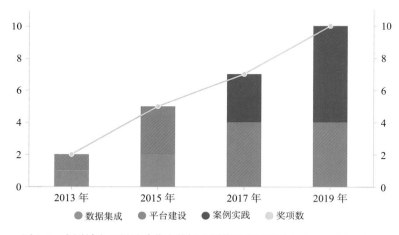

图1-5　全国城乡规划设计奖大数据主题获奖项目统计（2013 ~ 2019 年）

（3）"职住通勤、交通运营、空间品质"是当前大数据实践的主导方向。如图1-5所示的历年获奖列表，在规划工作案例实践的9个主要项目中，职住通勤、交通运营、空间品质的主题研究达到 7 个，说明这三个主题是当前规划大数据实践相对成熟的领域。

2015 年，国务院印发《促进大数据发展行动纲要》，提出大数据将成为推动经济转型发展的新动力、重塑国家竞争优势的新机遇、提升政府治理能力的新途径。2021 年，中央网络安全和信息化委员会印发《"十四五"国家信息化规划》，提出借助大数据加强国土空间的实时感知、智慧规划和智能监管，强化综合监管、分析预测、宏观决策的智能化应用。2023 年，中共中央、国务院印发《数字中国建设整体布局规划》，强调推进数字技术与经济、政治、文化、社会、生态文明建设"五位一体"深度融合，以数字化驱动生产生活和治理方式变革。

而面临当前针对新一轮国土空间规划体系与大数据融合的实际项目实践需求不断攀升，理论研究亟需完成向实践案例的转化。一方面，大数据研究理论已逐步成型，而大数据主导的应用案例尚显不足：历年全国城市规划优秀设计奖以大数据主题获奖项目虽缓慢增加，年度获奖却始终未突破 10 项[①]，而近年新数据源头不断涌现，新的应用实践方向亟待发掘，各地实践转化显著不足；另一方面，大数据的特点符合国土空间规划全要素、一张图、多层次、精细化、全周期的工作特点。在国土空间规划的四梁八柱已定，工作方法逐步趋稳的整体背景下，已具备足够条件且亟需大数据基础、方法、案例的支撑、思考与实践。

大数据与国土空间规划工作的结合成为大势所趋，但从理论研究到大范围应用实践还面临诸多挑战：首先是数据融合不足，数据浩繁叠置，统计口径各不相同，多源大数据自身的融合校准及其与传统数据的对应关系难以厘清，造成规划人员对数据可信度的迷惑与质疑；其次是供需关系错位，以数据定应用而非业务牵引数据的现象时有出现，使得部分项目为了用大数据而用大数据，难以发挥数据个性优势，反映出各数据源与其适用场景对应框架的匮乏。此外是长时监测缺乏，实践案例以空间分析居多，时序分析缺乏，而时序分析恰恰是反映城市运营机制的关键线索。这一方面与大数据研究出现时间较短，数据积累不足有关；另一方面，也体现出对于城市运营机制研判理论（系统动力学、复杂网络等）的实际应用具有一定的挑战性。

5. 应用现状及挑战

大数据与国土空间规划工作的结合成为大势所趋，但从理论研究到大范围应用实践还面临诸多挑战，如何合理利用规划大数据进行国土空间规划，提升国土空间规划的合理性，是当前我国城市发展的关键问题之一。

---

① 数据来源：中国城市规划协会官方网站（http://www.cacp.org.cn/）。

1）数据规模剧增，价值挖掘不足

近年来，我国大数据产业发展迅速，国土空间规划大数据已经成为重要的战略性资源，剧增的数据规模给国土空间规划提供更多可挖掘的城市运行线索，同时给科学计量模型、方法以落地基础，有效赋能大模型背景下对城市运行机制、运行问题的研判路径。

然而，目前城市研究对于大数据治理和处理的能力尚显不足，数据未充分挖掘，价值难以全面发挥。其中一个不容忽视的现象是，许多城市数据相对孤立，不向外界开放，致使数据未能得到充分利用。单一系统或组织只能汇聚单一数据源、局部片面的信息，难以融合多源数据以进行综合分析，缺乏数据广度和深度，亟需推进大数据的流通共享以发挥数据的巨大价值。其次，随着数据应用蓬勃发展，数据挖掘、数据实时处理等新型处理需求进一步提高了数据处理复杂度，大规模数据处理系统中数据动态倾斜、稀疏关联、超大容量等特征给系统带来资源效率低、时空开销大、扩展困难等严重问题[①]，降低了数据利用率。在此背景下，数据技术的创新式、跨越式、颠覆式的发展是现实需要，大数据计算的应用实践需要不断深化。

2）数据迭代快，处理门槛高

城市每时每刻都在产生海量的数据信息，数据迭代速度的倍数增长，推动了国土空间规划从以土地等变化缓慢、逐步演进的要素为主要研究对象的城市增量规划思维，向以人口、资金、物质等流动要素所反映的城市瞬息万变的人类活动为研究对象的存量规划思维、城市运营思维转变。例如，人口监测由传统统计方式的十年普查、年度更新转变到以位置服务数据进行月度或日度实有人口监测统计的频率。面对巨大的计算压力，必须将存储与计算迁移到分布式大数据集群中。分布式大数据集群的出现为当前各种数据的储存、传播、结果分析等提供了一项重要的新技术，极大地提升了大数据应用的质量和效率，进一步优化了数据管理体系，实现了存储与计算能力的水平扩展，适用于海量数据的场景。

然而目前国土空间规划的从业人员大多不具备分布式大数据集群的相关知识，而且大数据分析与挖掘涉及计算机、数学、统计学、理化等多学科，因此未来国土空间规划大数据的应用对人员技术能力有更高需求。

3）宏观分析多，中微观分析少

大数据为城市研究提供了良好的宏观分析视角，目前国内外针对国土空间规划大数据的研究尺度多为全球、多国、整个国家、大都市区等，应用较广泛的空间行为大数据（如手机信令、GPS定位数据等）擅长此类超大尺度分析。这与数据本身的特

---

① 梅宏，杜小勇，金海，等. 大数据技术前瞻 [J]. 大数据，2023，9（1）：1-20.

点密切相关：一方面，大数据相对传统数据的最显著优势是覆盖了更多的研究样本，使得研究者具备了针对全样本或者大样本进行综合研究的可能性；另一方面，大数据在宏观样本上的稳定性相对较好，在局部区域或特定样本的采集上则可能存在较大偏差，如手机信令数据对于老人及儿童采样存在较显著偏差。这使得规划大数据研究整体偏向宏观层次，而当前针对存量城市的研判多数集中于中微观研究层次，微观层面大数据分析研究较少，导致分析研究浮于表面，对于局部问题、深层问题研究不足，结论较为笼统。

存量发展背景下，由增量扩张向内涵式精细化治理的趋势日益显著。对于发展受到空间制约的城市的规划人员来说，中微观尺度的项目占绝大多数，在这种增量规划向存量规划转化的背景下，动辄几百平方公里的项目越来越少，而小尺度的城市更新项目越来越多。宏观分析并不能解决众多中小项目的切实之需，国土空间规划大数据研究对于中微观分析需要更大的关注度。

4）数据品类多元，治理难度较大

国土空间规划大数据品类多元，涉及结构化数据、半结构化数据（日志文件、JSON 文档、XML 文档等）和非结构化数据（视频、音频、图片、文本等），数据内容涵盖交通、产业经济、环境等多领域，且新数据形式（城市一码通数据、新商业业态数据等）不断涌现，给研究者提供了认知城市的新视角。当前，城市用地、交通、市政、生态、经济等城市子系统均可找到适宜自身研究的多源数据，使得研究深度不断加深。但另一方面，多源异构数据的出现也给数据治理带来了较大的难度，引起了宏观政策的关注。2022年12月，中共中央、国务院印发《关于构建数据基础制度更好发挥数据要素作用的意见》，描绘了数据基础制度的四梁八柱，提出了以产权制度为基础、以流通制度为核心、以收益分配制度为导向、以安全制度为保障的数据基础制度顶层框架，对于充分激发数据要素价值具有全局性、奠基性、引领性的重要作用，大数据治理成为时代背景下的关键课题。

国土空间规划大数据来源多样且类型繁杂，为数据接入的管理制造了难题。数据质量的监管应贯穿数据应用的全生命周期。在数据接入阶段，需要对异常数据、缺失数据、数据字段是否变更、手机信令数据坐标系（WGS84、百度BD-09、2000国家大地坐标系、GCJ-02）是否需要转换等数据问题进行检测，捕捉存在问题的数据以进行数据清洗和标准化。在数据处理过程中，对于存在不同类型问题的数据采用何种方法进行清洗或标准化；计算城市规划模型相关指标时，算法与模型的精度要求是多少等有关数据质量的关键问题亟需制定相应的监管措施。

5）数据应用场景深化，亟需强化数据安全

当前国土空间规划大数据应用场景不断深化，在基于大数据的国土空间规划的诸多场景中发挥不可或缺的作用，例如交通管理、环境保护、社会治理等。然而国土空间规划大数据的应用涉及手机信令数据、公共交通 IC 卡、人口画像等公民个人的各种隐私数据，开放共享会存在泄露个人隐私、影响社会安全方面的风险。涉及隐私的数据还存在难以进行跨部门数据关联分析、难以追溯审计等问题。如何根据数据字段的敏感度建立完善的数据管理制度，并根据用户的信用级别提供对应涉密级别的数据，制定多应用场景下的涉密数据脱敏策略以构建数据安全管理制度，保护数据隐私，是国土空间规划大数据应用亟需完善的功能制度。

1.3 国土空间规划大数据计算平台

1.3.1 大数据平台研究现状

随着数字技术的高速发展，各类大数据平台不断涌现，已经渗透到各个领域。不同领域的应用场景不同，但均能通过大数据技术分析获取有价值的数据信息和洞察力，从而提升效率和创新能力。本节主要介绍大数据在常见领域的应用背景，包括能源、交通、教育和金融等领域，并以各领域大数据平台的典型应用为例描述了平台具体建设内容。

1. 电力大数据平台

在电网公司信息化建设早期，数据库主要承担数据存储和管理的功能，仅仅是便于数据的集中存放和管理。随着电网企业生产信息化与管理信息化的逐步深入，大量数据产生，业务之间关联性不断增强，电网企业开始关注数据的共享与分析，建立数据中心，通过各类数据平台[1]以及企业级数据仓库[2]来实现数据资源的共享以及简单的联机分析。随着智能电网、物联网的快速发展，电网企业的用电信息采集、输变电状态监测得到广泛应用，电网大量运行数据日益呈现体量大、类型多、价值高等特征，每日数据量增加近 10TB，数据仓库以及联机分析处理系统已经难以满足大量数据存储、处理、计算、分析的需要。

为提升数据处理的性能、充分挖掘数据价值、实现数据资产管理，并满足智能电

---

[1] 王晓波，樊纪元.电力调度中心统一数据平台的设计 [J].电力系统自动化，2006，30（22）：89-92.
[2] 路广，张伯明，孙宏斌.数据仓库与数据挖掘技术在电力系统中的应用 [J].电网技术，2001，25（8）：54-57.

网大数据应用业务多样性的需求，已有学者 [①] 研究设计了电力大数据平台，将其定位为数据共享平台、数据分析应用平台和大数据应用开发运行平台，包括应用架构、技术架构和数据架构。该平台在对智能电网各类数据有效融合的基础上，支撑生产、营销、配电等各类大数据应用，实现对智能电网数据价值的挖掘。其中，应用架构将大数据平台按照功能组件分为核心平台、数据服务、服务配置、运维支撑、自助分析、门户终端、安装部署等；技术架构中主要应用了当前大数据主流技术，例如，日志采集框架采用Flume，数据库抽取工具采用Sqoop，文件数据处理工具采用Kettle，分布式存储采用Hadoop分布式文件系统、HBase、Hive、Kafka、MangoDB，资源管理采用Yarn框架，计算方面采用Storm、MapReduce、Spark；数据架构中设计了大数据平台的数据流向，包括数据从外部数据源采集，直至将数据分析结果输出给调用者的数据流向全过程。

电力大数据平台的建设充分考虑了电力大数据需求，功能涵盖大数据采集、存储、处理、计算、分析、可视化全过程，基本满足了当前电力大数据分析以及大数据应用开发的要求。

2.交通规划大数据平台

交通规划行业是最早涉足大数据挖掘的行业之一，日渐丰富的大数据资源极大提高了分析内容的精度和广度 [②] 。然而，大数据在应用过程中也存在一系列问题：数据来源多样、统计口径不一、适用性不同，导致数据应用不够规范；数据处理的门槛较高、数据保密的制度限制，导致数据应用范围受限；交通模型专业软件的应用不能普及到一般交通规划师；数据分析师和规划分析师对数据的理解不同，导致沟通效率低下等 [③] 。在此背景下，已有研究依托上海市新一轮综合交通规划模型建设，结合深圳市城市交通规划设计研究中心股份有限公司面向城市交通治理的大数据计算云平台（TransPaaS）技术 [④] ，汇集多维度、多渠道数据，基于网页开发了面向规划业务人员的上海市交通规划大数据平台 [⑤] 。

该平台技术框架采用数据层、支撑层、应用层和展示层四层架构，利用当前数据库和GIS领域的一些最新技术。数据层采用PostgreSQL数据库作为关系数据库存储结构化指标表，同时使用PostGIS扩展模块进行空间数据存储，对于用户自定义

① 朱朝阳，王继业，邓春宇.电力大数据平台研究与设计 [J].电力信息与通信技术，2015，13（6）：1-7.
② 吴克寒，王芮，高唱，等.面向城市交通规划的大数据平台构建方法研究 [C]//2019中国城市交通规划年会，2019：品质交通与协同共治.
③ 林涛.基于大数据的交通规划技术创新应用实践——以深圳市为例 [J].城市交通，2017，15（1）：43-53.
④ 张晓春，林涛，段仲渊，等.面向城市交通治理的大数据计算平台TransPaaS [M].上海：同济大学出版社，2021.
⑤ 张天然，朱春节，王波，等.上海市交通规划大数据平台建设与应用 [J].城市交通，2023，21（1）：9-16.

上传的文件和地图使用MinIO对象存储工具进行存储。支撑层提供平台层的支撑，SQLAPI提供SQL查询支持，Zuul网关提供接口服务，Oauth进行权限管理，并使用Docker进行容器化部署，便于部署维护。应用层基于SpringBoot框架提供应用后端支撑，基于GeoTools提供GIS分析支持，并搭建自定义瓦片服务，使用GeoServer发布网络地图服务（Web Map Service，简称WMS）。展示层面向终端用户，前端页面基于Vue框架进行开发，前端地图引擎使用MapBoxGL框架，前端UI使用Element框架快捷开发，并用Echarts框架进行图表展示。

该平台功能架构包括4个功能页面：数据指标、智能规划、工作平台、个人空间。数据指标是一个数据管理页面，集合数据查看、数据申请、数据审核（管理员可用）和指标管理等多项功能。智能规划是一个标准化的交通数据资源智能化查询和分析工具，可通过自定义区域或设置查询条件对各类交通大数据进行分析展示。工作平台是面向用户的主要交互界面，具备图形和数据调用、在线制图和查询分析等功能。个人空间存放用户自定义的专题图和自上传数据，提供个人文件夹管理及快速链接专题图页面功能。

交通规划大数据平台依托上海市交通规划模型相关技术，以规划业务人员为应用对象，汇集了多维度、多渠道数据，提供常用专题图和公开共享的数据资源，支持各种数据资源的叠加分析应用和个性化制图功能。在保障数据安全的前提下，实现了数据资源的高度共享和有效利用，有效支撑了规划业务人员的日常工作，也为相关业务人员的交流提供了媒介。

3. 铁路大数据平台

随着高速铁路的快速发展及铁路信息化建设的逐步深入，中国铁路已积累了海量的结构化、半结构化、非结构化的数据，包括12306网站和95306网站的客、货运数据，设备台账数据，基础设施检测数据，自然灾害监测数据，视频监控数据和工程建设图纸等，且各类数据增量极快，大量视频图片仅保存极短时间。可以说，中国铁路已步入大数据时代。

虽然铁路信息系统建设近年来逐步完善，但仍存在诸多不足。首先，各系统各自为政，独立建设，数据共享备份不够，集成较弱，特别是基础数据多头维护，统一管理需加强。其次，技术手段薄弱，仍采用传统的数据库技术、数据处理技术开展大数据的应用分析，缺乏专用技术及工具支撑，数据处理的时效性、可用性不强。最后，对于数据的利用还停留在初级阶段，深层次的数据分析、数据挖掘较少，并且对于数据的利用仍以专业为界限，缺乏跨部门、跨业务系统之间的数据综合分析。

为解决上述问题，已有学者 [①] 针对了铁路大数据应用的现状及需求，设计了铁路大数据平台的总体架构。该平台包括铁路基础数据管理、数据服务和大数据分析平台，其中铁路大数据分析平台的应用场景涵盖了客运、货运、运力资源、动车组管理和铁路运输安全等多个领域。铁路大数据平台总体架构主要由数据采集层、数据传输层、数据存储层、数据服务层、数据分析层、数据应用层、数据展示层及数据标准体系、数据保障体系组成。数据采集层，主要包括路内数据和路外数据。数据传输层，包括铁路内网、铁路专网、4G、LTE、GSM和Wi-Fi。数据存储层，大多以关系型数据库进行存储，包括Oracle、MySQL等；对于非结构化数据通过Kafka、Sqoop、Flume软件，将数据转换成为文件方式进行存储。数据服务层，主要包括数据治理、数据共享和数据主题域。数据分析层，结构化分析基于数据仓库和MPP，非结构化分析基于Hadoop、Spark、Storm、Hive、Mahout和R等。数据应用层，通过铁路大数据分析平台的挖掘结果，实现对客运领域、货运（物流）领域、基础设施领域、动车组领域、联调联试领域的主要业务提供强有力支持，并开展新业务的挖掘。数据展示层，通过折线图、柱状图、散点图、GIS和3D等进行数据展示，以及二维和三维可视化区域的扩大、缩小和移动等，实现铁路数据动态、实时、联动展示，可重点开展基于GIS平台的铁路客运迁徙图，以及铁路客户之间的关联图等。铁路大数据标准体系，主要包括铁路大数据采集、存储、管理、共享、使用和安全等标准规范。数据保障体系，主要包括数据及网络信息安全保障、运行维护保障、人才技术保障和评价考核保障。

铁路大数据平台的设计对于大数据技术与铁路的结合具有深刻的现实意义，在客户画像、市场营销、产品设计、行车安全、服务质量和设备管理等各个方面都将发挥显著的作用。

4.矿山安全管控大数据平台

煤炭是我国经济发展的主要能源之一，如何保证煤矿安全稳定生产是维系我国经济高速发展的重要支撑。随着科技的不断更新迭代，各类自动化系统已在煤矿完成更新部署。在政策监管和监测预警技术的共同作用下，国内煤矿生产安全形势有所好转，但仍事故频发。在煤矿现有安全监测监控系统和自动化系统的基础之上，煤矿数据已实现自动采集与分系统存储，如何在现有条件下，利用大数据等信息技术来提高煤矿监测预警体系的自动化和智能化水平以实现煤矿本质安全，成为亟需攻克的难题。

针对现有智慧矿山系统存在的缺乏信息获取全面性、缺乏适应行业特征的能力、

---

① 史天运，刘军，李平，等.铁路大数据平台总体方案及关键技术研究[J].铁路计算机应用，2016，25（9）：1-6.

缺乏数据深度分析与挖掘、缺乏信息的关联与融合等问题，已有学者[①]以安全管控数据为基础，提出了一种以大数据技术为基础的煤矿安全管控大数据平台建设架构，由感知层、平台层和应用层组成。感知层感知、采集煤矿端和集团数据，包括煤矿基础数据、在线监测数据、生产管理数据和视频监控数据等；平台层在公有云或私有云上搭建大数据计算平台，采集、存储和治理感知层的海量数据，搭建风险指标模型和主要灾害风险预警模型，建立大数据和人工智能分析模型；应用层对平台层输出的分析结果进行可视化的人机交互展示，实现一张图综合展示、研判处置建议、统一信息查询、专题多维分析等业务功能页面。

该平台涉及视频智能分析技术、综合预测预警技术、存储与治理技术、风险指标体系构建技术和可视化分析展示技术。视频智能分析技术，涵盖图像处理、模式识别、人工智能等多个领域，可以自动地提取视频中的相关信息并进行分析；综合预测预警技术，包括对隐患关联分析技术和主要灾害风险预警技术；存储与治理技术，是分布式计算、并行计算、效用计算、网络存储、虚拟化、负载均衡、热备份冗余等传统计算机和网络技术发展融合的产物，其中数据治理主要包括元数据管理、数据规则制定、质量评估等；风险指标体系构建技术，在煤矿信息化建设基础上，弱化了风险评估中头脑风暴和专家经验的参与权重，以《煤矿安全规程》等安全生产规范为依据，综合了多源实时感知的动态信息和安全管理过程等静态信息；可视化技术，包括知识图谱、BI数据展示、二三维一体化地图展示等。

智慧矿山平台的建设以感知层进行数据采集和融合、平台层进行数据存储和挖掘、应用层进行数据展示和应用。平台集成融合多源数据、多类型数据和空间信息，采用先进的数据挖掘与分析技术，有效地为煤矿生产者提供决策支持。但平台的性能仍受到数据质量、数据挖掘深度不够等方面的制约。

5.校园大数据平台

高校业务系统与校园信息系统紧密结合，形成了海量数据资源，例如在线课程资源、学习行为轨迹数据、上网行为数据等，但这些数据资源的结构、内容以及数据利用价值不够清晰，在对信息共享、处理涉及多个系统之间的协调时，需要整合多个系统的数据资源，处理跨数据库、跨平台等多方面的工作，数据流程容易产生混乱。因此，需要形成统一的数据服务链，提高数据可视化监控能力，为上层应用提供数据服务。为有效解决以上问题，相关学者研究设计了智慧校园大数据平台[②]，该平台充分兼顾各种数据源类型的集成、治理和可视化要求，提供统一集成和共享服务。

---

① 王鹏.智慧矿山安全管控大数据平台建设探讨[J].煤炭工程，2020，52（8）：154-158.
② 王冬梅.基于Hadoop的高校大数据平台构建研究[J].互联网周刊，2023，（14）：79-81.

该平台的整体架构设计充分考虑了先进性和可行性，能为学校未来五年的发展提供有力支撑。基于共享数据中心建设的大数据生态链，以现有各类业务的数据为底层支撑，将智慧校园相关数据采集到 Hadoop 集群中进行分布式文件存储。通过建设共享数据中心，构建大数据生态链，对资源进行整合和业务流程优化，通过分布式文件系统 Hdfs 对多维数据进行关联、分类、降维、聚类分析，并以各种可视化图形的方式呈现给各类业务人员，满足不同角色用户的需求，实现数据价值。

校园大数据平台核心架构包含数据存储模块、数据接口模块和数据分析模块。数据存储模块，运用云计算技术，采用 MapReduce 算法和 HDFS 分布式文件系统，建立分布式数据库 Hadoop 集群系统，为师生提供在线的数据存储服务，采用 Hdfs、Hbase 和 sqoop 对数据进行存取；数据接口模块，承担连接不同源头和目标业务数据的任务，并将其以一种可接受的格式传递到目标位置。该模块还负责数据清洗、转换和处理等任务，确保数据的准确性和一致性。常用的数据交换技术有 ETL、ELT 和 Data Virtualization；数据分析模块，在 Hadoop 的 Map Reduce 编程模型上，构建各类数据分析包，对提交的学生大数据进行分析。

校园大数据平台的建设，将多维数据进行关联、分类、降维等分析与可视化呈现，开创了智慧校园教育管理决策科学化、管理智能化、监督过程化的新模式，为教育改革和创新提供了支持和指导。

6.商业银行大数据平台

以移动互联网、云计算、大数据和人工智能为代表的新一轮科技创新，正在快速改变传统的生产与管理方式，对商业银行的经营模式甚至中介功能形成全面冲击，商业银行能否用好大数据，加快创新实现转型，决定了其未来的可持续发展能力。然而传统以关系型数据仓库为基础的数据分析平台已满足不了当前业务发展的需求。为此，根据某大型商业银行面向全行数据分析人员进行的大数据平台建设实践，相关研究论述了该行基于 Hadoop 的商业银行大数据平台的整体架构方案[①]。

该平台建设过程中，在传统的 SAS 数据挖掘工具基础上，引入了 Python、R、TensorFlow、Zeppelin、Jupyter Notebook、JanusGraph 等前沿的大数据开源工具，形成了包括存储引擎、资源管理、计算引擎、分析引擎、交互前端、数据管理、任务管理、用户管理等为一体的企业级 Hadoop 大数据平台，为数据分析人员提供了 SQL 数据查询与批处理、结构化数据分析、非结构化数据分析、流式数据分析、图分析等应用模式，满足了不同应用场景的数据分析需要。其中，存储引擎，首先根据不同数据

---

① 欧建林.基于 Hadoop 的商业银行大数据平台研究与实现[J].中国金融电脑，2019，（1）：50-53.

类型划分了不同数据区，包括半结构化数据区、结构化数据区、非结构化数据区等，然后针对不同数据区选择不同的存储技术实现对不同类型数据的存储需要，最后根据应用类型将各数据细分为基础数据层和应用数据层。资源管理，采用 Hadoop 多租户机制按照不同业务部门、不同类型的作业划分不同的租户，并对租户配置相应的计算资源、存储资源、服务资源等，以实现对 Hadoop 资源的分配和管理。计算引擎，选择 MapReduce、Spark、Flink 组件搭建计算引擎，作为上层分析引擎的基础。分析引擎，选择 Spark SQL 作为 SQL 批处理和交互式查询的引擎、Spark MLlib 作为机器学习引擎、TensorFlow 作为深度学习引擎、Flink 作为流式分析引擎以及 JanusGraph 作为图分析引擎。交互前端，同时部署 Zeppelin 和 Jupyter Notebook 作为 Hadoop 平台的交互式分析工具，将来根据用户使用的实际情况和社区的发展情况再行抉择。数据管理，主要包括数据资产管理和数据导入管理。任务管理，包括对数据导入作业、数据分析作业、数据交付作业等进行统一的调度与监控管理。用户管理，包括 Hadoop 用户管理和交互终端用户管理。

该行商业银行大数据平台的建设，不仅能够满足基于数据容量大、类型多、流通快的大数据基本处理需求，能够支持大数据的采集、存储、处理和分析，而且能够满足架构在可用性、可扩展性、容错性等方面的基本准则和用原始的格式来实现数据分析的基本要求。

1.3.2 国土空间规划大数据计算平台的内涵、作用与要素

1. 基本内涵

国土空间规划需要综合考虑空间的使用、保护和发展等众多技术价值。信息技术的发展促使城市空间更加流动、土地利用更加多元、个体行为选择更加多样，使得国土空间规划面临多元、交叉、互动的复杂性和资源、环境等多重约束的紧迫性，以及需求和期望不断适应调整的动态性。国土空间规划应该顺应变化，并从系统观念出发谋划和解决变化带来的城市问题。

为应对上述问题，显然依靠传统统计调查、传统指标测算等规划原始技术工具难以得到解决。新时代背景下国土空间规划需要在数字技术的支撑下，通过实时数据信息感知和存储能力、高效数据处理能力、复杂系统分析和预测能力的赋能，从理论研究向实践运用转化。

国土空间规划大数据计算平台的建设目的在于突破现阶段大数据在国土空间规划领域的落地应用瓶颈，实现海量规划数据的分析和挖掘以提高规划大数据在国土

空间规划中的综合应用能力。其中涵盖计算机、数据科学、城市规划与管理、地理信息科学、智能交通等多个专业知识，涉及分布式存储和计算、人工智能、大数据分析和挖掘、GIS技术、可视化等多项先进技术，是一项非线性、非静态、复杂的系统性工程。

国土空间规划大数据计算平台的建设需要以服务人民为中心，立足预判、洞察城市需求，揭示城市发展规律、趋势，以运行安全、稳定、有序为导向，在全域智慧化建设背景下，通过各种技术手段收集国土空间承载经济社会各种活动产生的数据，并具备存储能力、计算能力、服务能力，以及数据挖掘和AI的算法，通过计算提供数据间的因果关系，为外部应用提供正确、精确、全面的数据和数据指标计算结果，支持制定差异化、阶段性的空间治理政策。

从建设本质上来讲，平台是为了更好地管理、分析和利用海量数据的一种基础设施。国土空间规划大数据计算平台作为大数据技术的一个综合载体，集成数据采集、存储、处理、分析、可视化等功能，向下实现多源异构数据的感知，向上为实际业务提供数据服务，打通数据感知和数据智慧化应用之间的屏障，是国土空间规划实现数据充分赋能的基础。

从建设功能上来讲，平台消除了跨部门数据协同中的数据壁垒，通过全流程管理的方式完成数据集成、预处理、计算和发布分享等环节，明确数据治理标准，解决大数据基础处理工作中数据管理、定期更新等问题。同时，服务规划业务人员，打破传统规划人员应用规划大数据开展工作的技术壁垒，推动实现高效的大数据分析与挖掘工作，输出大数据赋能规划的价值体系。

2. 主要作用

1）促进数据协同

各级政府和企业在长期的信息化建设过程之中组建了大量的信息系统，各个信息系统依据各自职能产生了相关数据，但系统间并不互通，形成了信息系统烟囱林立、数据共享受阻的局面。各职能部门的数据由于仅支持各自业务，数据形成孤岛，无法整合，造成了单一业务的信息化缺少其他业务系统的数据支撑，难以发挥大数据的优势。而且在各项数据管理工作中，如果单独进行管理难免就会导致工作量巨大，甚至会出现各种疏漏，受到人的因素干扰和影响而出现问题。大数据平台的出现可以解决数据孤岛、阻碍共享的问题，依托大数据平台对数据进行高效地汇聚与发布，同时进行精细化管理，强化跨部门、跨行业的组织统筹力度，提升信息资源整合水平，不仅使资源共享更为轻松，而且无须维护各个数据集群，使得各部门运营及使用成本大幅度下降。

2）助力数据治理

许多相关规划部门对于数据的认知仍然停留在数据归集的层面，缺少对于数据质量管理的考虑，然而国土空间规划大数据由于存在多源异构的特点，缺少必要的数据治理流程会严重降低数据质量，例如数据缺失、数据异常、数据失真、数据不统一造成混乱等诸多问题。此外，大多数城市对于采集数据的应用尚停留在简单统计的阶段，缺少深层次的数据挖掘分析，并未实现数据的真正应用，数据价值未完全体现，造成了数据资源的浪费。建设大数据平台有助于解决数据治理薄弱、数据价值降低的问题，通过大数据平台设置统一的数据治理方法，使数据资源资产化、合规化，为后续挖掘数据资源提供的海量宝贵信息建立支撑。

3）确保数据安全

大数据平台在各项工作管理及数据统筹方面具有强大能力和优势，发挥着很好的应用效能，能够帮助政府和企业快速获得价值信息。为了确保在实际操作过程中具有安全可靠优势，通过使用大数据平台进行数据接入、统一管理和整合，确保了在工作流程中的数据安全，因为大数据平台通过统一的安全架构，确保资源隔离效果很好。针对不同人员可以进行不同程度授权，可以灵活自由进行定制设计，确保平台安全性得到提升，避免出现各种安全隐患或信息泄露。

4）降低使用门槛

随着大数据技术不断完善，国土空间规划领域出现了许多基于大数据的分析模型，如行为识别模型、空间聚类模型等，这些模型能够揭示城市中的潜在问题、发展趋势以及规划需求。尽管这些模型具备广泛适用性，但其应用需要一定的专业知识和技术能力。规划人员通常需要具备数据分析、统计学和编程等方面的知识才能正确运用这些模型。这对于一些非技术背景的规划人员可能存在困难，限制了这些模型的普及和应用。为了解决这个问题，大数据平台通过将各种城市分析模型集成到一个平台上，规划人员可以在同一个环境中进行数据处理、模型运行和结果分析，同时提供了友好的用户界面和直观的操作流程。这发挥了重要作用，极大程度地降低了规划人员的使用门槛，使其更专注于分析与决策。

5）处理稳定高效

集成模型的稳定性和复用性是大数据处理过程中重要优势之一。例如，大数据的预处理阶段是数据分析的关键步骤之一，包括数据清洗、去重、缺失值填充等操作。伴随着每月、每天，甚至每小时涌入的大量更新数据，预处理是大数据使用过程中最为繁琐的过程之一。为了应对这个挑战，建立统一的数据标准和明确的数据处理流程至关重要。

首先，通过建立统一的数据标准可以确保不同数据源的数据以一致的格式存在，有助于提高数据的可比性和可靠性，并减少处理过程中的错误。例如，可以规定日期格式、单位标准和数据命名规范等，使得数据在处理过程中更加一致和易于理解。

其次，在明确的数据处理流程的指导下，可以有效地管理数据预处理过程。通过将每个预处理步骤明确记录，并建立一个逻辑的处理流程，可以确保数据的质量和一致性。这样，无论是新数据的处理还是旧数据的更新，都可以按照相同的标准进行处理，减少了人为因素对数据处理结果的影响。

最重要的是，将这些预处理步骤形成模型，并定期运行，可以实现自动化处理。一旦建立了稳定可靠的模型，可以按照预定的时间表，自动获取最新数据并进行预处理，既提高了工作效率，同时大幅降低了人力成本。同时，由于模型的稳定性和一致性，可以避免在处理过程中出现错误或遗漏。

6）可扩展的业务场景

大数据平台通过整合来自不同数据源的数据，构建了一个统一的数据底座。这个底座是存储和管理大数据的核心，可以确保数据的完整性和一致性，与此同时，数据底座不仅仅是一个数据存储的仓库，也是构建丰富业务场景的基础。在数据底座的基础上，可以进行再次组织和加工，以适应不同的业务需求。通过在数据底座上构建数据模型、算法模块和应用接口等，可以实现数据的深度挖掘和分析。这样，可以从海量的数据中提取有价值的信息和洞察，构建相应的业务指标，并为各类应用场景和决策提供支持。

7）低代码的可视化发布

在规划工作中，通过将数据分析结果以可视化的形式呈现，可以更直观地传达信息、揭示趋势、支持决策，并吸引公众的参与。然而，常规的可视化方式往往需要专业的开发技能，包括编写代码、设计网页等，这对于规划人员可能会带来困扰。因此，大数据平台的可视化功能的出现为规划人员提供了极大的便利。

规划大数据计算平台具备丰富的可视化功能，可以生成各种类型的图表、图像、地图等，以满足不同的展示需求。同时，它还支持用户友好的交互性，使得观察者可以与可视化图表进行互动，深入了解数据背后的细节和关联。这种交互性的特点使得大数据平台在规划监测、决策和公众参与方面发挥着重要作用。

更重要的是，规划大数据计算平台提供了无须编码的组织方式，使得规划人员可以自主完成可视化展示的全流程。通过简单的拖拽和配置操作，规划人员可以将不同类型的图表、图像等组合成网页或门户，形成完整的可视化报告。这样不仅降低了规划人员的使用成本，减少了对开发人员的依赖，还能够快速地生成符合业务场景需求的可视化展示。

3.组成要素

贯通国土空间规划大数据资产、模型算法和应用场景的国土空间规划大数据计算平台，其组成要素主要包括数据采集与整合、数据分析与建模、场景指标构建与程序计算、可视化与交互，具体如下：

（1）数据采集与整合：平台通过传感器、监测设备、GIS技术和网络爬虫技术等手段，实时或定期采集各类规划大数据并进行整合。政府部门、公共机构和企业也积极参与数据共享，包括地理空间数据、社会经济数据、人口流动数据、环境监测数据等，促进了数据资源的丰富和多样化。

（2）数据分析与建模：平台基于分布式计算、机器学习和数据挖掘等技术，内置丰富的算法资源，涵盖空间计算、复杂网络和人工智能等多种基础算法。算法模块的可扩展性支持规划者基于Python、Java、SQL等语言对平台内的数据进行深入分析和建模。此外，结合分布式计算技术，可以实现数据信息的高效提取。

（3）场景指标构建与程序计算：平台封装多维应用场景的评价指标及其计算程序，规划者可以通过简单的操作实现复杂指标的计算，有助于使用者评估城市运行现状，了解城市的发展趋势和问题症结，以此合理配置城市资源，制定更科学和可持续的国土空间规划方案。

（4）可视化与交互：平台通过可视化技术将复杂的数据呈现为图表、地图或虚拟模型等形式，使数据更加直观和易于理解。同时，使用者可以通过交互式界面自由查询、分析和操作数据，实现个性化的需求和决策支持。

02

国土空间规划大数据
计算平台需求架构

2019年，国家发布建立国土空间规划体系的一系列政策文件，指出要建立"多规合一"体系，这些政策的出台，标志着国土空间规划体系构建工作正式开展。《中共中央 国务院关于建立国土空间规划体系并监督实施的若干意见》（以下简称《意见》）整合"人与自然和谐共生""绿水青山就是金山银山""建成美丽中国"等理念，提出坚持生态优先、绿色发展。"人民城市人民建、人民城市为人民"的发展理念强调"以人为本"的城市发展思想。《意见》也提出坚持新发展理念，坚持以人民为中心，坚持一切从实际出发，按照高质量发展要求，做好国土空间规划顶层设计。新发展理念围绕人与社会、人与自然、人与人之间的关系展开，充分彰显了以人为本的基本立场。"生态优先、以人为本"成为新形势下国土空间规划的价值取向。

与此同时，数字技术驱动国土空间规划从物理维度延展到了"物理空间—社会空间—数字空间"三元互动的复合维度，通过交通网、互联网和物联网，形成了人地互联、人人互联和万物互联。三元空间理念的深化，为国土空间智慧规划新路径的探索提供了崭新机遇。

新时期国土空间规划应全面贯彻新发展理念，站在人与自然和谐共生的高度，将新一代数字技术综合运用于规划编制、方案审查、规划实施、体检评估和监督反馈等环节，推动国土空间实现集约高效、功能衔接、人地和谐。在此背景下，国土空间规划体系愈加重视数据支持下的国土空间全要素的感知、认知、推演、决策全过程。具体来说，"感知"可以理解为通过各种数据源和传感器，对国土空间的现状和变化进行实时、动态、全面的监测和采集；"认知"和"推演"，是通过数据分析、模型建立、知识提取等方法，对国土空间的特征、规律、问题和需求进行深入、系统、科学的理解和判断，以及多场景、多方位和多策略的模拟优化过程；"决策"则是与规划对象、客体发生作用与反馈的交互过程。基于此，国土空间规划大数据将通过支撑空间规划工作的各个阶段，赋能新时代国土空间规划实践。

数据指标是数据呈现的主要形式，基于国土空间规划大数据构建空间精细、更新高频、覆盖更广的城市特征监测指标体系以实现城市运行生命体征的全方位实时感知和认知，是高效支撑规划实施、监测和评估工作的前提。指标体系的构建应贯彻新发展理念，并满足监测要素分层次、基础数据及指标计算可落实、按业务需求可定制等基本要求，在规划工作路径的各个环节实现对指标制定的决策支持和指标实施的监测预警。在分层次、可落实、可定制等基本要求下，通过数字技术建立大数据平台，设计和构建国土空间规划大数据监测指标体系并将其落实在大数据平台指标库中，进而对指标进行分层分级、多维立体的统一管理和存储显得尤为重要。

　　国土空间规划大数据计算平台的建设，是为了满足上述国土空间规划大数据应用需求，将"感知—认知（推演）—决策"技术链条深度融入规划工作体系，实现以感知技术为基底、通过数据挖掘、动态演化过程模拟，形成全要素动态化智能化的认知，进而支撑规划科学决策的全技术流程，平台建设的组织架构如图2-1所示。为此，建设国土空间规划大数据计算平台，将在其基本内涵指引下，围绕"感知—认知（推演）—决策"的数据应用路径，设计以大数据、人工智能、云计算等数字技术作为驱动引擎的技术架构，解决数据驱动国土空间规划工作在数据汇聚、计算能力、技术壁垒等方面的瓶颈问题，根据国土空间规划大数据监测指标体系建设所需的落地要求嵌入涵盖不同规划层级和不同应用专题的指标体系，高效汇聚并全方位解译数据背后蕴藏的城市信息，最终通过形成"前台+中台+后台"的总体架构，集成与贯通规划大数据资产、算力资产、模型算法和应用专题，与规划需求紧密衔接。

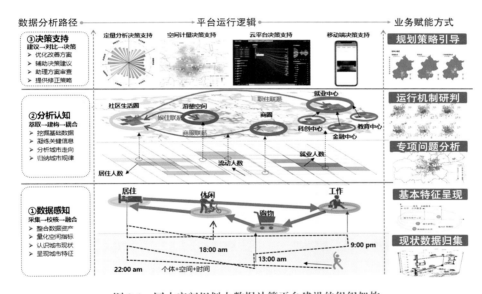

图 2-1　国土空间规划大数据计算平台建设的组织架构

2.1　国土空间规划大数据应用框架

　　为系统探究国土空间规划大数据在规划工作路径的整体应用，针对国土空间规划大数据在规划编制、规划审批、规划实施、规划评估、规划反馈五个阶段的应用领域

和应用深度 ①⁻⑦ ，明确了大数据赋能规划工作的整体框架（图2-2）。

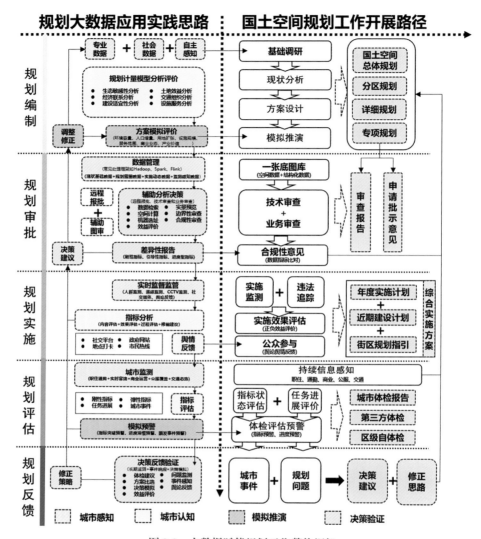

图 2-2　大数据赋能规划工作整体框架

① 龙瀛，毛其智.城市规划大数据理论与方法[M].北京：中国建筑工业出版社，2019.
② 丁亮，钮心毅，宋小冬.基于移动定位大数据的城市空间研究进展[J].国际城市规划，2015（4）：53-58.
③ 吴志峰，柴彦威，党安荣，等.地理学碰上"大数据"：热反应与冷思考[J].地理研究，2015，34（12）：2 207-2 221.
④ 柴彦威，申悦，肖作鹏，等.时空间行为研究动态及其实践应用前景[J].地理科学进展，2012，31（6）：667-675.
⑤ AHAS R，MARK U. Location Based Services - New Challenges for Planning and Public Administrations?[J]. Futures，2005，37：547-561.
⑥ RATTI C，FRENCHMAN D，Pulselli R M，et al. Mobile Landscapes：Using Location Data from Cell Phones for Urban Analysis[J]. Environment and Planning B：Planning and Dsign，2006，33（5）：727-748.
⑦ 甄茂成，党安荣，许剑.大数据在城市规划中的应用研究综述[J].地理信息世界，2019，26（1）：6-12.

2.1.1　规划编制阶段

规划编制阶段的大数据应用集中体现在基础调研、现状分析、方案设计、模拟推演四个阶段[1]：基础调研阶段，大范围、细粒度的多源社会数据感知（如 LBS、遥感、街景等）使得规划师可以足不出户地进行数据获取。且数据采集具有长期性、持续性的特点，可用于持续的城市监测，一定程度弥补了普查数据切片式采集引起的信息缺失。此外，规划智能化感知工具的出现（包括轨迹定位、图像上传、计算机视觉分析、问卷发放、环境评分等）也辅助提升了数据精度及与后续分析的衔接性。"云调研"工具进入规划一线部门[2]，对于中微观尺度空间环境、设施情况、行为活动的数据采集、在线分析、问题意见收集起到了良好支撑作用。现状分析阶段，大数据广泛应用于城市群网络[3][4]、生态承载[5]、用地功能、交通组织[6][7]、设施布局[8]等整体判断及专题研究层面，当前较成熟的包括基于人口迁徙、人口联系等实时大数据对城市间的联系网络、网络子群、城市辐射腹地等进行识别，基于自然环境承载力、资源环境承载力、地质水文条件等对生态承载力、建设开发强度等进行评价，基于交通流量数据对交通运行情况、拥堵指数、交通承载力进行评价等。方案设计阶段，应用于方案的评估、比选及布局优化，较成熟的如基于网络可达性分析的社区生活圈设施配套及优化，基于空间句法模型的道路网络通达性评价及优化，基于参数化设计的城市设计方案模拟及优化等。模拟推演阶段，应用于方案人口、用地、设施等方面的未来布局预测及远景规划，典型的如基于多智能体模型的城市出行行为及人口流动特征模拟，基于元胞自动机模型的城市开发边界扩张模拟，基于系统动力学模型的城市公共服务实施供需匹配模拟等。

① 叶宇，魏宗财，王海军.大数据时代的城市规划响应[J].规划师，2014（8）：5-11.
② 如北京市城市规划设计研究院的"规迹"、北京清华同衡规划设计研究院有限公司的"路遇景山"、城市象限的"猫眼象限"等。
③ 钮心毅，丁亮，宋小冬.基于手机数据识别上海中心城的城市空间结构[J].城市规划学刊，2014（6）：61-67.
④ 张晓东，许丹丹，王良，等.基于复杂系统理论的平行城市模型架构与计算方法[J].指挥与控制学报，2021，7（01）：28-37.
⑤ SAGL G，DELMELLE E，DELMELLE E. Mapping Collective Human Activity in an Urban Environment Based on Mobile Phone Data[J]. Cartography and Geographic Information Science，2014，41（3）：272-285.
⑥ 龙瀛，张宇，崔承印.利用公交刷卡数据分析北京职住关系和通勤出行[J].地理学报，2012，67（10）：1339-1352.
⑦ 钮心毅，岳雨峰，李凯克.长三角城市群中心城市与周边城市的城际出行特征研究[J].上海城市规划，2020（4）：1-8.
⑧ 党安荣，袁牧，沈振江.基于智慧城市和大数据的理性规划与城乡治理思考[J].建设科技，2015（5）：64-66.

2.1.2　规划审批阶段

规划审批阶段的大数据应用集中于数据管理、远程报批、辅助图审、批后监管等方面：数据管理方面，国土空间规划一张图对于多源数据的集成是典型的应用场景[1]，通过地理空间关系存储空间信息，通过 Hadoop、Spark 等大数据运算框架保障运算效率，构建将海量多源数据集成的一张空间底图；远程报批方面，通过对待批文件与规划一张图数据库的调用比较和城市街景等实景数据的实际对比，对建设项目的建设情况、完成情况、合规情况进行判断，减少部分现场踏勘成本，同时提升远程办公效率；辅助图审层面，主要是通过集成数据检索、空间计算、效益评价的大数据空间处理技术模型，对建设项目的边界合规性、建设强度合规性、建设外貌合规性等相关指标进行技术测定[2]，机器形成初步合规性检查报告，减少合规性检查的人工成本。同时，出具的合规性检查报告具有较强的公平性，有利于保障国土空间规划实施的刚性和合法性；批后监管层面，借助遥感大数据、三维激光点云数据、街景大数据等构建的二三维融合的监测机制，对规划建设的合规性、违章建筑识别、私搭乱建设施进行跟踪，实现了长时线上对于规划审批成果的跟踪和保障，整体提升了审批的合规性和实施性。

2.1.3　规划实施阶段

规划实施阶段的大数据应用集中于实施监测、违法追踪、公众参与等层面。当前，实施监测层面主要体现在对于刚性指标的辅助监测方面，例如当前以手机信令大数据、遥感影像大数据、互联网开放地图数据、城市街景数据等为代表形成了对于研究区域人口规模、建设总量、建筑高度等层面的规划实施情况的监督监测，此外，部分学者和研究机构开始探索通过社会感知大数据对城市中建筑秩序、街道风貌、建筑色彩等城市设计[3][4]相关弹性监测指标开展追踪，基于人眼视角采集的社会感知数据能够在一定程度上反映居民对城市的感知程度，可通过机器学习等训练算法转化为城市街道的主观感知优劣；违法追踪层面，整体包括两个方面：一是规划违法建设层面的追踪，例如通过遥感卫星和街景采集追踪违法建设区域、违法建设部位、风貌不协调区域等，解决信息来源缺失、基层不报瞒报、查处效率不高等传统查违、拆违手

---

[1] 王腾.大数据在城市总体规划编制中的应用方法研究[D].武汉：武汉大学，2017.
[2] 龙瀛，曹哲静.基于传感设备和在线平台的自反馈式城市设计方法及其实践[J].国际城市规划，2018，33（1）：34-42.
[3] 同上。
[4] 杨俊宴，袁奇峰，田宝江，等.第四代城市设计的创新与实践[J].城市规划，2018，42（2）：27-33.

段存在的问题。二是对违法城市运行问题的追踪，如通过对违法停车、非法占有公共空间、违规开展建设活动等的追踪，这类方式时效性更强、对于追踪问题具有更强的指导价值；公众参与层面，社交媒体（推特、微博等）中包含的大量文本和图片数据是对用户语义信息获取的重要来源。带有位置信息的社交媒体数据通常占到3%左右，这部分数据可用于揭示与地理空间位置相关的语义信息，如，获取地理场所的主题词，获取与场所有关的情感信息，获取对灾害、疾病等特定事件的响应情况等。结合文本和照片语义信息，能够全面捕获一个地理场所给人们带来的空间感受及人群对规划实施效果的反馈。

2.1.4 规划评估阶段

对于城市规划评估阶段的支持是国土空间大数据应用的重要领域，具体包括对城市运行信息的持续信息感知、指标状态评估、任务进展评价、体检评估预警等层面。持续信息感知层面，大数据拓宽了体检评估的监测维度、加快了体检评估的监测频率[1][2]，自然资源部发布的城市实时体检相关工作要求加强了对于城市大数据的应用要求，推动城市年度体检向城市实时体检转变；指标状态评估层面，自然资源部发布的《国土空间规划城市体检评估规程》TD/T 1063—2021以及住房和城乡建设部发布的《城市体检指标体系》分别明确了城市体检工作开展中需要大数据重点支持的监测领域、监测指标和指标算法，大数据应用于城市体检评估的人口与人口流动、创新与商业活力、交通与职住通勤、公共服务与安全韧性、区域联系与协作等领域；任务进展评价层面，着重针对各城市规划实施重点任务、重点领域进行专项评价，总体把握城市规划实施的进程及阶段，对于专项任务的总体进度、分区域进度[3]等进行评价，对应规划实施的关键领域；体检评估预警层面，主要是针对大数据支持的城市体检评估中发现的指标未达到刚性要求、任务进展滞缓、突发城市事件等进行感知和及时评价。大数据对体检工作的支持拓宽了城市体检的研究维度，增强了城市体检的实时性和真实性[4]，从第三方的角度对城市体检进行了补充。

① 张逸姬，甄峰，罗桑扎西，等.基于多源数据的城市职住空间匹配及影响因素研究[J].规划师，2019，35（7）：84-89.
② 席广亮，甄峰.基于大数据的城市规划评估思路与方法探讨[J].城市规划学刊，2017（1）：56-62.
③ 喻文承，李晓烨，高娜，等.北京国土空间规划"一张图"建设实践[J].规划师，2020，36（2）：59-64+77.
④ AHAS R，SILM S，JARV O，et al. Using Mobile Positioning Data to Model Locations Meaningful to Users of Mobile Phones[J]. Journal of Urban Technology，2010，17（1）：3-27.

2.1.5 规划反馈阶段

规划反馈阶段，大数据的应用主要包括长期监测反馈、应急事件响应、决策推演修正、辅助规划修编等几个层面。长期监测反馈层面，结合大数据支持的体检评估工作持续开展，对于城市指标持续未得到优化的关键领域或任务进度滞缓的重要专项提出监督预警，长期的大数据监测有助于反映城市运行的周期性规律[①]，规避周期性规律变化对某一专项工作的研判影响，并能持续沉淀针对特定城市的规律研判机制，利于规划工作的总体研判[②]；应急事件响应层面，以多源数据融合构成的城市监督监测机制在多个城市普及，基于大数据的城市安全管理、交通运行监测（TOCC）、城市事件（暴雨、洪涝、地震等）预警取得良好社会效益，为保障城市的安全韧性和及时响应能力提供了重要支撑；决策推演修正层面，主要应用于对城市决策带来效果的前期验证上，通过基础数据和模拟模型[③]的提前研判将政策实施所带来的效益和要付出的成本进行呈现，例如基于CA的城市扩张政策影响模拟，基于sDNA的交通可达性影响评价都是对政策的多类施策方向进行模拟评估和综合比对的方法[④]；辅助规划修编层面，集合以上阶段的成果，将长期监测结果归集为地区的运行管理机制，将应急事件的方向和对应策略作为后续规划的重点关注领域，将决策推演的结果纳入城市后续发展的备选方案，为上一轮规划评估和后续规划方向及重点领域提供可行思路。

大数据基于城市感知、城市认知、模拟推演、决策验证的工作开展思路，赋能规划编制、规划审批、规划实施、规划评估、规划反馈的国土空间规划五个阶段。城市感知层面着重围绕传统手段较难获取、更新频率难以满足需求、数据空间精度不足的专项领域进行突破；城市认知层面，旨在通过以高频率、高精度、大覆盖的数据，精准识别不同基本属性、空间分布、行为特征的人群，呈现城市中心、行为组团、空间结构；模拟推演层面，通过各专项领域交叉呈现城市问题背后的影响因子，呈现城市资源配置问题，模拟后续优化方案；决策验证层面，以一区一策的方式针对不同空间的实际情况提出精细化管控策略，一群一议针对不同的城市群体提出定制化引导措施，提升了城市规划实施及监督评估的精准性和科学性。

---

① 宋程，金安，马小毅，等.广州市职住平衡测度及关联性实证研究[J].城市交通，2020，18（5）：27-33.
② 龙瀛，周垠.街道活力的量化评价及影响因素分析——以成都为例[J].新建筑，2016（1）：52-57.
③ 路启，阚长城，魏星，阴炳成.基于LBS数据的天津市双城通勤圈研究[J].城市交通，2020，18（5）：45-53.
④ 吴炼，王婧，李锁平，等.基于路网承载力分析的用地布局研究[J].城市交通，2013，11（3）：34-41+46.

2.2　国土空间规划大数据监测指标体系

通过构建指标体系对城市发展特征及规划实施效果进行分析和评价，是推进城市高质量发展的重要抓手。《住房城乡建设部关于全面开展城市体检工作的指导意见》提出将实现体检指标可持续对比分析、问题整治情况动态监测、城市更新成效定期评估、城市体检工作指挥调度等功能作为重点任务。自然资源部发布的《国土空间规划城市体检评估规程》TD/T 1063—2021也强调构建科学有效、便于操作、符合当地实际的评估指标体系，鼓励利用大数据等手段，提高对空间治理问题的动态精准识别能力。《国土空间规划城市时空大数据应用基本规定》TD/T 1073—2023也面向国土空间规划重点需求或应用专题，基于满足数据要求层的数据，利用相应算法模型，对应用场景中的各项指标进行计算分析，明确了国土空间规划研究领域适宜应用城市时空大数据的城市安全底线、人口结构、职住平衡、十五分钟生活圈、区域联系五个应用场景。在此背景下，国土空间规划大数据监测指标体系着重围绕传统手段较难获取、更新频率难以满足需求、数据空间精度不足的指标进行设置，具备覆盖领域广、更新高频、空间精细等特征，可促进大数据有效转化为城市智慧化建设、治理的决策依据。

2.2.1　指标体系构建原则

国土空间规划大数据监测指标体系的构建主要遵循九个原则：

（1）科学性：指标的选取应该符合城市运行管理实际需要，并符合相应技术规范。

（2）可落实性：定性指标和定量指标都应具体、明确、易衡量，即具有科学的定义和明确的计量方法。

（3）系统性：监测指标体系的构建过程应充分考虑城市作为一个整体所要求具备的特性，全面分析城市各个方面，系统地反映城市运行状况。

（4）层次性：监测指标体系应是一个多层次的体系，可分解为若干个方面。

（5）稳定性：指标体系中的指标应在一定时间内保持相对稳定，便于衡量城市整体或特定区域运行水平的总体状况。

（6）动态性：指标体系应设置反映城市运行变化的动态指标，确保评估的动态性，并在实施过程中持续修正、补充、完善。

（7）可定制性：城市处于不断的发展过程之中，不同发展阶段监测体系不同，指标体系应按实际规划业务的需求可动态定制。

（8）适用性：大数据应适用于指标体系所涉及的应用领域。

（9）可比性：监测指标体系的核心指标应尽量做到不同城市间可对比。

2.2.2 指标体系构建思路

国土空间规划大数据监测指标体系应着重围绕传统手段较难获取、更新频率难以满足需求、数据空间精度不足的指标进行构建，应在新发展理念指导下选取大数据适用的典型领域，以优化国土空间规划、推动城市治理效能提升为目标，以重视过往、洞察现状、启示未来为构建思路，以提升规划实施和体检工作成效为出发点，聚焦国土空间规划大数据，通过传感器、通信网络、社交媒体、地图软件等方式感知多源异构数据，涵盖职住通勤、科创空间、交通运行、生态环境等多个领域的国土空间规划大数据，基于指标体系构建原则，借助文献研究和专家咨询方法，构建一个多层次国土空间规划大数据监测指标体系。指标体系构建方法如下。

（1）明确目标：明确业务需求和构建指标体系的战略目标，确定想要衡量的领域和问题。

（2）确定层级：确定指标体系的层级结构，将指标按照层次分类。

（3）指标初选：通过文献综述法，根据科学性、可落实性、系统性等指标体系构建原则，基于国土空间规划大数据建立指标数据库。

（4）指标确定：通过专家评议法筛选、补充指标，最终确定国土空间规划大数据监测指标体系。

（5）指标完善：根据城市实际运行和发展情况，以及指标结果的反馈情况，持续优化和改进指标体系。

2.2.3 建立监测指标体系

基于国土空间规划大数据监测指标体系的构建原则和思路，结合城市运行特征监测的复杂性，本章在充分考虑国土空间规划大数据的应用层次、规划理念及专项领域情况下，将创新、协调、绿色、开放、共享的新发展理念作为一级指标，具体结构如图2-3所示，进而通过指标体系最为全面地将新发展理念落实到规划全生命周期管理中。在此基础上，梳理总结已有研究成果并综合考量《国土空间规划城市体检评估规程》TD/T 1063—2021中明确需要大数据支持的专项指标，遵循指标应尽可能从多维视角综合反映上级指标的基本属性和内涵的原则，采用逐渐细化的方式全面覆盖城市运行特征的主要方面，设置了17项二级指标和86项基础指标

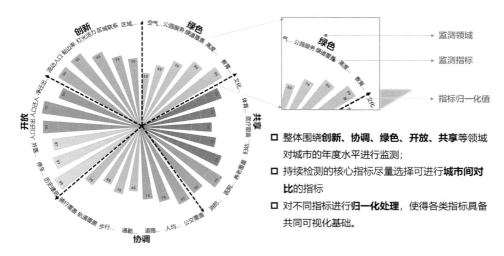

□ 整体围绕**创新、协调、绿色、开放、共享**等领域对城市的年度水平进行监测;

□ 持续检测的核心指标尽量选择可进行**城市间对比**的指标

□ 对不同指标进行**归一化处理**,使得各类指标具备共同可视化基础。

图 2-3　国土空间规划大数据监测指标体系架构

(表2-1)。最终将指标落实到国土空间规划的总体规划、详细规划和专项规划三个层次,形成综合呈现的指标体系。同时,将指标体系的设计与计算落实到国土空间规划大数据计算平台中,以此进行统一管理和存储,从而将指标体系融入国土空间规划工作的各个阶段。需要说明的是,在构建的指标体系基础上,不同城市可结合当地发展阶段,与地方实际紧密结合另行增设城市发展中与时空紧密关联,体现质量、效率、结构和品质的自选指标。

国土空间规划大数据监测指标体系　　　　　　　　　　　表 2-1

一级指标	二级指标	基础指标	应用领域
创新	科创主体	科创企业数量(个)	①②③
	科创主体	科创企业占比(%)	①②③
	科创主体	企业聚集度	①②③
	科创空间	科创产业空间亩均产值(万元)	①
	科创空间	科创企业集聚指数	②
	科创空间	科创空间公服设施覆盖率(%)	②
	科创人群	科创人员规模(万人)	②③
	科创人群	科创人员占比(%)	②③
	科技人群	科创人群平均收入(元)	③
	科技人群	科创人群幸福通勤比(%)	③
	科创产出	亩均产值(万元)	③
	科创产出	专利产出量(个)	③
	科创产出	发明专利申请首位度	①

一级指标	二级指标	基础指标	应用领域
创新	科创产出	城市群内部专利合作占比（%）	①
	科创产出	科创空间组团内专利申请量占比（%）	①
协调	人口规模	等级医院交通30分钟行政村覆盖率（%）	①
	人口规模	常住人口数量（万人）	①
	人口规模	实际服务人口数量（万人）	①
	人口规模	常住人口密度（人/km²）	①
	人口规模	城市各圈层人口比例（%）	①
	人口规模	实时居住人口规模（万人）	①②③
	人口规模	实时就业人口规模（万人）	①②③
	人口规模	职住比	①②③
	职住平衡	工作日平均通勤时间（min）	①②③
	职住平衡	45分钟以内通勤人口比重（%）	①②③
	职住平衡	60分钟以上通勤人口比重（%）	①②③
	职住平衡	平均通勤距离（km）	①②③
	职住平衡	5000米以内通勤人口比重（%）	①②③
	职住平衡	极端通勤比例（%）	①
	职住平衡	主要通勤廊道首位度	①
	职住平衡	职住平衡度	②
	职住平衡	职住自足性	②
	职住平衡	工作日平均通勤距离（km）	②
	职住平衡	内部通勤比（%）	②
	职住平衡	通勤人口变化率（%）	②
	交通通畅	交通拥堵指数	②
	交通通畅	平均通行速度（km/h）	②
	交通通畅	都市圈1小时人口覆盖率（%）	①②③
	交通通畅	轨道交通站点800米半径居住人口服务覆盖率（%）	①②③
	交通通畅	轨道交通站点800米半径就业人口服务覆盖率（%）	①②③
	交通通畅	轨道站点周边覆盖通勤比例（%）	①②③
绿色	生态保护	森林覆盖率（%）	①
	生态保护	林地保有量（km²）	①
	生态保护	基本草原面积（km²）	①
	城市环境	归一化植被覆盖指数	②
	城市环境	空气$PM_{2.5}$值（μg/m³）	②

一级指标	二级指标	基础指标	应用领域
绿色	绿色出行	绿色交通出行比例（%）	②
	公园与绿地	城市绿道服务半径覆盖率（%）	③
	公园与绿地	公园绿地服务半径覆盖率（%）	③
	公园与绿地	森林步行15分钟覆盖率（%）	③
开放	对外交往	城市对外日均人流联系量（万人/日）	①②③
	对外交往	国内旅游人数（万人次/年）	①②③
	对外交往	入境旅游人数（万人次/年）	①②③
	异地搬迁	城市对外年度搬迁联系量（万人次/年）	①②
	异地搬迁	迁出本地城市群比例（%）	③
	异地搬迁	迁出至新一线城市人口占比（%）	③
	异地搬迁	由中心城区向外搬迁占比（%）	③
	高校毕业生就业去向	高校毕业生留本地就业比例（%）	③
	高校毕业生就业去向	高校毕业生留本城市群就业占比（%）	③
共享	宜居	社区小学步行10分钟覆盖率（%）	①②
	宜居	社区中学步行15分钟覆盖率（%）	①②
	宜居	市区级医院2公里覆盖率（%）	①
	宜居	城市二级及以上医院覆盖率（%）	①
	宜居	社区卫生服务设施步行15分钟覆盖率（%）	①②
	宜居	社区养老设施步行5分钟覆盖率（%）	①②
	宜居	社区体育设施步行15分钟覆盖率（%）	①②
	宜居	足球场地设施步行15分钟覆盖率（%）	①②
	宜养	老年人日间照料中心15分钟覆盖率（%）	①②
	宜业	新增就业人口数（万人）	①②
	宜业	就业中心数量（个）	①
	宜业	都市圈1小时人口覆盖率（%）	①
	宜业	轨道800米就业人口覆盖率（%）	①②
	宜居	商场步行10分钟覆盖率（%）	②
	宜居	菜市场或生鲜超市步行10分钟覆盖率（%）	②③
	宜居	餐饮步行10分钟覆盖率（%）	②③
	宜居	银行网点步行10分钟覆盖率（%）	②③
	宜居	电信网点步行10分钟覆盖率（%）	②③
	宜居	邮政营业场所步行10分钟覆盖率（%）	②③

一级指标	二级指标	基础指标	应用领域
共享	宜居	幼儿园步行5分钟覆盖率（%）	③
	宜居	社区便民商业服务设施覆盖率（%）	③
	宜居	餐饮设施步行10分钟覆盖率（%）	③
	宜居	万人咖啡馆、茶舍等数量（个/万人）	③
	宜居	电动汽车充电桩车1公里覆盖率（%）	③
	宜居	电动汽车换电站车行5公里覆盖率（%）	③
	宜居	消防救援5分钟可达覆盖率（%）	③
	宜居	城市标准消防站及小型普通消防站覆盖率（%）	③

注：①总体规划，②详细规划，③专项规划。

总体规划层面，大数据城市监测指标体现统筹性和区域协调性，集中于呈现城市与外部的关联联系、城市在区域中的首位度、城乡融合发展状态、城乡生态保护、公共服务设施服务情况、城市产业发展情况等相对宏观、具有较广域维度区域统筹及城乡协调发展理念的综合性指标。在创新维度，包含科创主体、科创空间、科创产出3项二级指标，共计7项基础指标；在协调维度，包含人口规模、职住平衡、交通通畅3项二级指标，共计19项基础指标；在绿色维度，包含生态环境1项二级指标，共计3项基础指标；在开放维度，包含对外交往、异地搬迁2项二级指标，共计4项基础指标；在共享维度，包含宜居、宜养、宜业3项二级指标，共计13项基础指标。

详细规划层面，大数据城市监测指标体现实施性和实效性，集中于产业空间、职住平衡情况、交通运行情况、城市环境、商业服务设施覆盖等层面，体现对于总体规划的落实和实施情况的监测。在创新维度，包含科创主体、科创空间、科创人群3项二级指标，共计7项基础指标；在协调维度，包含人口规模、职住平衡、交通通畅3项二级指标，共计19项基础指标；在绿色维度，包含城市环境、绿色出行2项二级指标，共计3项基础指标；在开放维度，包含对外交往、异地搬迁2项二级指标，共计4项基础指标；在共享维度，包含宜居、宜养、宜业3项二级指标，共计15项基础指标。

专项规划层面，大数据城市监测指标体现对某一专项领域的详细测度和具体监督，一方面体现对于总体规划的支持，另一方面体现对于详细规划的实施指导，监测指标体系中所涉及的指标为普适性较强的科创产业、商业空间、职住通勤、物流运行、街道空间等专项规划相关指标。在创新维度，包含科创主体、科创产出、科创人群3项二级指标，共计9项基础指标；在协调维度，包含人口规模、职住平衡、交通通畅3项二级指标，共计12项基础指标；在绿色维度，包含公园与绿地1项二级指标，共计3项基础指标；在开放维度，包含对外交往、异地搬迁、高校毕业生就业去向3项二级指标，共计8项基础指标；在共享维度，包含宜居1项二级指标，共计12项基础指标。

2.3　国土空间规划大数据计算平台总体架构设计

2.3.1　总体架构

国土空间规划大数据计算平台是一种集成了多种大数据技术的系统，用于存储、管理、处理、分析、发布大规模多源数据，同时还能够利用模型构建多层级嵌套的数据资产。其次，平台提供了强大的计算能力，支持使用者有效利用分布式计算技术处理海量数据，并根据需求灵活分配计算资源。另外，通过提供统一的数据底座和模型资源，大数据计算平台能够支持各种丰富的业务场景，可降低业务人员的使用门槛。总体上，国土空间规划大数据计算平台总体架构设计包括后台、中台、前台三个层次（图2-4），不同结构层次之间的交互使得系统能够更好地满足用户需求，实现功能的完整性和一致性。

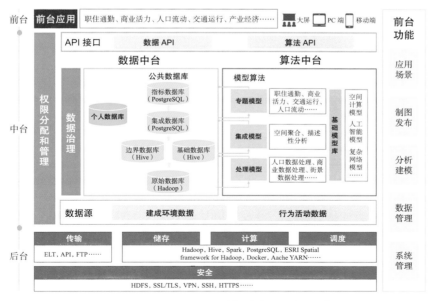

图2-4　国土空间规划大数据计算平台总体架构

2.3.2 数据后台

国土空间规划大数据后台是数据存储和计算能力的核心底层架构，是整个平台的技术支撑，包括大数据的传输（FTP、API等）、储存（Hadoop、Hive等）、计算（Spark、PostgreSQL等）和调度（Docker等）等技术，同时保证数据在传输、储存、计算和调度全流程中的安全。

2.3.3 数据中台

国土空间规划大数据中台是贯通前台与后台的技术平台，按照功能和角色可以进一步划分为数据中台、算法中台、权限分配和管理三部分，其中数据中台是中台的核心，算法中台是智能化部分，数据及算法的权限分配和管理是保障数据中台安全、高效运行的重要功能。

1. 数据中台

数据中台的底层数据是原始数据，需要经过清洗和处理才能提供更具可靠性和精度的信息。原始数据来自各种城乡建设环境，数据采集设备包括传感器、摄像头、遥感、GPS定位和手持终端类设备等，涉及社会网络数据、GIS数据、用户行为活动等多源数据。为更好地管理和利用这些数据，规划大数据平台构建了多层级嵌套数据结构的公共数据库，包括原始数据库、边界数据库、基础数据库、集成数据库和指标数据库。其中国土空间规划大数据监测指标体系落实在指标数据库中，实现了对指标数据的统一管理，是构建数据中台的重要一环。此外，为及时发现和纠正数据质量问题，规划大数据中台设计了质检功能，能够实现对数据进行全面的质量检测，通过设置一次性或按照一定的时间间隔对数据进行检查，确保了数据的准确性、完整性和一致性，提高了数据的可信度和可用性。

2. 算法中台

算法中台包含多种基础算法，涉及空间计算、人工智能和复杂网络等重要领域的关键算法。与此同时，根据数据处理的全流程，算法中台嵌入了数据处理模型、集成模型和专题模型，分别负责将原始数据转化为基础数据、将基础数据集成为集成数据、将集成数据进一步加工为指标数据。不同算法模型是各层级数据在平台内部的具体实现，而最终形成的数据指标是规划业务数据驱动的重要发展途径。需要说明的是，设计的算法中台具备高度可扩展性和复用性，业务人员可根据业务需求，通过可视化的编程方式不断更新和实现定制化的算法模型，实现业务逻辑的定义，持续更新完善指标数据。

3.权限分配和管理

权限分配和管理是平台最底层的基建，权限就是明确不同使用人员在平台内可以做的事情，整个平台的功能、数据都需要根据权限系统进行绑定。权限系统主要是让工作群组内不同的角色、不同组织的分工专注于业务人员自己的工作范围，降低操作风险发生的概率，便于管理。数据中台基于系统安全、关系明确、拓展性强的原则，主要对数据和算法的使用权限进行了分配和管理，并通过API将数据和算法以更灵活的方式进行对外服务，例如通过API将数据传输给其他平台进行展示。

2.3.4 数据前台

国土空间规划大数据前台是使用者直接面对的系统界面部分，是为数据中台提供功能交互展示、数据查询、数据分析和数据应用等服务的用户界面，主要职责是与用户打交道，因此更加注重用户体验和交互性，具有及时性和临时性的特点，包括用户界面设计、页面交互逻辑、数据呈现和用户操作等。数据前台与中台和后台并不是孤立的，而是相互关联、相互支持的，通过界面和接口进行交互和传递，用友好的交互方式把中台和后台功能发挥出来。

前台应用是平台数据资源和平台使用者之间的连接器，重点关注规划大数据应用专题，满足平台使用者的业务需求。规划人员可通过前台应用全面呈现不同应用专题的相关数据指标，数据开发和分析人员也可灵活使用数据指标进行应用专题的扩展。

2.4 国土空间规划大数据计算平台技术架构设计

为支撑国土空间规划大数据计算平台的功能需求，设计平台技术架构，包括协议层、物理存储层、并行计算层、程序语言、算法层、服务层和可视化层，具体技术架构如图2-5所示。

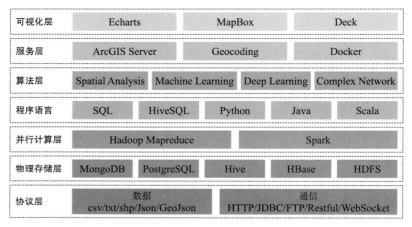

可视化层	Echarts		MapBox		Deck	
服务层	ArcGIS Server		Geocoding		Docker	
算法层	Spatial Analysis	Machine Learning		Deep Learning	Complex Network	
程序语言	SQL	HiveSQL	Python		Java	Scala
并行计算层	Hadoop Mapreduce			Spark		
物理存储层	MongoDB	PostgreSQL	Hive		HBase	HDFS
协议层	数据 csv/txt/shp/Json/GeoJson			通信 HTTP/JDBC/FTP/Restful/WebSocket		

图 2-5　国土空间规划大数据计算平台技术架构图

1. 协议层

在平台的协议层，平台对数据存储的格式和传输的协议进行统一，以方便用户之间的数据交换和共享。平台可以接受多种常见的数据格式，包括 csv、txt、Json 以及空间数据格式 shp 和 GeoJson 等。为了进行数据的传输，支持使用 HTTP、FTP、RESTful 等通信协议，以确保数据能够安全、高效地传输。

2. 物理存储层

对于海量数据的处理，平台提供了多种物理存储方案。用户可以选择使用 Hive、HBase 和 HDFS 等大数据仓库来存储海量数据。同时兼容并支持关系型数据库 PostgreSQL 进行空间计算操作。

3. 并行计算层

平台具备强大的并行计算能力，在处理大规模数据时表现出色，支持 Hadoop MapReduce 和 Spark 等分布式计算框架，可以对海量数据进行并行计算。此外，根据用户的需求，可以按需进行资源的扩容和缩容，以确保计算任务能够高效地完成。

4. 程序语言

为了满足不同用户的需求，平台支持多种程序语言的在线编译或后台运行。用户可以使用 SQL、HiveQL、Python、Java、Scala 等多种常用的语言进行数据分析和处理，以便更灵活地操作和分析数据。

5.算法层

平台集成了各种基础算法，包括空间计算、机器学习、深度学习和复杂网络等方面的算法。这些算法可以应用于基础数据的处理，也可以进一步组合和拓展，形成各类专题模型。用户可以根据自己的需求，选择适合的算法来分析和处理数据。

6.服务层

为了提供更多的功能和服务，平台集成了ArcGIS Server、地理编码和Docker等外部服务。这些服务能够帮助用户管理空间切片、进行空间编码解释和资源调度等操作。

7.可视化层

为了让用户更直观地理解和展示数据，平台集成了Echarts、MapBox和Deck等强大的可视化工具。使用者可以基于这些工具将数据进行可视化，并进行展示和发布。通过可视化层，利用图表、地图等形式直观地为用户展示数据，使数据更加生动和易于理解，并支持用户更方便地与其他人进行分享和讨论。

03

第 3 章

国土空间规划大数据后台

3.1 大数据后台技术栈

3.1.1 Hadoop：分布式文件系统

1. Hadoop产生背景

HDFS全称是Hadoop Distribute File System，是一个能运行在普通商用硬件上的分布式文件系统。Hadoop的雏形始于2002年的Apache的Nutch，是一个开源Java实现的搜索引擎。Nutch的目标是构建一个大型的全网搜索引擎，包括网页抓取、索引、查询等功能。随着抓取数据量的增加，面临着扩展性问题，数据的快速增长导致数据的存储和分析都变得越来越困难，在一个操作系统难以存下所有数据，因此需分配到更多的操作系统管理的态盘中，但是不方便管理和维护，故迫切需要一种系统来管理多台机器上的文件，这就是分布式文件管理系统。HDFS只是分布式文件管理系统中的一种。

在Hadoop技术出现之前，数据分析相关工作主要依托关系型数据库（Relational Database）开展，例如MySQL、Oracle等。虽然传统的关系型数据库在很长一段时间都占据着市场主流地位，但在面对海量数据管理和应用需求时，传统的关系型数据库显得力不从心，大数据应用需要对数据进行实时快速处理，传统的关系型数据库在使用时要先对数据做一个预先定义，而在处理大量数据时难以实现，体现出诸多不足[1]。首先，关系模型结构制约了快速访问大数据的能力，在二维关系表中依据属性的值来检索相应的元组，受这种方式的限制，在检索数据过程中，将耗费一定的时间，从而使访问数据的时间变慢；其次，由于其处理大数据的灵活性不足，在应用时各种查询需求经常发生变化，但关系数据库并不具备对大数据的快速响应能力；再次，其处理复杂结构数据能力也较弱。关系型数据库对现实数据的处理常见类型为字符、数值等，对于半结构化和非结构化数据的处理只限于二进制代码文件的存储，而现今用户对复杂结构数据的要求上升为识别、检索和多维分析，关系数据库难以解决大量非结构化数据的处理问题；最后，存储维护管理PB级数据将会导致成本不断增加。

为解决海量数据的存储和分析问题，Hadoop大数据技术应运而生。Hadoop大数

---

① 翟霞.传统关系数据库与大数据库技术[J].电子技术与软件工程，2019（12）：168.

据技术的诞生起源于Google的三篇论文，包括分布式文件系统GFS、大数据分布式计算框架MapReduce和NOSQL数据库系统BIGTABLE。Hadoop发布之后，百度、阿里巴巴等大型互联网企业纷纷开始应用Hadoop进行数据的存储与分析。随着大数据应用的快速发展，衍生出一个庞大的大数据产业，一系列的开源和商业软件层出不穷。

2. Hadoop 简述

HDFS是Hadoop生态圈中的重要组件，为其架构上的其他技术和工具提供了底层的数据存储服务。Hadoop提供了MapReduce和HDFS两个核心组件，可以实现大规模数据的存储和处理。

MapReduce是Hadoop技术中第一个且最主要的运算程序编程框架，用于大规模数据集（大于1TB）的并行运算，并且应用Java语言进行编程也符合行业大规模应用的基础环境需求。其核心功能是将用户编写的业务逻辑代码和自带默认组件整合成一个完整的分布式运算程序，并发运行在Hadoop集群上。概念"Map（映射）"和"Reduce（归约）"，是它们的主要思想，均是从函数式编程语言以及矢量编程语言里借来的特性。MapReduce易于编程，通过接口的简单实现就可以完成一个分布式程序，这个分布式程序可以分布到大量普通性能的PC机器运行，该特点使得MapReduce编程变得非常流行。当计算资源不能得到满足的时候，MapReduce良好的扩展性可以支持通过简单增加机器来扩展计算能力。但MapReduce不擅长做实时计算、流式计算、DAG（有向图）计算，例如MapReduce无法像MySQL一样，在毫秒或者秒级内返回计算结果，而且MapReduce的输入数据集是静态的，不能显示动态变化。

HDFS采用Master/Slave架构。一个HDFS集群包含一个单独的NameNode命名节点和多个DataNode数据节点。NameNode作为Master服务，它负责管理文件系统的命名空间和客户端对文件的访问。NameNode会保存文件系统的具体信息，包括文件信息、文件被分割成具体Block块的信息以及每一个Block块归属的DataNode的信息。对于整个集群来说，HDFS通过NameNode为用户提供了一个单一的命名空间；DataNode作为Slave服务，在集群中可以存在多个节点。通常每一个DataNode都对应于一个物理节点。DataNode负责管理节点上所拥有的存储，它将存储划分为多个Block块，管理Block块信息，同时周期性地将其所有的Block块信息发送给NameNode。

HDFS是专为解决大数据存储问题而产生的，具有以下特点：

（1）高容错性。HDFS通过保存数据的多个副本，实现了数据的冗余存储，一旦发生故障，就可以使用另外的副本恢复数据。

（2）高吞吐量。HDFS采用了流式数据访问模式，适合对大文件进行顺序读写操作，提供了高速的数据传输速率。

（3）高可扩展性。HDFS可以部署在廉价的硬件上，形成一个计算机集群，支持横向扩展和纵向扩展。

（4）高效性。HDFS采用了主从结构模型，由一个NameNode和若干个DataNode组成。NameNode负责管理文件系统的命名空间和客户端对文件的访问操作，DataNode负责管理存储的数据。HDFS将数据切割成多个Block（默认大小为64MB），并将这些Block分布式地存储在不同的DataNode上，实现了数据的并行处理。

综合以上对HDFS特点的分析，HDFS特别适用于以下场景：第一，适用于流式的数据访问，比如提供流媒体服务等大文件存储场景；第二，大文件全量访问，如要求对海量数据进行全量访问等；第三，整体预算有限，想利用分布式计算的便利，又没有足够的预算购买HPC、高性能小型机等场景；第四，适用于批量数据的处理，不适用于交互式处理；第五，在Hadoop系统中，对数据进行计算时，采用将计算向数据靠拢的方式，即选择最近的数据进行计算，减少数据在网络中的传输延迟。

3.1.2　Hive：分布式数据仓库

1. Hive 数据库产生背景

初期Hadoop体系使用MapReduce进行应用开发，然而MapReduce编程并不方便，实现复杂查询逻辑开发难度太大，人员学习成本过高。例如，使用Java语言对MapReduce编程实现一个简单的查询功能需要50～60行代码才能实现，而HiveQL语句仅仅需要40～50个字符，而且Java应用还有打包和部署的步骤，而HiveQL可以通过专门的应用查询页面进行操作，很大程度上简化了操作流程。此外，传统关系型库应用人员具有基于SQL语句进行大数据分析的迫切需求。

基于类SQL查询的Hive技术的出现，实现了基于Hadoop集群的HiveQL类查询功能，这为传统数据分析师、数据库研发工程师等各类人员提供了便利，使其可以将数据和工作轻松方便地衔接到Hadoop集群上。

2. Hive 数据库简述

Hive是一个基于Hadoop的数据仓库工具，它可以将结构化的数据文件映射为一张数据库表，并可以使用SQL语言来读写和管理分布式存储中的大规模数据。Hive支持多种数据格式，如ORC、Parquet、Avro等。

Hive不存储数据，也不直接进行数据计算，它只是一个解释器，依赖于Hadoop的HDFS和MapReduce来实现数据的存储和计算，熟悉MapReduce的开发者开发自定义的mapper和reducer来处理内建的mapper和reducer所无法完成的复杂分析工作。Hive同时也支持多种数据处理模式，如Tez、Spark等。

Hive的SQL语法称为HQL，它与传统RDBMS的SQL有很多相似之处，但也有一些区别和特殊用法。例如，Hive支持多维度聚合分析的grouping sets/cube/rollup语法，支持正则方法指定select字段列，支持Lateral View和表生成函数将一行数据拆成多行数据，支持丰富的窗口函数等。Hive还可以创建外部表或内部表、分区表或非分区表、分桶表或非分桶表等。

3.1.3　Spark：分布式大数据计算引擎

1.Spark技术产生背景

Spark最早源于加州大学伯克利分校的马泰·扎哈里亚（Matei Zaharia）等人发表的一篇论文[1]，该论文中提出了一种弹性分布式数据集（RDD）的概念，即RDD是一种分布式内存抽象，其使得程序员能够在大规模集群中做内存运算，并且有一定的容错方式，而这也是整个Spark的核心数据结构，Spark整个平台都围绕着RDD进行。

Spark框架集机器学习、图计算和在线学习于一身，是一个简洁、强大、高效的框架，其设计之初是为了实现快速运行和通用业务应用需求的分布式计算框架[2]。Hadoop针对海量数据领域，实现了高效性、高扩展性、高容错、高吞吐量等特性，然而在数据处理的速度上仍不能满足各类业务场景的需求。首先，MapReduce技术的运行结果需要以HDFS的格式在数据节点持久化后才能被其他的MapReduce作业使用；其次，Map+Reduce的两段式开发模式需要对现有的应用设计理念进行修改，并且很多场景无法得到便利的应用。Hive可以实现大量的数据仓库应用，但并不能实现通用化的应用场景，而且数据访问速度存在明显瓶颈，小规模数据量的查询速度反而低于传统关系型数据库。Spark的出现很好地解决了以上所提及的Hadoop体系的缺陷，相比之下，Spark能够实现更多通用性和低延迟的应用。

2.Spark技术简述

Spark是一个多语言的分布式计算引擎，用于执行数据工程、数据科学和机器学

① ZAHARIA M，CHOWDHURY M，Das T，et al. Resilient distributed datasets：A fault-tolerant abstraction for in-memory cluster computing[C]//Proceedings of the 9th USENIX conference on Networked Systems Design and Implementation. USENIX Association，2012.
② 陈虹君.基于Hadoop平台的Spark框架研究[J].电脑知识与技术，2014，10（35）：8407-8408.

习等任务，可以与Hadoop、Hive、Kafka等其他框架集成，形成一个完整的大数据生态系统。Spark支持多种执行模式，如Local、Standalone、YARN、Mesos等，不同的执行模式有不同的资源管理器和集群架构。

Spark称为快数据，与Hadoop的传统处理方式MapReduce相比有着很大的差别，效率至少提升100倍。Spark分为四大模块：Spark SQL-RDD（数据执行的基本单元）、MLlib（机器学习）、Graphx（图计算）、Spark Streaming（实时处理）。这四个部分的数据处理单元都是RDD，所以整个框架形成了大数据处理各种应用场景编程的一致性。同时，Spark是基于内存的编程模型，它可以把中间的迭代过程不放在磁盘中，直接数据不落地在内存中执行，极大地提高了其执行速度。下面对各个模块进行介绍。

Spark SQL：Spark SQL允许在SQL和HiveQL中的相关查询表达式在Spark中的执行。这个组件的核心是一个新型的RDD，称为JavaSchemaRDD。JavaSchemaRDD是由Row对象和Schema描述行中每一列的数据类型。一个JavaSchemaRDD可以通过已存在的RDD，Parquet文件，一个JSON数据集或者存储在Apache Hive上通过HiveQL运行的数据来创建。

MLlib：Spark MLlib是Apache Spark提供的一个基于分布式内存计算的机器学习库。它提供了大量的算法和工具，可以用于分类、回归、聚类、协同过滤、降维等常见的机器学习任务。Spark MLlib支持常见的数据格式，包括RDD、DataFrame和DataSet，支持分布式计算和内存计算。同时，它也提供了许多特征工程和数据预处理的功能，如特征提取、转换和选择，可以帮助用户更好地准备数据进行机器学习。

GraphX：GraphX是Spark用于图表和图形并行计算的API。在一个高层次上，GraphX通过引入Resilient Distributed Property Graph（弹性分布式属性图），延伸了Spark RDD。

Spark Streaming：Spark Streaming是Spark核心的扩展API，允许使用高通量、实时容错数据流的流处理。处理思路上就是将连续的数据持久化、离散化，然后进行批量处理。

Spark是一个简单的大数据处理框架，它可以帮助程序设计人员和数据分析人员在不了解分布式底层细节的情况下，编写一个简单的数据处理程序就可以对大数据进行分析计算。Spark具有以下特点：

（1）Spark支持批处理和流式处理两种数据处理模式，可以使用Python、SQL、Scala、Java或R等语言编写程序。

（2）Spark提供了快速的SQL分析功能，可以执行符合ANSI标准的SQL查询，可以让用户使用标准的SQL语法来对各种数据源进行查询，比如Hive、HDFS、Parquet等，比许多数据仓库还要快，也支持用户自定义函数和聚合函数。

（3）Spark可以进行大规模的数据科学和机器学习，支持探索性数据分析（EDA）、特征工程、模型训练和推理等。

3.1.4　PostgreSQL：OLAP数据多维分析

1. PostgreSQL背景介绍

作为一款开源的关系型数据库管理系统，PostgreSQL是从美国加州大学伯克利分校编写的POSTGRES软件包发展而来的，由该校Michael Stonebraker教授领导的研究小组在20世纪80年代初开发的一个新型对象——关系型数据库管理系统。1995年，PostgreSQL发布了第一个完全兼容ANSI SQL标准的版本，该版本内嵌了丰富的编程语言支持，包括C、Java、Perl、PHP和Python等，开发了将数据库和编程语言完美结合的新技术。2010年，PostgreSQL开始支持JSON数据类型，深度拓展了自身功能，使其成为一款完整的NoSQL数据库。2015年，PostgreSQL 9.5引入了加密保存数据的功能，支持常用的TLS协议，通信层的安全性也有了极大提升。2018年，PostgreSQL新版本PostgreSQL 10推出，主要增强了安装容易性，改变了新用户使用PostgreSQL的体验。

在大数据时代，PostgreSQL也支持分布式集群，解决了数据存储空间瓶颈，将PostgreSQL变成了可以分布式存储大数据的理想数据库。PostgreSQL一直支持大量的SQL特性，例如触发器、存储过程、递归查询、事务等，让开发者可以使用这些出色的功能，解决许多非常复杂的业务问题。

2. PostgreSQL简述

PostgreSQL是一个开源的关系型数据库，具有高性能、高可靠、高扩展、高兼容等特点。从基本功能上来看，支持ACID、关联完整性、数据库事务、Unicode多国语言。从表和视图方面来看，支持临时表，关于视图可以使用PL/PgSQL、PL/Perl、PL/Python或其他过程语言的存储过程和触发器模拟。从索引方面来看，全面支持R-/R+tree索引、哈希索引、反向索引、部分索引、Expression索引、GiST、GIN（用来加速全文检索），从8.3版本开始支持位图索引。从事务的支持度上看，对事务的支持与MySQL相比，经历了更为彻底的测试。从存储过程上看，支持存储过程，避免了在网络上传输大量原始的SQL语句，这样的优势是显而易见的。用户定义函数的扩展方面，PostgreSQL可以更方便地使用UDF（用户定义函数）进行扩展。此外，PostgreSQL可以用于OLTP（联机事务处理，通常需要对大量的数据进行聚合、分组、排序、过滤等操作，以生成报表或图表）和OLAP（联机分析处理，是一种用于支持复杂的数据分析和多维查询的技术）等场景。

基于PostgreSQL的OLAP有以下几方面优势：

（1）支持丰富的SQL语法和函数，可以方便地进行多维度的数据分析和查询，如窗口函数、分组集、递归查询、公共表达式等。

（2）支持多种索引类型，如B树、GiST、GIN、BRIN等，可以根据不同的数据特征和查询需求选择合适的索引类型，提高查询效率。

（3）PostgreSQL支持多种外部数据源的连接和访问，可以使用FDW（外部数据包装器）技术将不同类型的数据源映射为本地表，使用SQL语言进行统一查询和分析。

（4）支持多种扩展插件和工具，如PostGIS，可以增强PostgreSQL的空间分析能力。

3.1.5 ESRI Spatial framework for Hadoop：基于Hadoop的空间数据处理框架

ESRI Spatial framework for Hadoop是基于Hadoop平台的空间数据处理框架，它允许开发者和数据科学家使用Hadoop数据处理系统进行空间数据分析。主要包括以下几个部分：

（1）ESRI Geometry API for Java：这是一个Java几何库，用于空间数据处理，提供了几何对象（如点、线、面等）、空间操作（如相交、缓冲区等）和空间索引等功能。

（2）Spatial Framework for Hadoop：这是一个包含了用户自定义函数（UDFs）和SerDes的库，它扩展了Hive的功能，基于ESRI Geometry API的能力，可以在Hive和SparkSQL中进行空间分析和查询。

3.2 容器化及其资源调度技术

3.2.1 Docker容器技术

1.Docker技术产生背景

在传统软件开发流程中，研发程序员将功能代码研发完成后，交由测试人员进行测试，最后通过运维人员部署上线。但是在这个过程中，常常因为环境问题、配置问题、软件版本问题等诸多因素，产生一些不便。例如工作中的系统变更，新申请了一台服务器，要根据系统部署要求把开发时配置环境的工作重新配置，如果有测试环境、UAT 环境、正式环境等多套环境就要重复多次部署，开发人员深受其苦。而且在把项目外包给其他公司做的时候，需要在对方公司部署一套和本公司内部开发一样的开发环境，也比较费时费力。

为了解决上述问题，Docker 技术应运而生。从 2013 年开源以来，使用 Docker 的人越来越多。Docker 技术是一种容器技术，而在容器技术出来前，使用的是虚拟机技术。所谓的虚拟机技术，简单来说就是在一台电脑上通过 VMware 软件来虚拟出多台电脑。在虚拟机技术的使用过程中，其弊端也逐渐展现，最大的缺点就是笨重、启动比较耗时，而 Docker 技术采用的是隔离的思想，其目标是通过隔离来达到极致使用资源的目的。Docker 最核心的环境仅仅为 4MB 大小，然后再加上 JDK 和 MySQL。它的结构十分简单，运行镜像可达到秒级启动。

2. Docker 技术简述

Docker 容器技术是一种轻量级的虚拟化技术，也是一个开源的应用容器运行环境搭建平台，可以让开发者以便捷方式打包应用到一个可移植的容器中，然后安装至任何运行 Linux 或 Windows 等系统的服务器上。将应用程序与基础架构进行分离是 Docker 的一大特性，该特性有利于实现软件应用的快速交付。与管理应用程序的方式相同，Docker 也采用同样的方法进行基础架构的管理。在 Docker 上进行项目测试和代码部署可以实现快速交付，以此缩短应用系统投产时间。容器是直接运行在主机的内核上，不需要通过加载介于操作系统和硬件中的抽象层（Hypervisor），这体现了容器的轻量级特性。相比传统虚拟机，在给定的硬件组合上可以运行更多的容器[①]。Docker 容器技术的核心概念有以下三点：

（1）镜像（Image）：镜像是一种用于创建容器的只读模板，包含了应用程序及其依赖环境。镜像可以从远程仓库（Registry）拉取或者本地构建，也可以推送到仓库中共享或备份。镜像采用分层存储的方式，每一层都是对上一层的增量修改，可以实现资源的复用和节省。

（2）容器（Container）：容器是镜像的运行实例，可以创建、启动、停止、删除或暂停。容器在运行时会在镜像的最上层添加一个可写层，用于存储容器内部的变化。容器之间可以相互隔离，也可以通过网络和存储卷进行通信和数据共享。

（3）仓库（Registry）：仓库是存放镜像的地方，可以是公开的或私有的。仓库中

---

① 龚方生. 微服务中的 Docker 技术应用 [J]. 电子技术与软件工程，2021，198（4）：54-56.

的镜像可以被标记为不同的版本，方便用户管理和使用。用户可以使用Docker命令或API来从仓库中拉取或推送镜像。

Docker容器技术的工作原理是利用Linux内核的特性，如Cgroup和Namespace等，实现对进程的隔离和资源的限制。Docker由客户端和守护进程两部分组成，客户端负责发送用户的请求给守护进程，守护进程负责执行用户的请求，如构建、运行、停止容器等。Docker还提供了一系列的工具和服务，如Dockerfile、Docker Compose、Docker Swarm等，来帮助用户更方便地创建、管理和部署容器化应用。

3.2.2　Apache YARN 集群资源调度

1.Apache YARN 技术产生背景

Apache YARN（Yet Another Resource Negotiator，另一种资源协调者）是Hadoop 2.0引入的集群资源管理系统。用户可以将各种服务框架部署在YARN上，由YARN进行统一管理和资源分配。Apache YARN的目的是使得Hadoop数据处理能力超越MapReduce。众所周知，Hadoop HDFS是Hadoop的数据存储层，Hadoop MapReduce是数据处理层。然而，MapReduce已经不能满足当下广泛的数据处理需求，如实时/准实时计算、图计算等，而Apache YARN提供了一个更加通用的资源管理和分布式应用框架。在这个框架上，用户可以根据自己需求，实现定制化的数据处理应用。

2.Apache YARN 技术简述

Apache YARN是一种集群管理技术，它是Hadoop的一个重要组成部分，负责资源管理和任务调度。其基本思想是将资源管理和作业调度/监控的功能分离到不同的守护进程中，从而提高Hadoop的灵活性和可扩展性。它主要包括以下几个模块：

（1）ResourceManager（RM）：是整个集群的资源管理器，负责监控、分配和管理所有的资源，是一个全局的资源管理系统。其有两个主要组件：Scheduler和ApplicationsManager。Scheduler负责根据各种策略和约束为各个应用程序分配资源，但不负责应用程序的监控和容错。ApplicationsManager负责接收应用程序的提交，协商启动应用程序所需的第一个容器（Container），并在应用程序失败时重新启动容器。

（2）NodeManager（NM）：是每个节点上的资源和任务管理器，负责该节点程序的运行，以及该节点资源的管理和监控。其定期向ResourceManager汇报本节点的资源使用情况（CPU、内存、磁盘、网络等），接收并处理来自ResourceManager或ApplicationMaster的容器启动、停止等请求。

（3）ApplicationMaster（AM）：是每个应用程序的调度和协调器，负责与ResourceManager协商获取资源（用Container表示），将得到的任务进一步分配给内部的任务（资源的二次分配），与NodeManager通信以启动/停止任务，监控所有任务的运行状态，并在任务失败时，重新申请资源以重启任务。每个应用程序都有一个对应的ApplicationMaster，它可以运行在ResourceManager以外的任何机器上。

（4）Container：是一种抽象的资源表示，包含了一定量的CPU、内存、磁盘、网络等资源，可以用来运行各种类型的应用程序任务。Container由ResourceManager分配给ApplicationMaster，由NodeManager启动和停止。

3.3 多源大数据汇集技术

国土空间规划大数据平台的首要任务是基于多源大数据汇集技术对国土空间规划大数据进行汇集。通过生成完整、准确、可用的数据集合的技术，将来自多个数据源的数据整合到一起，并进行清洗、转换、聚合等操作。数据汇集需根据实际应用服务需求而定，且需要严格遵守网络安全要求，防止泄露数据隐私信息。基于数据汇集全流程的考虑，进行了总结归纳。

3.3.1 数据汇聚流程设计

常用的数据汇聚流程有ETL和ELT两种方案，区别在于数据转换发生的时间和地点。ELT（Extract-Load-Transform）模式相对于传统的ETL（Extract-Transform-Load）模式，强调在数据仓库中进行数据转换，而不是在数据抽取阶段进行转换。该模式的优点是可以更加灵活地处理大量数据和各种数据源，同时可以使用分布式处理工具进行高效数据处理和分析。

考虑数据汇聚ELT流程，可以将数据汇聚流程设计分为以下三个步骤：

（1）数据抽取：从各个数据源（如数据库、API、文件等）中提取需要的数据。

（2）数据加载：将抽取的数据加载到目标数据仓库或数据湖中。

（3）数据转换：将加载到数据仓库或数据湖的原始数据转换成符合业务需求的数据，这个过程通常需要使用数据处理工具或自定义脚本，如SQL、Spark等。

3.3.2　数据汇聚方式

针对不同类型的数据源，需要采用不同的数据方案进行汇聚。

1. 数据抽取

1）API对接

对于接口类数据源，通过接口访问地址URL进行数据请求。支持单次查询和多次查询两种方式，多次则支持设置可变参数来遍历请求数据。

2）文件数据同步

对于文件数据的同步，文件数据以FTP服务器方式进行存放，因此平台支持对FTP特定目录的数据文件进行导入。文件类型支持CSV和TXT两种，列分隔符可以手动填写来指定。文件的编码格式支持UTF-8、GBK、GB2312等常见格式。

3）业务系统数据库

业务系统数据通常保存在数据库或数据仓库中，通过配置数据库连接，数据表过滤语句，实现数据库表内容的采集。

2. 数据去向

1）数仓数据库

数仓采用PostgreSQL数据库，同时也支持连接其他关系型数据库。选择入库的目标表，通过配置导入前后执行的SQL，平台支持在数据同步前后实现特定的数据处理需求。对于数据的入库处理，需支持追加、重复替换和重复跳过3种方式。

2）导出FTP文件

如果是导出FTP文件则需要指定文件的存储路径、文件名称、文件类型、列分隔符、编码格式、null值替换符以及是否包含表头的信息，以确保导出的文件按正确的格式进行存储。如果存储到已有文件，可以设置重复数据的处理方式，即替换原有数据或者跳过。

3.3.3　汇聚任务调度

1. 任务执行类型

调度设置分为任务执行类型和任务错误处理机制两部分，对于任务执行类型，又分为单次执行和周期性执行两类。对于单次执行，不需要指定执行时间，配置任务类型后，可以在任务管理界面手动调用该任务。对于周期任务，可以按照分钟、小时、天、周、月来设置任务的执行时间。

2. 错误处理机制

平台需要支持两种错误处理机制，对于任务失败需要重新运行的类型，平台会在任务失败后重新调起该任务，以防止偶发网络错误等问题的影响，如果设置任务运行失败后不需要重新运行，则没有后续处理。

3.3.4　汇聚任务管理

数据集成功能模块支持对汇聚任务的创建和管理。通过任务列表面板来管理调度任务的运行，支持查看任务基本信息，以及提供任务的信息编辑和运行状态操作，对于任务的操作包括开始、暂停、停止、运行一次、删除等。

3.3.5　数据质量检查

为保证接入数据的质量，构建质量检查规则、质量调度作业、质量检查任务、质量监测功能来实现数据质量的监控与管理。通过对数据质量进行全方位的监控和诊断，解决数据不一致、数据缺失、数据不及时等数据质量问题。

3.4　大数据平台的安全体系

3.4.1　安全风险点分析

针对大数据平台的安全风险，可以从数据访问风险、数据流动风险和数据运维风险三个方面进行分析。

1. 数据访问风险

数据访问风险是指大数据平台中的数据被未经授权的用户访问、使用、修改或者删除的风险。这种风险通常来自以下几个方面：

（1）身份认证不严格：大数据平台中存在许多数据源，需要对数据访问者的身份进行认证。如果身份认证不严格，就会产生未经授权的用户访问敏感数据的风险。

（2）数据泄露：数据泄露可能导致数据被未经授权的用户访问，从而导致数据访问风险。这种风险通常来自恶意攻击、内部人员泄露数据等。

（3）访问权限不当：对于大数据平台中的数据，需要对访问权限进行精细化管理，避免未经授权的用户访问数据。

2. 数据流动风险

数据流动风险是指大数据平台中的数据在传输、存储、处理等过程中被篡改、泄露、遗失的风险。数据流动风险通常涉及以下方面：

（1）数据传输：在数据传输过程中，数据可能被篡改、截获、遗失等。因此，在数据传输过程中需要采用加密技术，保障数据传输的安全性。

（2）数据存储：大数据平台中的数据存储在多个节点上，如何保障数据存储的安全性是关键问题。需要对存储节点进行加密、备份等操作，确保数据存储的安全性。

（3）数据处理：在大数据平台中，数据处理通常包括数据清洗、数据集成、数据分析等环节。这些环节都需要采用安全的技术和方法，避免数据被篡改、泄露等。

3. 数据运维风险

数据运维风险是指在大数据平台的日常运维中，出现数据泄露、服务故障等问题的风险。数据运维风险通常包括以下几个方面：

（1）系统维护不当：系统维护不当可能导致系统故障、数据丢失等问题。因此，在大数据平台的日常运维中，需要做好系统维护工作，避免出现问题。

（2）服务运行不稳定：大数据平台中的服务往往需要处理大量的数据，需要大量的计算资源、存储资源和网络资源来支持其运行，如果这些资源不足或网络延迟太大，就会导致服务运行缓慢、崩溃等问题。

3.4.2 安全体系架构设计

大数据平台安全体系架构设计是一项重要的工作，需要考虑到多个方面，包括数据安全、网络安全、身份认证和访问控制、安全管理等。

（1）数据安全：数据安全是大数据平台中的重要问题。为了确保数据安全，可以采取数据加密、数据备份、数据恢复、数据清除等措施。此外，还需要考虑数据的权限控制、访问审计等问题，确保数据的机密性、完整性和可用性。

（2）网络安全：网络安全也是大数据平台中的关键问题。为了保护网络安全，可以采取防火墙、入侵检测、流量分析等技术措施。同时，也需要加强网络安全管理和监控，及时发现和处理安全事件和威胁。

（3）身份认证和访问控制：为了保证数据的安全性和完整性，需要对用户进行身份认证，并控制用户对数据的访问权限。可以采用单点登录、多因素认证等技术手段，确保用户身份的合法性。同时，也需要采用访问控制策略，控制用户对数据的读写权限，以确保数据的机密性和完整性。

（4）安全管理：除了技术手段外，还需要加强安全培训和管理。通过建立安全管理机制，包括安全策略、安全风险评估、安全审计等，确保大数据平台的安全管理得到有效实施和监督。

3.4.3　数据存储安全

数据存储安全是指对数据在存储过程中的保护，主要包括数据加密、数据备份和恢复、数据清除等方面的措施。

（1）数据加密：对数据进行加密可以保护数据的机密性。特别是敏感数据字段，可以采用对称加密或非对称加密等方式对数据进行加密处理。同时，还可以采用加密文件系统或数据库加密等技术对存储设备进行加密保护。

（2）数据备份和恢复：数据备份和恢复是保护数据可用性的重要措施。HDFS数据存储默认采用三备份方案。PostgreSQL数据库部署主备集群，采用实时流式备份。同时还可以采用定期备份文件导出的方式，确保数据的备份及时、准确、完整。备份数据应存储在安全的地方，如备份服务器或云存储中，以便在系统故障或数据丢失时恢复数据。

（3）数据清除：数据清除是保护数据机密性和隐私性的措施。在数据处理完成后，应采用安全的方式对数据进行清除或销毁，以避免数据泄露和被恶意利用。可以采用物理销毁、数据覆盖、磁盘擦除等方式实现数据清除。

3.4.4　数据传输安全

数据传输安全是指保护数据在网络传输过程中不被窃听、篡改、伪造或否认，而采用的一些技术和方法。数据传输安全设计需要考虑以下几个方面：①数据的机密性。保证数据只能被授权的接收方访问，防止数据泄露。②数据的完整性。保证数据在传输过程中不被修改，防止数据损坏。③数据的可靠性。保证数据能够按时到达目的地，防止数据丢失。④数据的认证性。保证数据的发送方和接收方能够相互验证身份，防止数据伪造。⑤数据的不可否认性。保证数据的发送方和接收方不能否认已经发送或接收过的数据，防止数据纠纷。

具体可采用以下技术：

（1）数据传输加密：在数据传输过程中，采用加密技术对数据进行加密保护，以保证数据的机密性。可以采用 SSL/TLS 协议或 VPN 等方式进行加密传输。

（2）身份认证：在数据传输过程中，需要进行身份认证，以确保数据传输双方的合法性。可以采用数字证书、双因素认证等方式对用户进行身份验证，避免非法用户进行数据传输。

（3）安全协议技术：使用一系列规则和约定来规范数据传输过程，包括如何建立连接、如何交换密钥、如何加密解密、如何验证签名等。安全协议可以用来实现综合的数据传输安全保护，提供多层次的安全机制。常见的安全协议有 SSL/TLS、SSH、HTTPS 等。

3.4.5　数据使用安全

数据使用安全是指在数据被使用过程中，保护数据的隐私性和完整性，防止未经授权的数据访问和滥用。重要内容包括以下部分：

（1）数据访问控制：建立完善的数据访问控制机制，包括权限控制、身份验证、数据审计等。对于不同类型的用户和数据，应该设置不同的访问权限，避免未经授权的访问和使用。

（2）数据加密保护：对于敏感数据，采用加密技术进行保护，确保数据不会被窃取或篡改。可以采用对称加密或非对称加密技术，根据不同的应用场景进行选择。

（3）数据备份和恢复：建立完善的数据备份和恢复机制，确保数据不会因为意外事件或设备故障而丢失。同时，还需要对备份数据进行加密和保护，防止备份数据被恶意使用。

（4）数据审计和监控：建立完善的数据审计和监控机制，记录数据访问和使用的过程，及时发现异常行为和数据泄露事件，采取相应的应对措施。

（5）数据去标识化：对于涉及个人隐私的数据，采用去标识化技术，去除个人身份信息，保护个人隐私。同时，还需要制定相应的数据去标识化策略和安全标准，确保数据的去标识化处理符合法规要求。

除了上述措施，还需要建立完善的安全管理机制，制定相应的安全策略和安全标准，加强员工安全意识教育和培训，提高员工的安全意识和技能，减少人为因素引起的安全漏洞和风险。

04

国土空间规划
大数据中台

为充分发挥国土空间规划领域的大数据资源价值，建立一个高效、可持续的国土空间规划大数据中台至关重要。规划大数据中台作为一个综合性平台，由数据中台、算法中台、API接口和权限管理四部分组成。数据中台是中台的核心，负责收集、整合和管理各种国土空间规划相关的大数据资源，为后续的分析和应用提供数据支撑；算法中台则是中台的智能引擎，集成了各种国土空间规划相关算法模型，为用户提供高效、准确的数据分析能力。同时，为方便用户的使用和集成，中台提供了丰富的API接口，用户可以通过简单的调用方式，快速获取所需的数据和算法功能。此外，为保证中台的数据安全，设置了权限管理系统以确保只有授权用户才能访问和操作相关数据和算法。

本章介绍了国土空间规划大数据中台的建设目的、设计原则和功能架构，并详细阐述了数据中台、算法中台、API接口和权限管理的具体内容。

4.1 中台架构

4.1.1 建设目的

国土空间规划大数据中台建设的目的是实现全域智慧发展和提升空间治理能力。随着城市化进程的加快和信息技术的迅猛发展，国土空间规划大数据中台将数据资产作为基础要素独立出来，让数据资产作为生产资料融入业务价值创造过程，持续产生价值。国土空间规划大数据中台作为前台与后台的纽带，通过自身平台能力和业务对数据进行不断挖掘，形成一套高效可靠的数据资产体系和数据服务能力（图4-1）。

具体而言，为了实现全域智慧发展，国土空间规划大数据中台通过整合、分析和挖掘城市各类数据，深入了解空间运行状况、发展趋势和问题矛盾，为规划决策提供科学依据。通过建立国土空间规划大数据中台，实现城乡设施设备的智能监控，提高城乡基础设施的利用效率和服务水平，为居民提供更好的生活环境和城乡服务。

国土空间规划大数据中台可以整合各个部门和不同领域的数据资源，实现信息共享和协同，促进规划各部门之间的合作和协调，从而提升城市治理能力。作为规划部

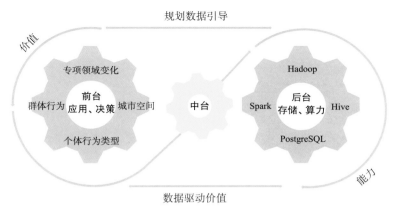

图 4-1　国土空间规划大数据中台的组织地位

门所需数据服务的提供方，尤其在紧急灾情事件发生时，国土空间规划大数据中台能迅速提供数据服务，以快速响应灾后重建工作。同时，基于数据的实时监测和预警，能及时发现和解决突发事件，提升城乡的安全防控能力。

在促进创新和产业发展方面，国土空间规划大数据中台通过对规划大数据的分析和挖掘，发现城乡发展的新机遇和新动能，为城乡创新和产业升级提供支持。通过对国土空间规划大数据的分析和应用，可以提供更加个性化和便捷的城市服务，提高居民的生活品质和满意度。例如，通过对交通运行情况进行监控，优化交通流量，减少拥堵，提高出行效率；通过对生活圈的分析，提高居民的生活便利程度。

综上所述，国土空间规划大数据中台建设旨在实现全域智慧发展和提升空间治理能力，促进城乡创新和产业发展，提升居民生活质量和幸福感。建立智能化的城市管理系统和提供个性化的城乡服务，可以为城乡的可持续发展和人民的幸福生活提供有力支持。

4.1.2　设计原则

国土空间规划大数据中台架构设计需要遵循一些基本原则，包括数据统一、数据安全、需求驱动、低耦合性、面向未来和面向协作等。

1. 数据统一

标准化处理全部数据中台接入的数据，制定数据集成、处理、存储、应用等数据加工的规则和流程，以统一数据标准、保证数据可用、提高数据质量，同时统一数据共享交换机制，满足各类业务需求。

2. 数据安全

数据中台是数据处理和共享的核心组件，数据中台应该能让各个业务部门都放心使用系统，防止系统崩溃、数据泄漏和被篡改。

3. 需求驱动

数据中台的存在是为了更快、更好地满足业务部门的需求，因此其架构设计应该以如何快速处理需求为核心。

4. 低耦合性

应该尽量避免重复开发系统功能组件，系统中的数据服务要能高效安全地在各个部门之间共享。实现数据服务模块化、产品化和共享化，应支持基于部门需求的解耦和洞察，自动化组装数据服务来满足客户需求。

5. 面向未来

国土空间规划是一个动态演化过程，面对空间发展不同阶段的不同挑战，以及新出现的数据品类和智能技术，数据中台应能迅速适应变化，以满足新的应用需求。

6. 面向协作

国土空间规划大数据平台应满足各个规划业务部门的需求，个体使用者对系统的应用会以自适应的方式影响整个系统的演进。例如，多个业务部门协同开展规划工作时，中台架构应以全局思维准确把握系统中核心元素之间的关系和连接。

4.1.3 功能架构

国土空间规划大数据中台的核心功能包含数据中台、算法中台、API接口和权限管理四大部分（图4-2）。其中，随着规划业务横向和纵向的不断拓展，国土空间规划大数据平台功能不断增加、数据规模不断增长，中台的架构设计应满足业务部门功能需求差异化和数据规模弹性生长的需求，为此，中台设计了API接口以满足数据持续积累和算法不断更新的需求。

数据中台包含数据库、数据管理和数据治理。在数据库部分，由于数据来源各异，数据的单位、格式、类型不同，通过数据集成功能将多源异构的数据进行清洗和标准化，将统一后的数据存入平台。在数据管理部分，构建数据仓库，并建立数据管

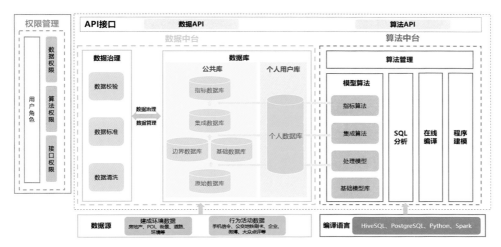

图4-2 国土空间规划大数据平台功能架构

理组织结构，支持业务部门使用平台集群数据、外部数据源的数据以及自己的私人数据。在数据治理部分，实现数据的标准化，通过程序建模、数据质量管理保证平台数据的可用性，将数据转换为资产，提升数据价值。

算法中台对应数据中台，将数据处理和建模的算法沉淀到算法中台，提供离线开发、实时开发服务，将模型代码封装为子程序，通过图形化页面设置输入参数，方便业务人员调用模型，同时构建数据开发任务管理与调度模块。

API接口功能打通了不同规划部门之间的数据墙和业务墙，提升了平台的拓展能力和创新能力。规划部门的数据资产管理必须进行不同部门间的数据交换和共享，在安全可控的前提下适当开放数据接口和算法接口，拓展应用。数据接口和算法接口的开放应重视数据的安全可控、数据交换的及时性和共享开放性。

权限管理功能实现了资源的弹性调度。建立用户智能认证鉴权技术与数据敏感分级技术，构建不同部门、系统之间的账号体系，实现数据资源安全可控的开放共享。通过划分数据域的方式实现数据隔离，并满足不同业务部门的平台应用需求。

4.2 数据中台设计

数据中台通过数据技术实现对海量规划数据进行集成、清洗、存储、建模和分析，并统一标准和口径，将数据转化为数据资产，为规划决策提供参考。作为全域规划数据的共享和交换能力中心，其是一种可持续的数据应用机制，是一种数字战略和组织形式，旨在提供数据的全生命周期管理，实现数据的"集、储、通、用、智"。

数据中台的目标是将原始数据变为有价值的信息和洞察力，并以此为基础支撑业务创新和增长。通过数据资源规划、结构化治理和数据共享，数据中台使平台摆脱了数据孤岛的局限，实现了数据的高效管理、流动和使用。这种数据驱动的方式充分释放数据的潜力，提升业务竞争力，实现可持续发展。

4.2.1　数据中台架构

数据中台为数据底盘，实现由原始数据到基础数据、基础数据到集成数据和指标数据的全流程集成、管理和维护。其数据架构的底层逻辑具有一定的数据资源规划的内涵，是对平台数据进行结构化、有序化治理，让平台从数据孤岛走向数据共享，让数据能够更好地被管理、流动和使用，充分释放数据价值。

数据中台将多源数据通过数据校验、数据标准、数据清洗等数据治理流程，经数据集成后形成由原始数据库、基础数据库、边界数据库、集成数据库、指标数据库组成的公共库及个人用户库的数据库框架。数据中台可直接支撑规划业务工作，也可进一步参与基于 SQL 语言、Java 和 Python 语言的算法中台计算，并通过发布数据 API 接口的形式提供和管理数据服务。国土空间规划大数据中台数据架构如图 4-3 所示。

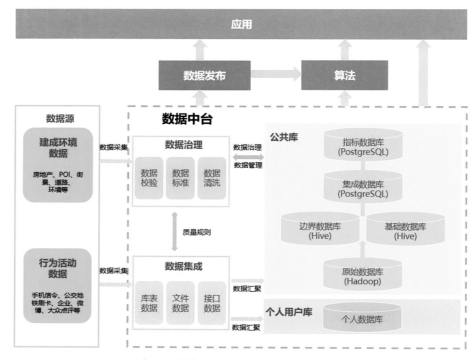

图 4-3　国土空间规划大数据中台数据架构

4.2.2　数据仓库设计

为了支撑平台对数据的全流程管控，构建公共数据库和个人数据库两个数据库作为数据仓库。公共数据库是以共有数据资产为主要组成的数据库，旨在满足平台对数据的整合、存储、共享和管理的需求。其承载着平台的核心功能，可以提供高效的数据集成、存储和访问服务。同时，公共数据库还为平台提供了全面的数据管控能力，确保数据在各个环节的质量和安全。

另一方面，平台设立了个人数据库，用于存储用户的个人数据。个人数据库是为了方便用户存储和管理个人数据而设立的，用户可以将自己的项目数据、专题数据、自有数据等存储在个人数据库中。这样，用户可以方便地进行个人数据的查找、编辑和共享。同时，个人数据库还与公共数据库进行连接，使用户能够进行个人数据与共享数据资产的交叉分析和计算。

通过这样的数据库系统架构，平台能够更好地满足用户和平台的数据管理需求。公共数据库提供了全面的数据资产支持，而个人数据库则为用户提供了个性化的数据存储和管理服务。从而能够更好地实现数据的整合、存储、共享和管理，为用户和平台提供更好的数据体验。

1. 公共数据库

公共数据库依托数据集成、数据治理将分散的若干数据源的原始数据通过一系列数据处理与分析方法形成数据指标，并集成至统一的数据集中，其数据可以直接支撑规划编制工作。公共数据库包含原始数据、基础数据、边界数据、集成数据、指标数据，并形成了由原始数据清洗、转换形成基础数据与边界数据，到基础数据加边界数据形成集成数据，最后集成数据融合形成指标数据的数据集成流程，将业务人员难以处理的TB级数据，提取融合后形成可方便使用的MB级数据，公共数据库数据结构如图4-4所示。

1）原始数据

原始数据包含通过购买、合作、抓取等途径获得的所有难以直接用于业务分析的数据，可能存在数据错误、缺失、冗余等问题的低质量数据，需要通过数据清洗、转换等治理手段才能形成用于业务分析的数据。原始数据虽然无法直接应用，但最大限度保留了全部数据信息，后续进行数据处理与挖掘的过程很可能造成数据有用信息的丢失，因此原始数据的保存是至关重要的。

原始数据存储的是基本未经处理的原始数据，将相关数据按数据环境分为建成环

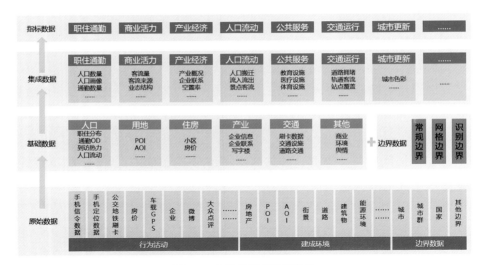

图 4-4　公共数据库数据结构

境、行为活动及边界数据三类（表4-1）。

原始数据分类与数据内容　　　　　　　　　表4-1

分类	数据主题	数据内容示例
建成环境	房地产	住宅、商业、办公等房地产区域、名称、地址、类型、级别等
	兴趣点/面	POI、AOI等
	街景	反映道路两侧的城市场景图片数据
	道路	路网、交通设施等
	建筑物	写字楼、住宅等建筑的空间信息、建筑面积、容积率
	能源环境	能耗、气温、降水、日照、AQI、通风等信息
行为活动	手机信令数据	人口驻留、出行、画像等
	手机定位数据	人口驻留、出行、画像等
	公交地铁刷卡	上/下车时间、站点、持卡人属性等
	房价	小区新房、二手房、租房、商业办公租售等
	车载GPS	公交、出租GPS数据
	企业	企业注册信息、投融资、扩展、专利注册等
	微博	舆情
	大众点评	店铺信息、评分、用户评价等
边界数据	城市	城市级别及其全域范围边界，如市域界、区县界、乡镇（街道办）界等
	城市群	城市群级别及其全域范围边界，如京津冀区划界、珠三角地级市界等
	国家	国家级别及其全域范围边界，如国界、全国省界、全国市界
	其他边界	产业园，组团等边界，如北京"三城一区"等

2）基础数据

通过对原始数据进行清洗、融合、坐标处理、大数据分析与挖掘等一系列处理步骤，原始数据被转化为基础数据。基础数据是经过加工、整理和标准化的数据，通常以表格的形式存储于数据库中。基础数据的建立使得数据具备了一定的可用性和可操作性，便于后续的数据整合和应用。

基础数据更贴近规划业务人员的工作逻辑，按照规划常用分类分为人口、用地、住房、产业、交通及商业、环境等其他数据（表4-2）。

基础数据分类与数据内容

表4-2

分类	数据主题	数据内容示例
人口	职住分布	职住人口分布、居住/就业人口画像、各类画像职住分布
	通勤OD	通勤OD、通勤时间、通勤距离、通勤人口画像
	人口流动	居住/就业人口流动、居住/就业人口活动画像、城市间迁徙
	到访热力	到访人口热力、到访人口画像、到访OD
用地	POI	各类POI
	AOI	各类AOI
住房	小区	小区面、小区点、小区二手房房价、租金
产业	企业	企业基础信息、投资信息、专利申请合作
	写字楼	写字楼租金、写字楼买卖、写字楼空置率、写字楼主要行业
交通	刷卡数据	公交刷卡数据、轨道刷卡数据
	交通设施	路网、轨道线站、公交线站、停车场
	道路交通	道路拥堵、货车OD、出租车OD
商业	商户	商场数据、商户数据
	酒店	酒店情况
其他	能耗	能耗指数
	环境	气温、降水、空气质量

3）边界数据

边界数据分为常规边界、网格边界、识别边界三部分，其中常规边界为经校核、拓扑处理、坐标校正等操作，符合数据规范的城市、城市群、国家边界及其他边界；网格边界为针对不同空间范围形成的100米、250米、500米、1000米、2000米的数据基础网格；识别边界为利用基础数据，经空间识别得到的如商业中心、就业中心等相关边界。

4）集成数据

集成数据是在基础数据的基础上，根据不同地域、不同层级的规划编制工作需要，通过空间统计和分析方法将多个数据源的基础数据集成到不同空间尺度边界上，形成更小、更方便使用且更贴近规划业务的数据。通过统一的数据模型和标准化的数据格式，集成数据实现了跨领域的数据融合和共享，用于描述城市不同空间尺度的运行特征。

为方便不同业务场景下的数据进行组合和分析，提升数据的综合利用价值，集成数据按照应用专题分为职住通勤、商业活力、产业经济、人口流动、公共服务、交通运行、城市更新（表4-3）。

集成数据分类与数据内容 表4-3

分类	数据主题	空间尺度	数据内容示例
职住通勤	人口数量	街乡办/区县/全市	人口数量
	人口画像	街乡办/区县/全市	人口画像
	通勤数量	街乡办间/区县间	通勤数量
	通勤画像	街乡办间/区县间	通勤时间、通勤距离、通勤方式
商业活力	客流量	商圈/区县/全市	客流量
	客流来源	商圈/区县/全市与网格	客流OD数量
	客流画像	商圈/区县/全市	客流画像
	业态结构	商圈/区县/全市	不同业态占比
产业经济	产业概况	区县/城市/产业园	注册企业分类占比、注册资金总量、注册资金分布
	企业联系	区县/城市/产业园间	企业投资联系、扩张联系、专利联系
	写字楼	区县/城区/产业园	写字楼租金、空置率、主要行业类型
人口流动	人口搬迁	区县/圈层间	人口搬迁数量
	流入/流出	区县/圈层间	人口流入/流出/净流入/净流出数量
	景点客流	景点/区县内景点	客流量、景点间/区县间景点客流联系
公共服务	教育设施	街道/区县/全市	教育设施数量、缓冲区内覆盖人口
	医疗设施	街道/区县/全市	医疗设施数量、缓冲区内覆盖人口
	体育设施	街道/区县/全市	体育设施数量、缓冲区内覆盖人口
	养老设施	街道/区县/全市	养老设施数量、缓冲区内覆盖人口
	消防设施	街道/区县/全市	消防设施数量、缓冲区内覆盖人口
交通运行	站点客流	站点/区县/全市	客流数量
	站点覆盖	站点/区县/全市	站点缓冲区内覆盖人口数量、设施数量、设施类型
	道路拥堵	道路/区县/全市	早高峰/晚高峰/平峰当前速度、拥堵指数
城市更新	城市更新	建筑/街道/街区	明度、彩度、协调度

5）指标数据

通过面向具体应用专题的相关模型算法将多个集成数据或基础数据运算整合，形成指标数据。指标数据具有面向主题的特点，是具有一定业务含义和度量指标的数据。根据实际规划编制工作经验将不同应用专题的指标数据分为职住通勤、商业活力、产业经济、人口流动、公共服务、交通运行、城市更新等主题（表4-4）。通过对集成数据进行进一步的计算和聚合，可以更好地把握业务的关键指标和趋势变化，支持决策者做出准确的判断和决策。

指标数据分类与数据内容 表4-4

分类	数据主题	空间尺度	数据内容示例
职住通勤	职住平衡	街乡办/区县/全市	职住比例
	通勤概况	街乡办/区县/全市	平均通勤时间，平均通勤距离
	内外部通勤比例	街乡办/区县	内部通勤比例，居内职外比例，居外职内比例
	通勤距离情况	街乡办/区县/全市	不同通勤距离区间人数
	通勤时间情况	街乡办/区县/全市	不同通勤时间区间人数
	通勤方式结构	街乡办/区县/全市	不同通勤方式占比
	就业中心	街乡办/区县/全市	就业中心规模，就业中心影响范围
商业活力	客流量	商圈	不同日期类型日均客流量
	客流结构	商圈/全市	月度京内外客流比例
	业态结构	商圈	商圈业态均衡指数
产业经济	产业概况	区县/城市/产业园	逐年企业变化
	企业联系	区县/城市/产业园间	产业搬迁情况
人口流动	迁入迁出占比	城市群/核心城市	人口搬迁占比
	人口搬迁年度对比	区县/街道办/圈层	人口搬迁年度增减对比
公共服务	教育设施	街道/区县/全市	教育设施人均占比
	医疗设施	街道/区县/全市	医疗设施人均占比
	体育设施	街道/区县/全市	体育设施人均占比
	养老设施	街道/区县/全市	养老设施人均占比
	消防设施	街道/区县/全市	消防设施人均占比
交通运行	轨道交通OD	区县间/圈层间	乘坐轨道交通OD人口数量
	公交交通OD	城市间/区县间/圈层间	乘坐公交交通OD人口数量
城市更新	城市更新	街道/街区	绿视率、天空开阔度

2. 个人数据库

个人数据库是由某个用户或某组用户创建和维护的私人数据存储空间。这个数据库旨在用于存储和管理各种类型的个人数据，包括项目数据、专题数据等内容，以及用于平台计算过程文件的存储和管理。用户库内的数据完全属于用户所有，并且只能由当前用户使用。此外，用户可以通过授权方式将用户库内的数据授权给其他用户使用。

个人用户库的主要目的是为用户提供一个安全可靠的地方来存储和管理他们的个人数据。用户可以自由添加、编辑和删除库中的数据，并且可以根据自己的需求对数据进行组织和分类。此外，用户库还可以提供一些高级功能，如数据搜索、排序和过滤，以便用户更方便地找到所需的信息。

个人用户库与公共库之间也可以进行交叉计算分析，这为用户增强了共享数据的价值。通过将个人用户库中的数据与公共库中的数据结合起来，用户可以获得更多的洞见和发现隐藏的关联关系。例如，用户可以将自己的项目特有边界与公共库中的人口数据在计算中台进行筛选、聚合等操作，从而获得项目研究范围内的居住人口数量、分布等信息。

4.2.3　数据治理

1. 数据治理体系

数据治理是一种对存量数据进行治理和对增量数据进行管控的过程。其旨在通过确立制度和规范，将混乱的存量数据转变为有序可管理的状态，并对新增数据实施严格的控制和标准化，为业务应用提供可靠的数据基础。

在数据治理过程中，首先需要基于数据质量标准对接入平台的海量数据进行校验和清洗。这包括对数据进行校验，确保其符合预定义的质量要求，以及对数据进行清洗，去除重复值、缺失值、极端值和无意义数据等。通过这些步骤，可以获得满足质量要求的数据，为后续的数据应用提供准确、一致和完整的数据，以确保业务应用所使用的数据具有权威性。

数据治理还涉及建立制度和规范，以确保数据的治理过程能够持续有效地进行。通过明确的制度和规范，可以确保数据的安全性和可追溯性，同时也能够提高数据使用的效率和质量。

2. 数据治理的目标

数据治理的目标是确保平台中的数据资源可信、安全、一致、可用和可重用。通过实施数据治理，可以确保数据在各个环节中得到正确处理和管理，从而提供高质量的数据支持业务应用的决策和分析。

数据治理将数据价值最大化，将风险最小化，包括提供全生命周期数据质量的保障，做到高价值、低成本；优化业务流程，通过数据治理规范各项业务流程和数据标准，简化流程，提高效率，从而实现业务运营的顺畅和高效；符合法律要求，数据治理应符合国家法律法规和企业自身的规章制度要求，进行数据的合规管理，从而避免出现违法违规的行为，并保障数据应用方的合法权益。

3. 数据校验规则

数据质量校验是保证数据正确性、可用性的重要工具。数据校验通过对数据质量进行审查，识别重复数据和错误数据，以此保证数据的可用性和完整性。在数据运行前、运行中和运行后的全流程开展校验工作，全方位评估并提高数据质量。

中台数据校验根据校验类型划分为一致性、唯一性、完整性、及时性、有效性、准确性等。一致性校验用于确认数据在不同数据源或数据表之间的一致性，保证数据的统一性和协调性。唯一性校验用于检查数据在特定字段上的唯一性，防止出现重复数据。完整性校验用于验证数据是否存在缺失或遗漏，保证数据的完整性。及时性校验用于验证数据的更新和上传时间是否符合预期，以确保数据的及时性。有效性校验用于验证数据是否符合业务规则和逻辑，确保数据的有效性。准确性校验用于验证数据与现实世界的真实情况是否一致，以提供准确的数据支持。

平台设置20条SQL语言的数据校验规则（表4-5）用于对公共库中数据资产的全流程管控，用户也可以根据自身需求调用中台预设校验规则或自定义数据校验规则，对个人数据库内数据进行校验。

数据校验规则描述　　　　　　　　　　　　　　　　　表4-5

序号	类别	规则名称	规则描述
1	一致性	字段一致性校验	针对相同数据源的不同字段，校验数据表中指定字段是否与参考字段名称、类型一致
2	有效性	数据格式校验	校验数据表中数值字段的合法情况。针对不同格式的不同数据，保留固定位数
3		日期格式校验	校验数据表中日期字段的合法情况。适合文本类型的日期字段格式校验

序号	类别	规则名称	规则描述
4	唯一性	字段重复值校验	计算数据表中指定字段的重复值行数和表的总行数
5		字段唯一值校验	计算数据表中指定字段的唯一值行数和表的总行数
6	完整性	字段空值校验	计算数据表中指定字段的空值行数和表的总行数
7		空间校验	计算数据表中的空间字段是否覆盖该数据所包括的全部区域
8		引用完整性校验	验证数据在数据库中的引用完整性，确保数据在关联关系中的正确性。验证关联数据是否存在
9	准确性	数据表总行数	计算数据表的总行数，是否有新增，新增总量是否属于该数据的合理范围
10		字段平均值	计算数据表中指定字段的平均值，是否属于该数据的合理范围
11		字段最大值	计算数据表中指定字段的最大值，是否属于该数据的合理范围
12		字段最小值	计算数据表中指定字段的最小值，是否属于该数据的合理范围
13		字段汇总值	计算数据表中指定字段的汇总值，是否属于该数据的合理范围
14	及时性	日更数据更新校验	计算数据是否按照更新计划更新至当前日期的前 N 天
15		周更数据更新校验	计算数据是否按照更新计划更新至当前日期的前 N 周
16		月更数据更新校验	计算数据是否按照更新计划更新至当前月份的前 N 个月
17		季更数据更新校验	计算数据是否按照更新计划更新至当前季度的前 N 个季度
18		年更数据更新校验	计算数据是否按照更新计划更新至当前年度的前 N 年
19	其他	正则表达式校验	通过输入自定义的正则表达式，计算数据表中满足该表达式的行数和总行数
20		自定义校验	根据业务需求，针对特定数据自定义配置规则内容

4. 数据标准体系

数据标准是一种为多种数据信息资源定义清晰的规范，是保障数据内外部使用和交换一致性和准确性的规范性约束。构建一套完整的数据标准体系是开展数据标准管理工作的良好基础，有利于打通数据底层的互通性，提升数据收集、处理和分析的能力，从而提高大数据平台的数据运转效率和可靠性。结合实际业务构建数据标准体系，充分利用大数据赋能国土空间规划，是推动智慧城市高质量发展的重要手段。

结合数据集成的原则和数据仓库的面向主题，以及数据库稳定且高效运行的思想，将公共数据库的数据架构分为原始数据、基础数据和边界数据、集成数据、指标数据共四个层级、五个数据集，依托分布式大数据计算框架实现多源异构数据的标准化处理。

1）原始数据

原始数据是数据中台最基础的层级，存储未经过任何处理的原始数据。由于对数据的任何处理都可能造成数据信息的丢失，需要设置原始库以完整保留未经任何处理的原始数据。针对原始数据未设立统一的数据标准，该部分数据与数据源数据结构、数据内容保持一致即可。

2）基础数据

基础数据存储经过数据清洗和标准化的格式化数据，是国土空间规划大数据处理计算的基础。在原始数据中，不同来源的数据可能出现重复、矛盾、字段不一致，经过清洗、融合和标准化，形成统一的标准化数据进入标准库，基础数据表的规范化格式如表4-6所示。

基础数据组织示意表   表4-6

标准项	规范与规则	样例
表编号	P+分类编号+数据编号	Pbd010101
表名称	数据来源+数据名称+空间尺度	bd_res_work_100m
中文名称	基础数据名称	职住人口分布
表头	包含日期、空间信息及其他数据数学	date, plot_id, home, work, center_x, center_y
更新时间	按照不同数据源更新进行更新	按月更新

数据编码中按照基础数据分为人口、用地、住房、产业、交通、商业、环境、舆情等，其分类编号依次为01、02、03……为该类数据下不同数据主题的第几份数据，如0101即代表第一个数据主题下第一份数据。

基础数据在对原始数据的数据清洗过程中，通过对坐标系、速度、距离、面积、价格等属性的统一配置和转换，实现属性的标准化计算和输出。具体属性及对应标准化配置如表4-7所示。

属性标准化对应配置   表4-7

序号	属性	标准化配置
1	年龄	阿拉伯数字
2	性别	包括男、女、未知
3	时刻	应用"北京时间"，东八区的区时
4	日期	年月日，例如20220916
5	时间	可选用时、分、秒
6	距离	可选用米、千米
7	面积	可选用平方米、公顷、平方千米

序号	属性	标准化配置
8	价格	采用人民币
9	坐标系	WGS84坐标系、CGCS2000坐标系等常见坐标系
10	国家名称	采用《世界各国和地区名称代码》GB/T 2659—2000的中文简称或英文简称
11	省份名称	共34个省级别行政区，包括23个省份、5个自治区、4个直辖市、2个特别行政区
12	城市/行政区名称和编码	采用国家统计局印发的《统计用区划代码和城乡划分代码编制规则》的名称和统计用区划代码的前6位进行标识
13	轨道线路和站点名称	应分线路方向，采用地方标准命名
14	公交线路和站点名称	应分线路方向，采用地方标准命名

3）边界数据

边界数据为包含行政管理单元、城市认知单元、数据基础网格在内的各类基础边界数据。边界数据表的规范化格式如表4-8所示。

边界数据组织示意表　　　　　　表4-8

标准项	规范与规则	样例
表编号	B+边界尺度编号+边界数据编号	B0303
表名称	数据范围+边界数据名称+边界获取时间	bj_ring_2020
中文名称	边界名称（边界获取时间）	北京市环路界（2020年版）
表头	包含ID，名称，面积及WKT	id，name，area，WKT
更新时间	—	—

4）集成数据

由于不同地域不同层级的规划编制工作需要，通过空间统计和分析方法将基础数据集聚到不同空间尺度边界（包含行政管理单元、城市认知单元、自定义模型聚合边界等）以形成集成数据，用于描述城市不同空间尺度的运行特征。集成数据表的规范化格式如表4-9所示。

集成数据组织示意表　　　　　　表4-9

标准项	规范与规则	样例
表编号	A+基础数据编号+边界数据编号	Abd010101_0301
表名称	基础数据名称+边界数据名称	bd_res_work_bj_district
中文名称	集成数据名称	各区职住人口数量

标准项	规范与规则	样例
表头	包含ID及WKT	id, name, pop_home, pop_work, density_home, density_work, date
更新时间	同基础数据更新时间	按月更新

5）指标数据

通过面向具体应用专题的相关模型算法将多个集成数据或基础数据运算整合，形成指标数据。指标数据具有面向主题的特点，结合实际规划编制工作经验将不同应用专题的指标成果分为职住通勤、商业活力、人口流动、交通运行、产业经济、公共服务、城市更新等主题。指标数据表的结构组织示例如表4-10所示。

指标数据组织示意表　　　　　　　　　　　　　　表4-10

标准项	规范与规则	样例
表编号	I+场景分类+序号	I0101
表名称	数据名称+空间尺度	commute_community_bj
中文名称	数据名称	通勤组团
表头	—	id, community, date
更新时间	同原始数据更新时间	按月更新

5. 数据清洗规则

数据清洗是数据治理过程中非常重要的环节，它是保障数据质量的重要工具。数据清洗的目的是通过对数据进行加工和处理，提升数据的可靠性和准确性。在数据清洗过程中，包括去除重复数据、填补缺失值、处理异常值和转换数据格式等操作。

首先，去除重复数据是数据清洗的一项关键任务。重复数据可能导致分析结果的偏差和误导，因此需要对数据进行去重操作。可以基于特定字段或多个字段的组合来判断数据的唯一性，并删除重复的记录，从而确保数据的准确性。

其次，数据清洗还需要填补缺失值。缺失值可能影响数据的完整性和可靠性，因此需要采取适当的方法填补缺失值。可以使用插值法、均值替代或模型预测等技术来填补缺失值，使得数据集更具有完整性和可用性。

数据清洗还需要处理异常值。异常值可能是由于数据采集过程中的错误或意外情况引起的，如果不进行处理，可能会对后续的分析和建模产生负面影响。通过识别和修正异常值，可以提高数据的准确性和可靠性，并避免异常值对数据分析结果的干扰。

此外，数据清洗还可能涉及数据格式的转换。不同数据源或系统中的数据格式可能存在差异，需要将其统一为一致的格式以便后续的数据处理和分析。例如，可以将日期数据统一为特定的日期格式，将文本数据转换为数字格式等。

总的来说，数据清洗是纠正数据文件中可识别错误的重要环节，它依据数据标准体系并借助数据校验方法，检验并纠正数据文件中的错误数据。通过消除数据错误和噪声，数据清洗提高了数据分析和建模的准确性，并确保数据质量达到可靠和可信的水平。

1）缺失数据清洗

缺失数据分为关键字段缺失数据和非关键字段缺失数据。对于关键字段缺失，例如公交站点的经纬度、轨道线路名称等必须有的字段信息，采用整行记录过滤方式，即删除整行缺失关键字段信息的数据；对于非关键字段缺失，根据实际情况通过均值、中位数等方式补全，或者直接填充NULL值，例如车辆GPS速度缺失值可以通过均值补全，而性别缺失可以直接填充NULL值。

2）错误数据清洗

错误数据分为不合理取值错误和拼写错误。对于不合理取值错误，视为缺失数据进行清洗；对于拼写错误，采用字典对照表方式评估和纠正拼写错误的数据。

3）重复数据清洗

表中存在2条或以上完全一致的记录数据视为重复数据，直接删除多条重复数据，仅保留首行记录入库。

4）矛盾数据清洗

多记录矛盾数据，即表中多条记录间的矛盾。多记录矛盾数据中，按更新时间顺序，将第一条或最后一条的记录标记主记录，对其他非主记录的矛盾数据进行过滤剔除；多字段矛盾数据中，人工判断主字段，其他字段根据主字段进行重新赋值。

5）格式和类型转换

将一种数据格式转换为另一种格式或数据类型，以使其更适合分析或满足数据标准体系的规定。例如，将字符串转换为数字，或者将不合规的日期格式转换为符合数据标准体系规定的日期格式。

6）空间信息补充

部分数据仅为地址描述性信息，在规划业务中应用较为困难。采用地图开放平台提供的地理编码API服务将地址信息转换为经纬度的空间信息。

7）坐标系统校正

地理坐标系是使用三维球面来定义地球表面位置，以实现通过经纬度对地球表面点位引用的坐标系。常见的地理坐标系包括CGCS2000坐标系、WGS84坐标系、

GCJ02坐标系、西安80坐标系、北京54坐标系、百度坐标系等。不同数据源获取到的坐标系互相并未统一，利用坐标转换算法将其统一至WGS84坐标系中。

4.2.4　数据集成

1. 数据集成流程

数据集成流程通常包括数据汇聚、数据清洗、数据转换、数据集成、数据计算、边界数据加入、数据融合等。

（1）数据汇聚：从不同的数据源中获取原始数据，这些数据源可以是数据库、文件、API接口等。

（2）数据清洗：对原始数据进行清洗，包括去除重复数据、处理缺失值、处理异常值等，以确保数据的准确性和完整性。

（3）数据转换：将清洗后的数据按照一定的数据模型进行转换，例如将数据格式统一、将文本数据转换为数字数据等。

（4）数据集成：将转换后的数据集成到一个统一的数据集中，以便于后续的数据处理和分析。

（5）数据计算：根据需求，对集成的数据进行计算，生成相应的指标数据。这些计算可以包括聚合、计数、求和、平均值等。

（6）边界数据加入：将与集成数据相关的边界数据加入到数据集中，形成初步可以反映边界内相关特征的数据。

（7）数据融合：将计算得到的指标数据与边界数据进行融合，形成最终的指标数据集。

通过以上的数据集成流程，公共数据库形成包含原始数据、基础数据、边界数据、集成数据和指标数据等多种类型的数据，这些数据可以直接支持规划编制工作。以指标数据中职住通勤专题的通勤组团指标为例，其数据集成流程如图4-5所示。

2. 数据汇聚

数据中台首要任务是对各类支撑规划业务工作的数据进行汇聚，继而才能进行数据治理、数据计算和数据服务共享等工作。数据汇聚的特点是数据源繁多、数据类型多样、数据格式复杂、接入方式多样、数据接入频率需根据实际应用服务需求而定，且需要严格遵循网络安全要求，防止数据在传输过程中泄露隐私信息。

数据汇聚流程设计按照统一的标准规范、数据处理工艺，将汇聚数据进行分类、

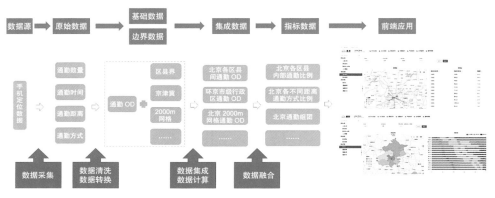

图 4-5　数据集成流程图

清洗、碰撞、融合，汇入数据中台的原始数据中，实现将相关的数据源进行整合。

在梳理各数据源的数据存储方式、数据量、传输方式及接口协议后，分别采取文件数据汇聚、库表数据汇聚及接口数据汇聚三类方式进行汇聚。

1）文件数据汇聚

文件数据汇聚是一种常见的方式，适用于数据以文件形式存储的情况。若文件小于100MB，可以采用直接上传的方式，由平台前端进行上传；若文件大于100MB，则可通过FTB的方式构建数据与数据表的映射关系，等待同步上传。这种方式通常用于对静态数据进行处理，例如小区、轨道设施等。文件数据汇聚的优点是简单直观，操作灵活，但需要注意数据更新的频率和文件互斥的问题。

2）库表数据汇聚

适用于数据以关系型数据库的表格形式存储的情况。通过连接不同的数据库，使用SQL查询语言来提取所需的数据，并将其导入到一个集中的数据库中，可以实现数据的汇聚，如手机信令数据等。库表数据汇聚的优点是方便管理和查询，支持复杂的数据处理操作，但需要考虑数据库的负载和性能问题。

3）接口数据汇聚

接口数据汇聚适用于数据以API接口形式获取的情况。通过调用各个数据源提供的API接口，获取所需的数据并进行整合，可以实现数据的汇聚。这种方式常用于对实时数据进行处理，例如道路拥堵数据等。接口数据汇聚的优点是能够及时获取最新的数据，支持实时计算和分析，但需要考虑接口的稳定性和访问频率的限制。

4.3 算法中台设计

算法集成逻辑调度平台涉及的算法模型，承担全流程的数据处理、关联和运算，通过对原始数据和基础数据的逐步计算得到最终指标数据，建立了原始数据、基础数据、集成数据和指标数据间的算法逻辑联系。以手机定位数据为例，通过数据处理模型计算职住人口，再通过区县边界聚合和空间指标计算即可得到各个区县的职住比，其算法集成逻辑如图4-6所示。

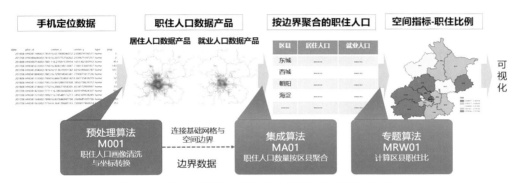

图4-6　手机定位数据计算职住比的算法集成逻辑示意图

基于国土空间规划大数据中台的设计原则，利用计算机语言处理数据的能力，根据规划行业需求，形成处理模型、集成算法和专题算法，将相关算法与模型沉淀到算法中台，构成国土空间规划大脑中枢，通过人工智能和计算机语言，实现弹性资源及任务调度，保证算法中台的可靠性和稳定性。国土空间规划大数据的算法中台包含基础模型库、预处理算法、集成算法和专题算法四部分，四部分层层递进，遵循统一的算法管理。其架构框架如图4-7所示。

4.3.1 基础模型库

1. 空间计算

空间计算涉及对空间和位置信息进行处理和分析的能力，随着物联网和传感器技术的发展，大量的空间数据被生成和收集，空间计算提供了一系列有效地管理和分析这些数据的方法。基于对大量地理空间数据的分析，空间计算在国土空间规划得到广

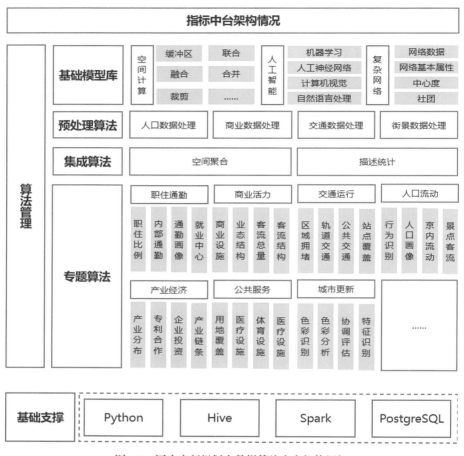

图 4-7　国土空间规划大数据算法中台架构框架

泛应用，例如，在国土空间规划中用于分析人口分布、交通流量和环境影响，以提供有效的城市设计和管理方案为决策者做出最优决策提供判断依据。随着技术的进步和应用需求的增长，空间计算的研究和发展将持续推动多领域的进步。空间计算的一个重要应用是地理信息系统（GIS），它将地理空间数据与非空间数据结合起来，用于地图制作、地理分析及空间模型构建。通过空间计算，我们可以对地理空间数据进行各种操作，如查询、空间关系分析和空间模式识别等。

空间计算利用几何函数接收输入的空间数据，针对输入数据执行分析后生成输出数据。空间计算获得的输出数据根据派生数据主要包括：作为输入要素周围缓冲区的面、作为对几何集合执行分析结果的单个要素、作为比较结果以确定不与其他要素位于同一物理空间的要素部分的单个要素、作为比较结果以查找与其他要素的物理空间相交的要素部分的单个要素、由彼此不位于同一物理空间的输入要素部分组成的多部件要素、作为两个几何的并集的要素。空间计算通过对输入数据进行分析和处理，生成输出数据。其主要流程如图4-8所示。

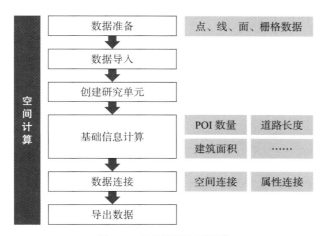

图 4-8 空间计算主要流程

常用的空间计算方法包含缓冲区、融合、裁剪、相交、联合和合并。缓冲区，遍历输入要素的每个折点并创建指定距离的缓冲区偏移，通过这些偏移创建输出缓冲区要素。构建缓冲区有两种基本方法：欧式方法和测地线方法。欧式缓冲区测量二维笛卡尔平面中的距离，该平面用来计算平坦表面（笛卡尔平面）上两点之间的直线距离或欧氏距离。测地线缓冲区表示地球的实际形状（即椭圆体，更准确地说是大地水准面），并会计算曲面（大地水准面）上而不是平坦表面上两点间的距离。一般情况下在投影坐标系中，进行缓冲区运算将创建欧氏缓冲区，欧氏缓冲区是更常见的缓冲区类型。若在地理坐标系中且指定的缓冲距离单位为线性单位（米、英尺等，而非诸如度之类的角度单位），则会创建测地线缓冲区。只要在坐标系中进行运算，测地线均会创建形状不变的测地线缓冲区。形状不变的测地线缓冲区会在创建输出测地线缓冲区之前增密输入要素，从而创建可更准确地表示输入要素形状的缓冲区。如果考虑缓冲区的形状以及该形状与原始输入要素的匹配程度，建议您使用此选项进行调查，尤其在输入数据位于地理坐标系中时。在某些情况下，与使用平面选项创建测地线缓冲区相比，使用此选项创建缓冲区可能需要花费更长的时间，但生成的缓冲区能更加精确地匹配输入要素的形状。

融合是基于一个或多个指定的属性将具有相同值的要素聚合（融合）为单个要素。融合运算可以对要素的属性进行汇总，如计数、求和、求平均值、求最大/最小值等。当多个不连续的单个要素指定属性具有相同值时，将生成一个包含所有元素空间信息的多部件要素。裁剪，即提取与裁剪要素相重叠的输入要素。此方法用于以其他要素类中的一个或多个要素作为模具来剪切掉输入要素类的一部分。在创建一个包含另一较大要素类的地理要素子集的新要素类[也称为兴趣面（Area of interest，简称

AOI)]时，裁剪方法尤为适用。相交，即计算任意数量的要素类和要素图层的几何交集。所有输入的公共（即相交）要素或要素的一部分将被写到输出数据的要素中。输入数据可以是几何类型（点、多点、线或面）的任意组合。输出类型可以是具有最低（或更低）维度几何的输入要素类型。例如，如果所有数据都是面，则输出可以是面、线或点。如果某个输入的数据类型为线但不包含点，则输出可以是线或点。如果任意一个输入数据是点，则输出类型只能是点数据。当运算一个输入数据时，此方法不需要查找来自不同数据要素之间的交集，但会查找该输入数据中的要素之间的交集，因此使用此方法可以检查面数据叠置和线数据相交（相交为点或线）的情况。需要注意的是当输入多个数据时，输入数据的顺序并不影响输出数据的类型，但是一般默认将首个数据的空间参考作为输出数据的空间参考。

联合是计算任意数量的要素类和要素图层的几何并集。所有输入要素类或要素图层必须是多边形。要素存在重叠现象时，重叠区域将被重复以保留所有属性和区域。输出数据将包含代表所有输入的几何并集的多边形以及所有输入要素类的所有字段。它具有与"相交"类似的应用方法，当对单个输入数据进行处理时，它会发现单个输入中各要素间的重叠区域，要素重叠区域将被分离成具有输入要素所有属性信息的新要素。重叠区域将始终生成两个完全相同的叠置要素，分别对应于参与叠置的要素。输入多个数据时，输入数据的顺序也不会影响输出数据的类型，且默认将首个数据的空间参考作为输出数据的空间参考。合并，即将多个空间数据类型相同的输入数据集合并为新的单个输出数据集，所有输入数据集的类型必须相同。例如，点数据之间可以合并，表数据之间也可以合并，但线数据无法同面数据进行"合并"操作。此方法不会分割或更改来自输入数据的几何，即使出现要素重叠，输入数据中的所有要素在输出数据中也将保持不变，若需要合并或打断要素几何，需要使用"联合"方法。与"追加"方法的区别在于是否生成新的输出数据，"合并"方法将生成全新的包含所有输入数据的输出数据，而"追加"则是将输入数据注入指定数据中，不会产生新的输出数据，通常使用"合并"而非"追加"方法，以避免因改变原始数据造成无法回溯数据的过程。

通过这些空间计算的方法，我们可以方便地进行各种空间数据的处理和分析，在实际应用过程中需要根据具体需求选择适当的空间计算方法来解决问题。

2. 人工智能

人工智能（Artificial Intelligence，简称AI）是一门研究如何使计算机能够模拟和执行人类智能任务的科学和技术领域，致力于开发能够感知、理解、学习、推理、决策和与人类进行交互的智能系统。人工智能的背景可以追溯到20世纪50年代，当时科学家们开始探索如何让机器模拟人类的智能行为。最初的人工智能研究集中在基于规则的推理和专家系统的开发上。然而，由于计算机处理能力的限制以及缺乏足够的数据和算法，人工智能的发展缓慢。随着计算机技术和算法的进步，尤其是机器学习和深度学习的兴起，人工智能开始迎来爆发式发展，其主要关键技术包括机器学习、人工神经网络、计算机视觉和自然语言处理等。

传统算法和人工智能算法的区别在于算法的设计思路和方法不同，传统算法通常需要人工设计规则和逻辑，而人工智能算法则通过对数据的自动学习和特征提取，可以自适应地调整模型参数以适应复杂的问题和场景。同时，人工智能算法也需要大数据作为输入以进行学习和决策改进，并需要大量的计算资源来进行训练和推理，而传统算法则可以使用更少的数据和计算资源实现相应的功能。

新时代背景下，城市状态越来越复杂、可采集要素越来越多源、空间结构联系越来越密切、模型理论越来越抽象。在国土空间全域全要素的高质量发展的规划核心目标下，将人工智能技术运用于国土空间规划编制、审批、监督、实施等各个环节，是解决以上难题的有力工具，也是实现智慧国土空间规划的有力手段。未来在智慧国土空间规划过程之中，AI技术将扮演越来越重要的角色。AI算法具体分为很多方向，在智慧国土空间规划领域中有较大影响的技术有以下几类。

1）机器学习

机器学习属于人工智能的范畴，通过挖掘数据来发现事物存在的规律，使计算机无须进行明确编程就具备学习能力，适用于洞察大量数据和解决复杂问题。根据样本数据训练期间接受的监督数量和监督类型，可以将机器学习系统分为有监督学习、无监督学习、半监督学习和强化学习四大类别[①]。机器学习的一般步骤为：收集数据进行数据准备，将数据集划分为训练集、验证集和测试集。针对不同数据类型进行模型选择，在计算机上进行模型训练与评估，通过调整参数改进训练成果，最后运行得到有效的结果。机器学习算法主要包含回归算法、分类算法、降维算法、聚类算法等，这些算法为解决有限样本的学习问题提供了框架基础。常见的机器学习方法包含感知机、k近邻法、朴素贝叶斯法、决策树、随机森林、逻辑回归、支持向量机等，这些方法不仅在许多计算机领域广泛应用，还为城市规划的发展提供了强大支持。

随着互联网的不断发展，人们的出行、活动等决策越来越依赖电子口碑，实时导航为人们到达新地点提供了便捷，由此引发了城市结构变化与功能重组。因此，研究未来城市空间发展趋势成为城市规划研究领域的热点问题。为了更好地对商圈建设提供有效的规划参考，通过分析商业活力情况了解人们休闲消费信息，并基于机器学习

---

① 周志华.机器学习[M].北京：清华大学出版社，2016.

算法促进商业供给与需求的匹配。应用聚类算法对给定对象集寻找一种分组方式，使得组内的各个对象尽可能相似，组间的对象差异尽可能大。对城市空间现象与过程进行抽象的数学表达，是理解城市空间现象变化、对城市系统进行科学管理和规划的重要工具，为城市政策执行及城市规划方案的制定和评估提供可行性的技术支持。

2）人工神经网络

深度学习作为机器学习的重要分支，自2006年被正式提出后，促使人工智能有了革命性突破。深度学习利用多层感知机学习模型来对数据进行有监督或者无监督学习，能够以适当数目、并行、非线性步骤对非线性数据进行分类或者预测。由于深度学习起源于对神经网络的研究，其基本结构是多隐藏层的神经网络，包含了许多非线性变换，这些变换使得深度多层神经网络能够简洁地近似表达复杂的非线性函数。依据深度多层神经网络善于分辨出数据中复杂模式的特点，常被用来解决实际问题，如计算机视觉、自然语言处理等。

常见的深度学习包含深度神经网络、深度信念网络、深度强化学习、递归神经网络和卷积神经网络。在城市研究应用领域中，深度学习在城市意象、人口识别等方向取得了一定成果。深度学习在城市规划领域的广泛应用，可以有效拓展城市认知的维度和广度，为城市数据的深度挖掘提供有效支撑，从更大范围思考城市未来发展的深层逻辑及其应用场景。

通过机器学习和深度学习等人工智能技术的应用，精准识别个体需求，匹配个体特征，实现服务与供给的匹配，助力智慧城市发展，对人工智能辅助城市规划做出积极判断。

人工神经网络是深度学习的核心，其用途广泛，功能强大且可拓展，因此非常适合处理大型和高度复杂的机器学习任务。神经网络是由具有适应性的简单单元组成的广泛并行互连的网络，其组织能够模拟生物神经系统对真实世界物体所作出的交互反应，与多学科进行交叉融合，具备强大的表现力与灵活性。神经网络中最基本的成分是神经元模型，其通过输入来自其他神经元传递过来的输入信号，通过带权重的连接进行传递，神经元接收到总输入值后将与神经元阈值进行比较，通过激活函数的处理以得到输出 [1]。

感知机是最简单的人工神经网络架构之一，由两层神经元组成，输入层接收外界输入信号后传递给输出层，输出层是M—P神经元，亦称为"阈值逻辑单元"。感知机能容易地实现逻辑与、或、非运算，是一种线性分类模型，属于判别模型。感知机学习的策略是极小化损失函数，损失函数对应于误分类点到分离超平面的总距离，其

---

① 肖天正. 基于神经网络的城市交通和土地利用一体化空间分析[D]. 北京：清华大学，2021.

算法是基于梯度下降法对损失函数的最优化算法，有原始形式和对偶形式，算法简单且易于实现。输入和输出是数字，并且每个输入连接都与权重相关联，通过计算输入的加权和，将阶跃函数应用于该和，最后得到输出结果。由于感知机只有输出层神经元进行激活函数处理，只拥有一层功能神经元，其只适用于线性可分问题。为处理更复杂的应用情境，解决非线性可分问题，需考虑使用多层功能神经元，每层神经元与下一层神经元全互连，神经元之间不存在同层连接，也不存在跨层连接，这样的神经网络结构通常称为"多层前馈神经网络"，输入层神经元仅接受输入，不进行函数处理，隐层和输出层包含功能神经元。神经网络的学习过程是根据训练数据来调整神经元之间的连接，以及每个功能神经元的阈值，其基本结构如图4-9所示[①]：

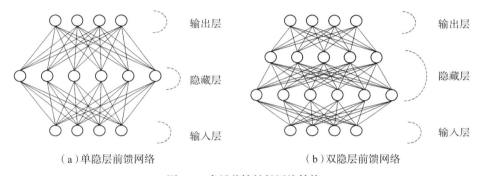

（a）单隐层前馈网络　　　　　　（b）双隐层前馈网络

图 4-9　多层前馈神经网络结构

为更好训练多层神经网络，需要更强大的学习算法，误差逆传播算法（error BackPropagation，简称BP）是迄今最成功的神经网络学习算法，其具备强大的表示能力，应用广泛，但会出现过拟合现象。除BP网络外，神经网络还包含深度神经网络、卷积神经网络、递归神经网络、自编码网络等。自编码网络不需要标记训练集即可学习输入数据的密集表征，称为潜在表征或编码。这些编码的维度通常比输入数据低得多，因此自动编码器可用于降低维度。自动编码器还充当特征检测器，可用于深度神经网络的无监督预训练。

随着我国城市化进程的加快，土地利用的空间分布产生了交通需求，区位和交通条件是城市用地差异化的重要影响因素，对二者之间相互影响过程进行建模和量化研究是城市可持续发展领域的关键，依据神经网络分析总结提炼出城市发展规律有助于重塑城市生产生活模式，调整交通供给与需求特征，实现城市与交通的良性发展，形成指导城市规划和管理的政策。采用神经网络可以对交通出行方式选择进行分析，提取城市居民出行的时空轨迹特征，对城市土地利用与交通之间的关系进行逐步演化推

---

① 周志华.机器学习[M].北京：清华大学出版社，2016.

理，研究城市交通和土地利用的相关关系，有针对性地提出改善城市交通运行状态和实现城市用地可持续发展的规划方法或政策措施。

互联网的高速发展也带来了大量社交网络数据，这些图结构数据存在复杂性和异质性。图神经网络是近年来出现的一种利用深度学习直接对图结构数据进行学习的框架，其作为一种强大的图表示学习模型，被用于处理图结构的数据并在诸多实际应用中取得成效，通过不断迭代传播图邻域信息直至收敛的方式学习节点嵌入表示向量。通过在图中的节点和边上制定策略，图神经网络将图结构数据转化为规范而标准的表示，并输入到多种不同的神经网络中进行训练，在节点分类、边信息传播和图聚类等任务上取得优良效果。图神经网络的优势在于能够学习到图结构数据的节点以及边的内在规律和更深层次的语义特征，对图结构数据具有强大的非线性拟合能力，表现出更高的准确率和鲁棒性[①]。

图神经网络主要包括图卷积网络、图注意力网络、图自编码器和图时空网络。在国土空间规划大数据研究中，图卷积网络应用较广，通过图构建节点间的拓扑或语义关系，利用图卷积对非欧式空间数据进行结构化空间特征提取。由于交通问题是现代城市的热点民生问题，及时准确的交通预测对城市道路交通的控制和引导至关重要，通过考虑道路的交通流量情况来更好地配合城市的宏观规划[②]。基于时空图卷积网络解决交通领域的时间序列预测问题，能够有效处理交通数据中较为全面的时空相关性特征。此外，交通中的空间依赖关系会随时间的推移而改变，为追踪交通数据之间的空间依赖关系，动态时空图卷积网络能够更加精确地进行交通预测，随时捕捉到交通流量中的一些细微因素变化的影响，更好处理交通流中存在瞬时高峰和事故发生突然性等问题。

3）计算机视觉

计算机视觉作为人工智能的重要分支，是研究计算机如何获取、处理、分析和理解数字图像的技术。卷积神经网络作为一种高效识别方法被广泛应用于计算机视觉领域，其优势在于避免了对图像的复杂前期预处理，可以直接输入原始图像，因此在模式识别领域得到了广泛应用。卷积神经网络的基本结构包括两层：其一为特征提取层，每个神经元的输入与前一层的局部接受域相连，并提取该局部接受域的特征；其二是特征映射层，网络的每个计算层由多个特征映射组成，每个特征映射是一个平面，平面上所有神经元的权值相等。卷积神经网络以其局部权值共享的特殊结构在图像处理方面有着独特的优越性，其布局更接近于实际的生物神经网络，权值共享降低

---

① 吴博，梁循，张树森，等.图神经网络前沿进展与应用[J].计算机学报，2022，45（1）：35-68.
② 程显毅，施佺.深度学习与R语言[M].北京：机械工业出版社，2017.

了网络的复杂性[①]。

　　城市图像作为记录城市发展变迁的重要信息载体，在当前互联网与大数据时代正以前所未有的速度增加。通过计算机视觉对海量城市图像进行大规模自动化判别与解析，能够有效提高城市感知，在城市相关研究中发挥重要作用。计算机视觉从图像、视频和其他视觉输入中获取有意义的信息，并根据该信息采取行动或提供建议，根据任务特点可分为语义分割和目标检测两类，如图4-10所示，语义分割的任务是对输入的图像进行逐像素的分类，标记出像素级别的物体；目标检测的任务是对输入的图像进行物体检测，标注物体在图像上的位置，以及该位置上物体属于哪个分类，均被广泛应用于城市研究中。

　　语义分割方法通过将图像分割成具有一定语义含义的区域块，识别每个区域块的语义类别，实现从底层到高层的语义推理过程，最终得到一幅具有逐像素语义标注的分割图像。语义分割应用于城市环境评价中，通过对城市街景图像识别，能够对城市立面信息有一个直观的感受。街景图像从微观和人的视角精细化记录城市街道层级的立体剖面景象，其具备覆盖范围较广、数据量大、成本低的优点[②]。基于金字塔场景解析网络（PSPNet）对街景图像进行识别分析，根据城市环境调查与监测资料，提取评价要素，对地区环境质量做出评定。PSPNet整合上下文信息，充分利用全局特征先验知识，对不同场景进行解析，实现对场景目标的语义分割。对于给定的输入图像，首先使用CNN得到最后一个卷积层的特征图，再用金字塔池化模块收集不同的子区域特征，并进行上采样，然后串联融合各子区域特征以形成包含局部和全局上下文信息的特征表征，最后将得到的特征表征进行卷积和SoftMax分类，获得最终的对每个像素的预测结果。PSPNet能够提取合适的全局特征，利用金字塔池化模块将局部和全局信息融合在一起，提出了一个适度降低损失的优化策略。通过定量描述城市环境要素对人类感知的影响作用，对于理解人与城市环境的复杂关系具有重要意义。通过计算视野中高楼、天空、绿地占比情况，了解城市空间的局部环境变化，对城市合理规划及其布局具有重要的人文参考价值。

　　在国土空间规划背景下，色彩纳入城市设计的管控要素，成为延续城市文脉，塑造城市特色的重要手段。基于PSPNet预训练模型，根据Cityscapes数据集中的内容分类，对街景图像进行大规模街道色彩提取和协调性评价，将目标图像中的每一像素分类标记为对应的不同颜色，输出与目标图像等大的标记颜色图片作为语义分割的结果。通过街区尺度色彩标识识别、街道尺度协调度评估、建筑尺度施色特征识别，探

① 刘伦，王辉.城市研究中的计算机视觉应用进展与展望[J].城市规划，2019，43（1）：117-124.
② 张丽英，裴韬，陈宜金等.基于街景图像的城市环境评价研究综述[J].地球信息科学学报，2019，21（1）：46-58.

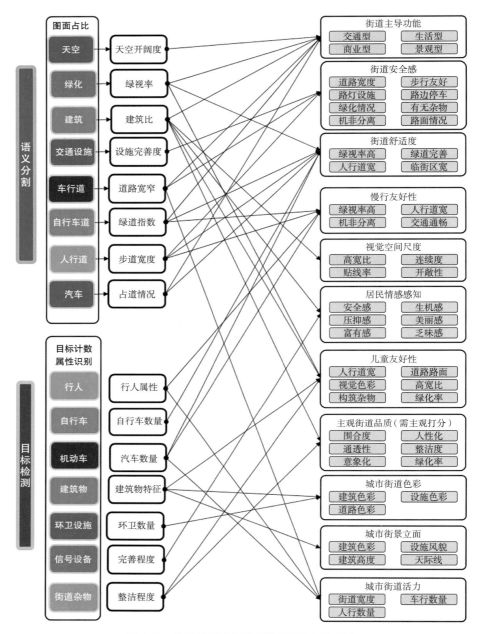

图 4-10　计算机视觉在城市相关研究中的应用

索街区更新治理的管控方案，并利用社交网络平台搭建公众参与机制，实现色彩感知与设计的结论运用，使得一向难以量化的城市色彩具备了纳入规划指标体系并且长效监测的基础条件，为国土空间规划大数据支持规划设计提供了新思路（图 4-11）。

目标检测是计算机视觉和数字图像处理的热门方向，意在对图像中多个物体分类和定位。目标检测通过目标特征提取、分割等技术来确定图像中目标物体具体位

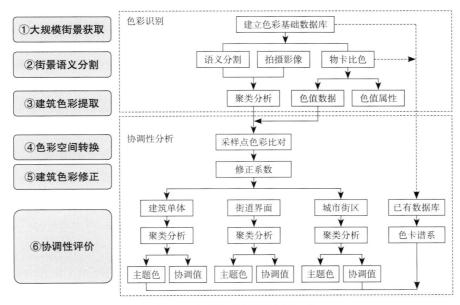

图 4-11　街道色彩协调性评估方法

置，基于候选区域的目标检测开发，首先对输入图像选取建议框，然后对建议框进行分类和位置回归，从而得到最终检测结果。这类算法的典型代表有：R-CNN、Fast R-CNN、Faster R-CNN 等。其中，Faster R-CNN 因其优良性能，被广泛应用于城市公共空间场景识别中。

Faster R-CNN 通过用区域建议网络（Region Proposal Network，简称 RPN）代替原先的候选区域算法，使得提出的候选区域更为精简、准确，同时可共享卷积层参数，减少了计算量，使得该网络在同等算法中检测速度更快。Faster R-CNN 将空间金字塔池化层引入 R-CNN，从特征图中提取特征取代了从原图中提取特征，每张图像提取特征图只通过一次运算，提高算法效能。增加区域建议网络，使得全局特征图中的目标可以在各个候选框中共享，实现端到端的训练。Faster R-CNN 的工作原理是：

（1）在输入特征上放置一个填充为 1 通道是 256 的 3×3 卷积。这样每个像素连同其周围 8 个像素，都映射成一个长为 256 的向量。

（2）以对每个像素为中心生成数个大小和长宽比预先设计好的 k 个默认边框，通常也叫锚框。

（3）对每个边框，使用其中心像素对应的 256 维向量作为特征，RPN 训练一个 2 类分类器来判断这个区域是不是含有任何感兴趣的物体，还是只是背景，基于一个 4 维输出的回归器来预测一个更准确的边框。

（4）对于所有的锚框，如果输入大小是 $n \times m$，选出被判断为物体的，然后将对应的回归器预测的边框作为输入，放进接下来的池化层。

RPN 是一个以平移不变形作为基础的全卷积网络。其基本组成部分（卷积、池化和激励函数）作用在局部输入域，只依赖相对空间坐标，即目标物体经过平移之后，仍然具有相应的特征。在目标检测问题中，具有平移不变性很重要，当目标物体位置变换后，依然具有其特征才能被准确检测出来。以任意大小的图像作为 RPN 的输入，输出一组目标候选框，针对每个候选框都有一个目标得分。RPN 是目前较为先进的候选区域提取方法，减少了计算时间，提高了网络效率。同时，该网络可预测每个位置的目标边界和对应分数，经过端到端的训练，RPN 可生成高质量的候选框。由于和目标检测网络共享一组卷积层，RPN 在共享卷积层的最后输出卷积特征图上滑动一个小网络，输入窗口为 3×3，映射到一个低维特征，以 VGG-16 为例，由于最后输出卷积特征图为 512 维，则此处的低维特征即为 512 维，此处特征连接到两个全连接层，分别用来边界框回归（定位）和边界框分类（分类）[1]。

城市公共空间作为城市肌理的重要组成部分，是城市居民日常活动的重要载体。对城市公共空间利用现状的调研分析，是设计改造城市公共空间的基础。通过主动感知来获取和揭示人本尺度的环境信息和特征，建立在面向需求和基于传感器的数据收集和相关分析上，以便在城市研究、规划、设计和管理中更好地理解建成、自然和社会环境。通过固定感知作为主动城市感知模式，架设摄像设备拍摄目标区域视频进行长期监测，提供环境状态的时间变化。区域内的个体在视频中清晰辨认，无明显变形及遮挡。拍摄完成后可对视频进行时长截取、画面剪裁与旋转、色彩和分辨率调整、格式转换等预处理，形成可供分析的视频数据[2]。基于计算机视觉对小微空间情况进行分析，应用Faster R-CNN（图4-12）从视频中识别个体，通过网格化，将视频视角下的目标区域投射到平面图中，从而将目标个体的位置数据落位到网格并投射到平面中。为识别个体的运动轨迹，基于注意力机制的深度模型Transformer可以建立图中所有像素之间的关系，获取全局信息，以

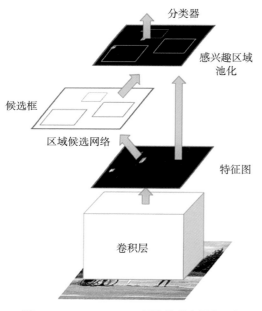

图 4-12　Faster R-CNN 网络的基本结构示例

① 黄鹏，郑淇，梁超.图像分割方法综述[J].武汉大学学报（理学版），2020，66（6）：519-531.
② 刘智谦，吕建军，姚尧，等.基于街景图像的可解释性城市感知模型研究方法[J].地球信息科学学报，2022，24（10）：2045-2057.

此计算平面上网格个体平均停留时间和通行人次。利用指标对网格进行分类，识别不同类型行为场所，通过DBSCAN对网格进行空间聚类，提取城市公共空间组织结构。目标检测示例如图4-13所示。

图4-13　目标检测结果示例

4）自然语言处理

自然语言处理主要研究如何让计算机能够理解、处理、生成和模拟人类语言的能力，从而实现情感分析、文本摘要等应用。自然语言任务的常见方法是使用递归神经网络，通过神经元与神经元之间相互连接，信息在这些神经元之间构成一个多向传输的循环。这些神经网络具有时间特性，可以记忆先前神经网络状态，因此具备能够按照时间的推移不断学习，执行分类任务，预测未来发展状态的功能。递归神经网络在多层传感器基础上增强一个或多个承接层之间的联系，承接层之间的神经元数量和隐藏层之间的神经元数量相等，承接层的神经元和隐藏层的神经元是完全连接在一起。通过自然语言处理可以对各类社交网络中的评论语句进行采集、汇总、分析，识别其中的关键信息，并将其对应到城市空间中。

隐含狄利克雷分布（Latent Dirichlet allocation，简称LDA）是一种主题模型（图4-14），可以将文档集中每篇文档的主题按照概率分布的形式给出，在文本主题识别、文本分类、文本相似度计算和文章相似推荐等方面都有应用。

基于变换器的双向编码器表示技术（Bidirectional Encoder Representations from Transformers，简称BERT）是用于自然语言处理的预训练技术，BERT（图4-15）是一种深度双向的、无监督的语言表示，且仅使用纯文本语料库进行预训练的模型，并在训练过程中考虑单词出现时的上下文关系。

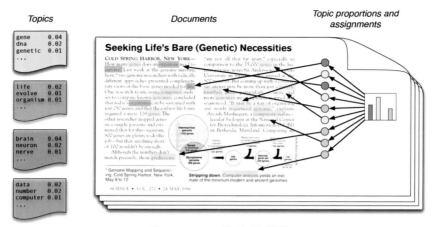

图 4-14　LDA 模型工作流程

（图片来源：文献①）

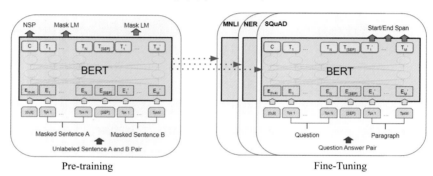

图 4-15　BERT 的全面预训练和微调过程

（图片来源：文献②）

3. 复杂网络

网络由节点和边组成，在社会网络中节点也被称为行动者，边是构成节点与节点之间的连接关系。复杂网络是由大量节点与连接多样的边组成的网络，复杂网络分析是大数据分析的常用手段。本书主要涉及分析方向为节点与社区层面的分析，包括网络基本属性分析、节点中心性分析以及社团发现。

1）网络数据

与统计分析其他领域的数据有所不同，网络分析的数据通常包括至少两组数据集：一组是常规数据集，也被称为节点列表，其中各节点为观察单位；另一组数据

---

① HUANG D. 生成模型与文字探勘：利用 LDA 建立文件全题模型 [EB/OL]（2019-01-10）. https：//taweihuang. hpd.io/2019/01/10/topic-modeling-lda/.

② DEVLIN J，CHANG MW，LEE K，et al. BERT：Pre-training of deep bidirectional transformers for language understanding[C]//Proceedings of the 2019 Conference of the North American Chapter of the Association for Computational Linguistics：Human Language Technologies. Minneapolis：ACL，2019.：4171-4186.

集表示这些观察单位间的关系。后者有多种形态，其中最常见的两种形态为邻接矩阵和边列表（图4-16）。在邻接矩阵中，各个节点由行和列共同构成，每一小格表示该行该列所指的节点之间是否存在关系及存在何种关系。边列表指涉一组数据集，这类数据集将既存关联（即两个行动者及二者间的关系）作为观测值。邻接矩阵和边列表可以互相转化。网络数据可以按节点间的关联数值进行区分，如果网络数据只体现某一关系是否存在，则这类网络被称为"二值网络"。在二值网络中，如果矩阵元素为1，则说明行和列相对应的节点间存在联系；如果为0，则说明没有联系。在边列表中，数据集中有多少联系，则该数据集就会有多少行。

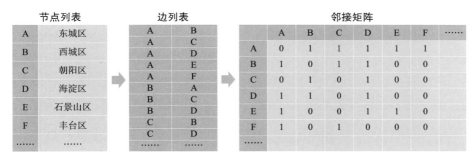

图4-16 网络数据列表示意图

相应地，如果网络数据在体现关系存在的同时，还表示关系的强弱，则这类网络被称为"多值网络"。与二值网络不同，在城市研究中，我们常用OD数据构建多值网络，如以人为主体流量为值的人口流动、职住通勤、交通出行等；以企业为主体的企业合作频次、相互投资金额、分支机构数量等。以北京市各行政区为例，图4-16显示了构建网络的数据格式。在实际数据处理操作中，通常我们将网络数据整理为边列表形式，因为边列表是我们最容易整合的数据集，平台也识别此类多值网络数据。

2）网络基本属性

将节点数、边数、直径、密度纳入网络基本属性计算。节点数与边数顾名思义是网络中存在的节点总数与边总数，基本用于校验输入数据的准确性与观测网络的复杂程度。直径为网络中任意两个节点之间距离的最大值，如果两个节点并不连通，那么这两个节点之间的距离是正无穷。

密度是网络层面最基本的测度，用于描述节点间相互连接的紧密程度，也就是测量网络中关系的密集程度。密度高的网络中节点连接关系多，通过密度值可以说明网络形成的连接关系的凝集性、凝聚力、复杂性等。值越接近1，就可以解释为凝集性、凝聚力、复杂性越高；而越接近0，就越有可能进行相反的解释。计算方法为网络中实际存在边数与可能存在边数上限的比值，如式（4-1）所示。

$$d = \frac{k}{g(g-1)/2} \tag{4-1}$$

式中，k为网络中存在的边数，g网络中存在的节点数，$g(g-1)/2$为网络中最大可能边数。

3）中心性指标

中心性测度是关于网络中节点相对重要性的最广泛使用的指标之一。中心性的测度有很多，常用的包括度中心性、中介中心性和接近中心性。

度中心性注重节点和节点之间的连接程度，通过连接到一个节点的其他节点的数量测量，与其他节点直接连接越多，其度中心度就越高，通常用于证明网络的局部中心特征。"度"是指与某个节点相连的节点数量，反映该节点在网络中的中心地位。在有向网络中，度也可以分为"入度"和"出度"。节点的入度是指以该节点为终点的流量，出度是指以该节点为起点的流量。在加权网络中，加权度是指节点流量的平均权重，即一个节点与其他节点之间的平均强度值。度、加权度和度中心性的计算方法如式（4-2）至式（4-4）所示：

$$k_i = \sum_{j \in n} a_{ij} \tag{4-2}$$

$$S_i = \sum_{j \in n} W_{ij} a_{ij} \tag{4-3}$$

$$DC = \frac{1}{n-1} k_i \tag{4-4}$$

式中，k_i为节点i的度；a_{ij}表示节点i与节点j是否直接相连，如果相连则为1，否则为0；n为网络中节点总数；S_i为节点i的加权度；W_{ij}是节点i和j之间的连接边的权重；DC为节点i的度中心性；k_i为节点i的度数。

接近中心性是指某个节点到其他节点的最短路径距离之和，反映了一个节点在网络中的相对可达性。此中心性通常可以说明一个节点在网络中的全局中心性。中介中心性利用网络中连接节点的最短路径进行测度，即是否在与其他节点构建网络时起到"中介"或"桥梁"作用，中介中心度高的节点起到了研究网络的中枢作用。接近中心性和中介中心性的计算公式如式（4-5）和式（4-6）所示：

$$CC_i = \left[\frac{1}{n-1} \sum_{j=1, j \neq i}^{n} d_{ij} \right]^{-1} \tag{4-5}$$

$$BC_k = \frac{2}{n^2 - 3n + 2} \sum_{i=1, j \neq k}^{n} \sum_{j \neq k}^{n} \frac{\delta_{ij}^k}{\delta_{ij}} \tag{4-6}$$

式中，CC_i为城市i的接近中心性；d_{ij}为城市i到城市j的最短路路径长度；BC_k为

城市 k 的中介中心性；δ_{ij}^k 是从城市 i 到城市 j 经过城市 k 的最短路径数量；δ_{ij} 是从城市 i 到城市 j 的最短路径数，并且是网络中任意两个城市之间的最短路径的数量。

4）社团

社团结构是指网络中的不同节点可被划分为若干分组，组内节点之间的边联系紧密，而组与组之间联系相对稀疏，示例如图4-17所示。社团发现是网络分析中的常用方式，旨在识别网络中节点群组关系的过程，其往往能揭示网络中更深层次的关系与特征，进而为理解网络中的结构生成机制提供具有意义的参考。

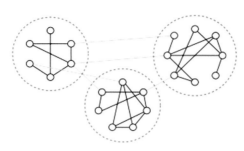

图 4-17　一个具有社团结构的小型网络

社团发现的算法较多，目前提出了大量技术来在相当快的时间内找到最优社团，这些技术大多是基于目标函数的优化。到目前为止，基于模块度优化是其中最广泛使用的技术之一，计算公式如式（4-7）所示：

$$Q = \frac{1}{2m} \sum_{vw} \left[A_{vw} - \frac{k_v k_w}{2m} \right] + \delta(c_v, c_w) \qquad (4\text{-}7)$$

式中，Q 代表模块度，模块度越大则表明社团划分效果越好；m 代表网络节点之间的连接数（一级、二级市场的联系个数）；v、w 代表网络中任意两个节点；k_v、k_w 分别为 v、w 节点在复杂网络中的度；$2m$ 是整个网络的度（每个节点都计算一次度，每条边对应两个节点，所以要乘以2）。

4.3.2　预处理算法

预处理模型基于大数据技术从手机信令、手机定位等原始数据挖掘出高价值数据信息，完成从原始数据到基础数据的转换（如通过手机信令数据识别用户职住地，进行地址匹配、结果清洗等），是感知人群行为活动、监测城市运行状态的重要手段，也是挖掘数据价值的关键步骤。数据预处理模型包括对人口、商业、交通和街景等多源异构大数据的清洗和处理，其中数据清洗是发现并纠正数据文件中可识别错误的最后一道程序，例如在数据分析和处理过程中检查数据一致性、处理无效值和缺失值等，并对数据进行筛选、转换、修正和删除等操作，以确保数据的准确性、完整性和一致性；数据处理则是从大量杂乱无章的数据中抽取并推导出有价值和意义的数据的基础步骤。数据预处理算法主要涉及的数据主题和相应算法如下。

1. 人口数据处理

1）停驻行为识别

停驻行为数据是一种特殊的时空数据，指用户在某时间点进入停驻场所，在停驻场所停留一段时间，在另一时间点离开停驻场所产生的行为记录数据。这类数据记录了大量用户在相同或不同的停驻场所及其停驻到达时间和时间长短的信息，从中可以分析识别用户居住地、就业地、到访地，以及在各停驻地的停驻时段。挖掘用户停驻行为模式，有助于精准掌握目标客群来源及波动规律，直观了解人口聚集情况，辅助地块评估及商业选址。

应用个体移动大数据分析用户时空出行链的基础是停驻行为的识别。首先基于连续6个月的互联网位置服务数据或手机信令数据，整合去隐私化的位置、POI等多源数据，提取位置属性、时间分布、群体画像、用地属性、Wi-Fi属性等超过60个特征，基于XGBOOST机器学习算法预测得到精度高、覆盖广的常驻点数据，包括居住地、工作地和其他地点。职住地的识别是停驻点类型划分流程（图4-18）的关键步骤。

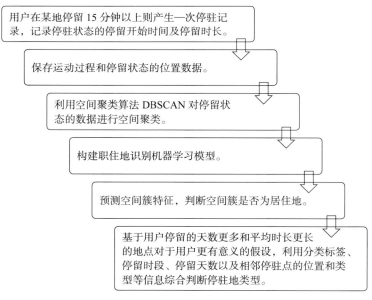

图 4-18　停驻行为识别流程

职住地识别具体方法为：

（1）接入去隐私、匿名化的互联网位置服务数据或手机信令数据，预处理过滤异常噪声数据，设置用户在某地停留15分钟以上则产生一次停驻记录，以此识别定位点所处的状态是停留还是运动状态，并记录停驻状态的停留开始时间及停留时长。

（2）根据定位点所处的状态，分别保存运动过程和停留状态的位置数据。

（3）利用空间聚类算法DBSCAN对停留状态的数据进行空间聚类，形成多个独立的空间簇，作为停驻地的候选集合。

（4）构建职住地识别机器学习模型，分为提取样本、特征工程、模型训练三个步骤。①样本提取：基于位置服务数据、设备标注、POI数据，再结合用地属性（居住用地、商务用地等）数据，提取居住地、工作地、其他3类样本；②特征工程：综合考虑用户停留在日间和夜间、工作日和休息日、停留场所地理属性等因素，提取定位属性、时间分布、群体画像、用地属性、Wi-Fi属性5类共60个多维特征；③模型训练：基于提取的多维特征数据，使用贝叶斯、SVM、随机森林、XGBOOST等机器学习算法进行常驻点识别模型训练，并通过交叉验证的方式测试不同算法在样本上的准确率、召回率等指标，选取指标效果最优的模型。

（5）预测空间簇特征。运用预先训练好的模型进行分类，判断该空间簇是居住地、就业地还是其他地点。

（6）由于机器学习模型存在误差，预测的用户居住地（就业地）可能出现多个，还需在多个居住地（就业地）中选取概率最大的地点作为最终结果。基于用户停留的天数更多和平均时长更长的地点对于用户更有意义的假设，利用分类标签、停留时段、停留天数以及相邻停驻点的位置和类型等信息综合判断停驻地类型。例如居住地为设备簇中分类标签为居住地且夜间（21:00-7:00）停留天数最多的簇，工作地为设备簇中分类标签为工作地且工作日白天（9:00-17:00）停留天数最多的簇。

2）人口类型划分

基于用户出行的停驻地及停留时段的识别结果，通过定性和定量相结合的方式确定人口类型。基于某一自然月内的全部停驻信息，通过用户停驻天数可将其划分为核心人口和非核心人口，并根据停驻时段特征判断用户属于居住人口、就业人口还是到访人口。其中，核心人口为某一自然月内在同一城市驻留天数超过10天的人口，不满足该条件的人口为非核心人口；常住人口为某一自然月内在居住地驻留时间最长且为城市核心人口的人口；就业人口为某一自然月内工作日在就业地驻留时间最长、驻留总时长占居住地时长比例大于40%，且年龄在18 ～ 59岁的城市核心人口；到访人口为某一天或某一刻在非职住地出现停驻行为的人口。其中以天统计的到访人口为在目标区域存在一次或多次驻留行为的人口，以某一时刻（如9:00）统计的到访人口为瞬时停驻人口，不存在重复出现的可能性。人口分类关系如图4-19所示。

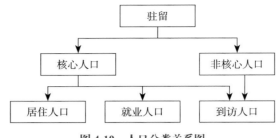

图4-19　人口分类关系图

3）出行行为识别

出行行为识别是指基于机器学习、数据挖掘等方法开发出的模型，利用用户出行的轨迹数据，预测用户出行方式以及在实际路网中的出行路线。从出行轨迹数据中识别居民出行模式并挖掘其他隐含信息是研究居民出行特征的重要途径。通过对出行方式和出行轨迹的分析，有利于深入了解城市出行行为规律、提升城市交通出行效率和服务水平。

首先，基于形态学理论对平台基础路网数据进行路段清理、路段连接合并以及基于路网剖分研究区域等预处理工作，其中路网数据由开源的全球地图数据库（Open Street Map，简称OSM）网站获得。然后，应用轨迹匹配算法[1]将用户连续驻留期间的出行轨迹数据匹配至开源路网，并对关键道路节点进行记录，从而刻画以道路路段为单位的用户出行轨迹。最终，基于出行轨迹数据和机器学习方法[2]预测交通方式。

出行目的是指出行活动发生的原因，是解析出行需求的关键步骤。根据出行起点和终点的驻留点识别结果将出行目的划分为通勤出行与到访出行。对于通勤出行，将起点为居住地且终点为就业地的出行判别为通勤出行，即某一自然月内在已识别到的居住地与就业地之间的出行行为。对于到访出行，即为出行目的地为其他地点的出行。

城市通勤距离和通勤时间是衡量居民幸福度的重要指标。将通勤距离定义为居住地与就业地之间的欧氏距离，通勤时间定义为一个月内所有在居住地与就业地之间出行时间的中位数。计算研究区域内所有用户的通勤距离、通勤时间的平均值，可分别得到所有用户的平均通勤距离、平均通勤时间。

① 郑诗晨，盛业华，吕海洋. 基于粒子滤波的行车轨迹路网匹配方法[J].地球信息科学学报，2020，22（11）：2109-2117.
② ZHANG H，SONG X，XIA T，et al. Battery electric vehicles in Japan：human mobile behavior based adoption potential analysis and policy target response[J]. Applied Energy，2018（220）527-535.

2. 商业数据处理

在国土空间规划的实践工作中，空间的客流到访量是评估空间品质和人群吸引力的重要指标之一。在国土空间规划的现状评估和体检监测中，客流空间分布与空间来源能够反映城市空间使用情况在时间上的变化，以及各类城市商业空间对于居住在不同空间的居民的吸引力，能够帮助国土空间规划工作者挖掘城市人流热力的时空规律，探究空间热力之下的吸引机制，加深对城市运行的感知和认知，从而提高城市决策的准确性、科学性、时效性。

商业活力的模型可被应用于判定具有显著客流活力的城市商业空间，也可被应用于城市商业空间活力的测度与持续监测，以及城市商业空间分级、分布的研究。其算法模型（图4-20）包括商业活力区域识别、客流热力模型、客流时序追踪模型、客流来源追踪模型，以及商业活力区域分类和分级模型。

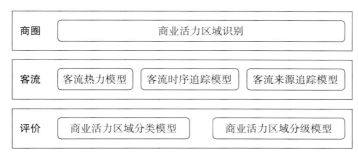

图4-20 商业数据处理模型

1）商业活力区域识别

商业活力识别模型将自然街区作为城市商业空间识别的最小空间单元。自然街区是指基于城市空间中实际存在的道路、铁路、河流等物理阻隔划分的独立街区单元，实际上是客观存在的地理实体，可以有效避免人为设定对数据结果的干扰。

基于商户POI大数据识别商业活力区域，根据消费点评平台提供的购物、餐饮和其他商业设施的兴趣点（POI）数据，对自然街区的商业活力进行测算，得到商业活力得分，并提取相对周边区域得分更高的自然街区聚合并定义为商业活力区域。商业活力水平计算方法如下：

$$Y_j = a \cdot k_j + b \cdot \sum_{i=1}^{n} \frac{k_i}{D_{ij}^c} \frac{1}{d_{ij}} \tag{4-8}$$

式中，Y_j 为自然街区 j 的商业活力水平得分；k_j 代表自然街区 j 的商业POI密度，且自然街区 j 与 n 个自然街区相邻；D_{ij} 为自然街区 j 和与其相邻的第 i 个自然街区之间的欧氏距离；d_{ij} 为自然街区 i 与 j 之间的城市干道数量。a、b、c 为参数，不同类型的商业类POI参数 a 不同，商业综合体或购物中心内的POI参数值相对更高，沿街店铺的参数值相对更低。

根据自然街区商业活力得分的空间分布情况和大众对城市的认知情况确定筛选商业活力区域的得分阈值，保证多数得分高于该阈值的自然街区连绵成片，且没有面积小于1公顷的自然街区独立出现。

2）客流热力模型

客流热力模型主要通过人群到访行为统计地理空间客流量。基于地理空间网格数据以及手机信令数据的驻留行为识别结果，判定用户到访行为，通过不同时间范围的客流量统计方法，计算相应时间范围内的地理网格客流量。

客流到访判定模型是城市活力算法模型的基础模型。基于手机信令数据的停驻行为识别结果，通过地理网格划分城市地理空间，并将网格作为最小空间单元，设计用户到访地理网格的判定需满足三个条件。第一，用户必须在城市空间格网内产生驻留行为，且该停驻点并未被识别为该用户的居住地或就业地。第二，用户应在该空间格网内停留15分钟以上。第三，一个月内用户在该网格累计出现天数不应超过10天。满足以上三个条件即可判定该用户在该空间格网产生一次客流到访行为。

3）客流时序追踪模型

城市系统是复杂的，不同空间的人的流动动态多变，但是其变化在一定程度上具有规律性。在不同时间尺度上追踪城市空间客流变化趋势，有助于支撑空间客流量演变规律及预测、旅游地季节性客流量波动成因、周期波动特征等方向的深入研究。

客流时序追踪模型基于用户到访数据计算指定时间和空间范围内的研究边界整体客流，包括日内逐时客流变化追踪：返回指定日期的日内每小时客流统计结果；月内逐日客流变化追踪：返回指定月份的月内每日客流统计结果；月度总客流追踪：返回指定月份的月内每日客流之和；每日白天或夜间客流追踪：返回指定月份的月内每日的分时段客流统计结果。

4）客流来源追踪模型

结合客流的溯源分布与城市研究空间的覆盖用地分析，可快速挖掘客流出行的潜在规律，对于商圈规划、交通规划具有重要现实意义。客流来源追踪模型基于用户到访数据计算研究空间范围内到访客流的来源地。客流来源地判定方法为：将目标空间单元的到访用户在到访发生月份中的居住地定义为客流来源地，根据客流目标区域和客流来源地的指定空间范围进行数据聚合。

5）商业活力区域分类模型

根据消费点评平台的商业POI分类，例如美食、购物、生活服务、教育培训等，统计活力区域内的各类商业比例，形成区域商业结构画像。并计算每个区域的商业单类最大偏离度，即区域内全部分类与全市平均占比之差的最大值，将商业最大偏离度不超过15%的区域定义为均衡性商业活力区域、最大偏离度大于15%的区域定义为专业型区域。

6）商业活力区域分级模型

根据商圈在日内各个小时的客流量大小进行分级，将商圈间的24小时客流量序列的欧氏距离作为距离测度指标，应用K-Means聚类算法迭代计算最优划分结果。商圈活力区域分级算法支持输入指定聚类数量，或者输入最大聚类数量以及选取的评价指标，算法通过评价指标自动计算最优聚类数量以及对应的分类结果。评价指标包括Calinski-harabaz分数和轮廓系数。

Calinski-harabaz分数，计算公式如下：

$$s(k) = \frac{tr(B_k)}{tr(W_k)} \cdot \frac{m-k}{k-1} \tag{4-9}$$

式中，m为样本总量；k为分类的数量；B_k为簇间协方差矩阵；W_k为簇内协方差矩阵；tr是矩阵的迹。$s(k)$分数越小，类别内部数据的协方差越大，聚类效果就越好。

轮廓系数计算公式如下：

$$s(i) = \frac{b(i) - a(i)}{\max\{a(i), b(i)\}} \tag{4-10}$$

式中，$a(i)$为样本i到同一聚类簇内其他样本点的平均距离，即样本与其自身所在的簇中的其他样本的相似度；$b(i)$为样本i到其他聚类簇的所有点的平均距离的最小值，即样本与最近的簇中所有点之间的平均距离，表示样本与其他簇中样本的相似度。轮廓系数范围为（−1，1）。

3.交通数据处理

公交IC卡在中国广泛使用，公交乘客在使用智能公交卡时会留下具体的公交服务使用信息，包括IC卡的ID、上车车站、下车车站、上车时间、下车时间以及线路和方向等。一个大城市每天都会产生数以万计的公交出行记录，公交IC卡可以实现自动、大量和快速的数据收集，在时空出行信息准确程度和数据覆盖度方面均优于传统调研数据，为居民提供方便的同时也为管理者进行公交客流信息分析提供了有效途径。作为一种大规模的具有地理标识和时间标签的数据，公交IC卡已被验证具有挖掘乘客出行行为时空间特征、优化交通出行环境和提升乘客出行体验等方面的潜力[1]，并应用于城市空间结构的研究与分析[2]、公共交通线网布局优化[3]等方向的研究。其中乘客出行链的识别是公交IC卡数据挖掘的关键步骤，通过乘客出行过程的追踪可以分析反映出行者出行时空特征，例如计算出行者的乘车时间和出行距离。

1）公交IC卡数据处理

原始刷卡数据由于存在基础数据对照表不全、时钟不同步、刷卡记录信息不全或错误、公交站点编号错误、地铁没有临时卡数据等问题，需要通过数据处理模型对原始数据进行清洗整理，以用于后续分析、预测和可视化处理。处理流程如图4-21所示。

图 4-21 公交 IC 卡数据处理流程

按照乘坐交通工具的不同，公交IC卡刷卡的清洗分为地铁刷卡数据清洗及公交刷卡数据处理两种。对于公交刷卡数据，主要对其依次进行数据按天切分、数据去重、补刷处理、时间校正、上下车同站处理、上下车同时处理、下车早于上车处理、异常站处理、超时处理等数据清洗步骤以形成合规数据。具体公交IC卡数据处理流程如图4-22所示。

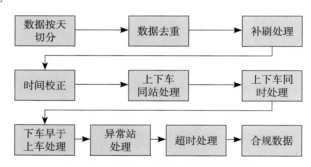

图 4-22 公交 IC 卡刷卡数据处理流程

地铁刷卡数据记录了乘客进站和出站信息，包括进出站的站点名称、位置以及时间。与公交刷卡数据不同的是，乘客起点站和终点站的线路、乘客在地铁系统内部的换乘信息以及具体出行轨迹均无法跟踪记录。地铁刷卡数据的处理依次经过数据按天切分、数据去重、补刷处理、上下车同站处理、异常站处理后形成合规数据。具体的

---

① 吴美娥. 对公交IC卡数据处理分析及应用的探索[D]. 北京：北京交通大学，2010.
② 龙瀛，崔承印，张宇，等. 利用公交一卡通刷卡数据评价北京职住分离的空间差异[C]//中国城市规划学会. 多元与包容——2012中国城市规划年会论文集（01.城市化与区域规划研究）. 昆明：云南科技出版社，2012：32-44.
③ 郭戈格. 基于IC卡数据的定制公交线路优化[D]. 北京：北京交通大学，2017.

地铁IC卡数据处理流程如图4-23所示。

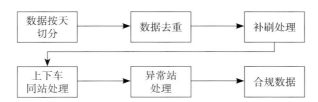

图 4-23　地铁 IC 卡刷卡数据处理流程

　　清理好的IC卡数据主要包含卡号、卡型、进站时间、出站时间、进站线路编号、进站站点编号、出站线路编号、出站站点编号、进站线路名称、进站站点名称、出站线路名称、出站站点名称、进站站点经度、进站站点纬度、出站站点经度、出站站点纬度等字段。

　　2）乘客出行链识别

　　公共交通出行链是指出行者利用公共交通工具从出行起点站到终点站的全过程，可以通过换乘站将一次完整的公共交通出行划分为多个出行阶段。结合清理好的刷卡数据、公交时刻表以及公共交通线网数据识别乘客出行链，根据出行乘坐公共交通工具的不同共划分为3种不同的出行模式，不同模式出行链识别方法不同。

　　第一种模式为全程公交出行。由于IC卡数据可以准确捕捉乘客换乘信息，因此乘客出行轨迹可以由IC卡数据和对应公交线网数据直接得到。但是对于乘客日内连续的公交出行记录，属于换乘行为还是开启新的出行，仍需通过一定研究方法进行判断。根据已有研究 [①]，通过乘客刷卡记录的下车时间推算步行到下一条刷卡记录上车站点的时间，假设公交乘客在站台候车过程中总是乘坐目标线路到达站台的第一辆公交车，通过比较推算的乘客上车时间与车辆到站时间以判断换乘行为。如果乘客到站时刻与刷客记录的上车时刻之间没有其他目标线路的公交车到站，则判定为换乘行为，否则为新的出行行为。

　　第二种模式为全程轨道交通出行。由于IC卡无法捕捉到乘客在地铁系统内部的出行轨迹，为此构建轨道交通复杂网络双向加权图，以轨道交通站点作为网络的节点，以相邻站点间的行程时间作为边权重，计算乘客进站和出站站点之间的行程时间最短路径作为乘客轨道交通系统内的出行路径预测结果。值得注意的是，换乘时间也应考虑在内，不同线路的同一站点应抽象为不同节点，并将该站点内不同线路间的换乘时间作为节点间的边权重。

　　第三种模式的出行存在公交与轨道交通之间的换乘行为。从出行者的角度将一次

---

① 李海波，陈学武.基于公交IC卡和AVL数据的换乘行为识别方法[J].交通运输系统工程与信息，2013，13（6）：73-79.

出行链作为研究对象，联合分析公交和地铁间的换乘出行。对于地铁换乘公交的情况，换乘行为判断方法与公交换乘公交的方法一致。对于公交换乘地铁的情况，通过比较连续两次刷卡的时间差和相应的换乘时长阈值以判断换乘行为[①]。

4.街景数据处理

1）面向建筑色彩识别的图像预处理方法

由于建筑色彩依附于建筑本体且会因光照、绿植等环境参数的改变而发生视觉上的变化，在实时影像素材收集过程中，图像内容除建筑本身外不可避免地包含周边环境影像。这些环境元素在色彩感观上与建筑物有着十分明显的差异。若不加以区分就纳入建筑色彩的计算中，则会对分析结果产生较大影响。为了突出建筑体在图像中的主要目标位置，减少其他影像的干扰，需要对图像进行预处理。图像预处理主要分为两个步骤（图4-24）：

原始数据　　　　　　　右方向 105° 度范围透视图　　　　白平衡微调

图 4-24　图像预处理流程

第一步是网络图像数据选取。从网络爬取的街道全景原始数据为360°球面投影视图，在进行语义分割分析前需要先变换和切分为正常人眼视角的透视图。这一过程需要确定"视野朝向"和"视角范围"这两个参数。此外，影像原始数据是通过车载摄影器材沿道路行进方向拍摄所得，因此研究对象建筑物在右手方向（即道路右侧）的视野中所占面积最大，故研究选取这一方向作为朝向参数。为保证图片边缘不出现明显变形，避免影响聚类准确性，研究以水平和竖直方向均为105°作为视角范围参数。

第二步是图像的白平衡处理。根据道路走向随机选取采样点，并对采样点的街景数据、拍摄数据和物卡比色数据进行对比，确定影像数据的偏色情况，通过添加补色的方式调节色温。具体的操作方法为按照不同的数据获取源进行色相修正，修正系数受采集时间影响会略有偏差，因此修正系数参照色卡比色确定，具体数值为按照孟塞

① 陈丽欣，钟鸣，潘晓锋等.公共交通乘客换乘时长阈值及换乘行为特征分析[J].交通运输研究，2022，8（02）：68-78.

尔色彩体系将色相值（h）上调 2.5%（数值体现为上浮 9°）。

2）单元图像的色彩聚类提取

单元图像的色彩聚类，应用 K-Means 聚类技术对图库中每幅图像的全部像素进行聚类，提取单幅图像的色彩特征。为尽可能多地提取出图片的色彩，将色彩提取数设定为 15，即聚为 15 类簇。设置迭代停止条件为：通过迭代得到的聚类中心点之间的欧几里得距离不超过 0.1。聚类结果中可能大部分类簇的色彩占比过小，并不能体现图片的色彩特征。为此再对得到的 15 类簇中的像素点个数进行排序，提出占比最高的前 5 类主色作为单幅图片的色彩特征。为避免前 5 类主色中仍然存在像素占比过低的问题，需筛除占比数低于 5% 的色彩，最终将保留的主色作为单幅图片的最终色彩提取。

3）群体图像的色彩聚类提取

将一次聚类得到的单幅图像的结果为数据源，每幅图像经聚类提取得到的色彩代表每幅图像的色彩特征。虽然所有提取色较全面地反映了分组图库图像的整体色彩特征，但提取色彩数量仍较大，对于研究空间色彩的分析存在一定难度且代表性较差。为此，在一次聚类的基础上对色彩进行二次聚类提取以得到能够准确概括研究空间色彩的主特征色。需要注意的是，在应用 K-Means 聚类提取单幅图色彩特征时，K-Means 更新中心点的策略是类簇中的色彩均值，但在二次聚类计算均值时会出现新的色彩值。因此，更改二次聚类时中心点更新策略，将类簇中距离中心点最近的样本点作为新的中心点，保证了中心点始终为第一次聚类的色彩特征。由于二次聚类相较一次聚类色彩值的种类更少，设置二次聚类数量为 10。此外，需删除类簇中样本点个数等于 1 的类簇，即该类簇不能代表该组的色彩特征。最终得到的色彩作为批量图像的主特征色彩。

4）RGB 到孟塞尔色彩空间的转换

RGB 色彩模式适用于计算机图像显示，通过改变 RGB 三分量来改变色彩。孟塞尔色空间 HVC 表色体系更符合视觉上的均匀性。大多数色彩体系中的色彩与人类色彩视觉不同，无法直观地理解。为使机器模拟人类色彩视觉，所选择的色彩体系应具有与人类色彩感觉类似的色彩空间参数和结构[①]。孟塞尔表色体系是模拟人类色彩视觉的最佳选择，因此需要将提取出的 RGB 转为孟塞尔色彩空间。虽然孟塞尔色空间与 RGB 是一个非线性转换过程，它们之间无法直接建立准确的数学模型，但考虑到可以牺牲一定的转换精度，在转换过程中应用 CIE Yxy 和 CIE XYZ 作为过渡，并根据此关系建立数学模型，可以实现两个色空间的转换。转换过程如图 4-25 所示：

---

① ZHANG J，SOKHANSANJ S，WU S，et al. A transformation tech-nique from RGB signals to the Munsell system for color analysis of tobacco leaves[J]. Computers & Electronics in A-griculture，1998，19（2）：155-1660.

图 4-25　转换过程

根据RGB值求CIE XYZ空间的三刺激值（X，Y，Z），公式为：

$$\begin{bmatrix} X \\ Y \\ Z \end{bmatrix} = \begin{bmatrix} 0.4124 & 0.3576 & 0.1805 \\ 0.2126 & 0.7152 & 0.0722 \\ 0.0193 & 0.1192 & 0.9505 \end{bmatrix} \begin{bmatrix} R \\ G \\ B \end{bmatrix} \tag{4-11}$$

所有CIE XYZ色彩在CIE Yxy空间中都具有唯一的位置，且马蹄形的外缘对应于人类可以看到的各种光谱纯度的实际光波长，因此XYZ和Yxy可简单连接起来。CIE Yxy是以不同的方式表示CIE Xyz的色彩空间，在x和y坐标方面以2d的方式来表示色彩。在CIE xy色度图中，由色度坐标x，y所描述的点与该色彩的特征是一一对应的。因此可借助色度图，确定色彩的主波长（色相）和纯度（彩度），而三刺激值则表示亮度因子（明度），从而转换为孟塞尔色值。

5）修正系数

在街景数据中，影像色彩受光影响主要来源于道路方向、街巷高宽比（H/D），以及绿视率，通过修正系数进行校正。对于色相、明度和彩度，其修正系数α受道路的走向，高宽比和绿视率等影响，即：

$$\alpha = \alpha\{D, G, \beta\} \tag{4-12}$$

式中，D表示道路方向，G表示高宽比，β表示绿视率。

数据处理过程中，建筑东侧、西侧、南侧、北侧四个方向采样点的具体论证过程如下：

色相：影像数据相对于物卡比色数据来说，整体偏向黄色，在进行白平衡时，按照孟塞尔色彩体系将色相值（h）上调2.5%（数值体现为上浮9°）。

明度：影像数据聚类色彩与物卡比色相比，明度普遍高1～3；多个数据时可通过求取平均数后降低1个值，单个数据时降低2个值。

彩度：与物卡比色相比，低明度有彩色系彩度低1～2；高明度有彩色系彩度高2～4，无彩色系彩度高1～2，色值上难以显示无彩灰色（N）。

4.3.3　集成算法

集成算法主要包含空间聚合和描述统计两种类型的算法。空间聚合是一种将空间数据按照一定的算法规则进行分组和聚合的方法，可以帮助用户在地理空间上理解和分析数据。描述统计则是对数据进行统计和可视化分析，揭示数据的基本特征和规律。空间聚合和描述统计两部分相互配合，共同为用户提供更深入、更全面的数据洞察和决策支持。

1. 空间聚合

空间聚合负责基础数据到集成数据的转换，主要包括空间地域、时间范围、线路站点等维度的聚合操作，例如按区县、街道生成居住人口画像、按产业园统计企业搬迁流向、根据乘客OD统计公交线网客流量等。涉及一系列空间数据和空间模型的联合分析技术，包括自定义边界/缓冲区的生成、空间各种要素间关系判别和筛选、空间连接、叠加分析等，用户可上传自定义边界，并进行缓冲区生成、空间连接等操作。空间聚合模型应用示例如表4-11所示。

空间聚合模型示意表

表4-11

编号	模型名称	模型输入	模型输出
MA01	网格到预设空间单元	(1) 网格空间数据 (2) 目标预设空间单元	预设的空间单元
MA02	网格到自定义上传边界	(1) 网格空间数据 (2) 选择边界或自定义边界	自定义空间边界单位的聚合数据表
MA03	OD聚合	(1) 网格空间OD数据 (2) 起讫点聚合目标表单位 (3) 选择边界或自定义边界	选定单位的OD聚合数据表
MA04	面积与密度计算	(1) 待计算面积数据表 (2) 人口数据表	选定边界范围面积及人口密度

2. 描述统计

描述统计方法是指将大量的基础数据资料进行初步整理和归纳，通过描述原始数据的内在规律、分析其基本特征以帮助用户更好地理解和解释数据。在算法中台中，描述统计包括数据基本统计特征分析和趋势分析两方面内容。数据的基本统计特征分析是指通过计算数据的均值、中位数、众数、标准差、最大值、最小值等统计指标以了解数据的集中趋势、离散程度和分布情况。这些统计特征可以帮助用户快速了解数据的基本情况，作为后续分析和决策的参考依据。此外，通过对数据趋势进行分析，可以揭示数据的周期性、趋势性和季节性等规律，从而帮助用户识别出数据的长期变化趋势，预测未来发展趋势，这对规划与决策具有重要意义。描述统计在算法中台中发挥着承上启下的重要作用，其结果可以为后续的数据挖掘提供重要依据，提高数据处理和分析的准确性。

4.3.4　专题算法

专题算法是算法集成逻辑的最后一环，负责由基础数据或者集成数据到指标数据的转换，既包含简单的计算指标，也包含较为复杂的模型算法，需要借助大数据分析与挖掘技术进行模型求解。

1. 职住通勤

居住和就业是城市居民日常生活工作中联系最为密切的两个场所，构成城市居民在城市空间中活动最为主要的两个基本要素。职住是城市空间的核心功能，连接居住地和就业地的通勤是城市日常生活中最为主要的交通出行行为，通勤距离和通勤时间是居民通勤出行直观感受和生活品质的关键影响因素。为监测城市居民职住平衡情况，职住通勤算法模型围绕城市职住数量平衡、职住质量平衡和职住平衡效果三个角度，通过职住比、内部通勤比例和通勤交通效率指标测度职住平衡程度。具体指标与对应的内涵如表4-12所示。

职住通勤测度算法与内涵对应关系　　　　　　　　　　表4-12

职住通勤测度指标	对应内涵关系
职住数量平衡：职住比	职住数量平衡表示研究区域范围内居民中劳动者的数量和就业岗位数量大致相等
职住质量平衡：内部通勤比例	在一个合理范围内，大部分居民可以就近工作、出行距离也比较短
职住平衡效果：通勤交通效率	城市交通效率的提升，即居民的通勤时间是否缩短，是职住平衡政策是否有效的主要衡量标准。提高45分钟内通勤比重是改善城市人居环境的重要指标，是国土空间规划和交通服务水平的综合体现

1）职住比

职住比主要测度的是职住数量平衡程度，考察的是研究区域的功能导向，反映了居住功能与就业功能在一定规模的城市地域范围内的匹配程度，计算公式如下：

$$B_i = \frac{w_i}{r_i} \qquad (4-13)$$

式中，B_i 为区域 i 的职住平衡度；w_i 为区域 i 内就业人口数量；r_i 为区域 i 内居住人口数量。

职住数量平衡良好的区域，职工的数量与住户的数量大体保持平衡状态，大部分居民可以就近工作，通勤交通也可采用步行、自行车或者其他非机动车方式，即使是机动车通勤，通勤距离和时间也相对较短。将出行距离控制在合理的范围内，有利于减少机动车尤其是小汽车的使用，从而减少交通拥堵和空气污染。

2）内部通勤比例

内部通勤比例是指在给定的地域范围内居住并工作的劳动者数量所占的比重，也称为职住独立性指数。职住比只表明了研究区域的职住关系具有均衡的可能性，即使数量上表明就业和居住是平衡的，也不能反映该地域单元内就业的居民就必然居住在这个区域内[①]。因此测度职住平衡仍需进一步进行测量，重在考察居住者是否能在本地区就业，以及就业者是否在本地区居住，这样所采取的指标是内部通勤指标。职住内部通勤又可分为完全内部通勤、居内职外、居外职内，计算公式如下：

$$D_i = \frac{p_i}{h} \qquad (4-14)$$

式中，D_i 为内部通勤比例（完全内部通勤、居内职外比例、居外职内比例）；p_i 为区域 i 内居住且工作的人数（居住在区域 i 内工作在区域 i 外的人数、居住在区域 i 外工作在区域 i 内的人数）；h 为区域内全部通勤人数。内部通勤比例可描述居住、就业者更多地在本地区居住、就业的比例，是掌握地区内通勤行为的重要指标。

3）通勤交通效率

通勤交通效率是影响居民生活品质和城市交通运行的重要因素，严格把握区域通勤交通效率是保障区域高效稳定运行的基本措施。根据各大城市相关专家的研讨决定，将45分钟作为基本保障通勤时间，并将基本保障通勤时间人口覆盖率达到80%～90%作为衡量城市交通规划与交通布局的主要经济指标[②]。可见在基本保障通勤时间内完成通勤的人口占比是测度城市宜居性、居民生活品质和交通服务水平的重要指标。为此，提出通勤交通效率指标以计算基本保障通勤时间人口的占比，分为居住通勤交通效率和就业通勤交通效率，重在考察区域内居住人口和就业人口的通勤情况。计算公式如下：

$$E = \frac{c}{n} \qquad (4-15)$$

式中，E 为居住通勤交通效率（就业通勤交通效率）；c 为研究区域内通勤时间小于45分钟的居住人口（就业人口）；n 为研究区域内居住人口（就业人口）。通勤交通效率值越高，幸福通勤人数占比越高。通勤交通效率较低的区域，其规划布局应注重职住平衡。

---

① 张振龙，蒋灵德.基于职住平衡与通勤的苏州城市职住空间结构特征[J].规划师，2015，31（3）：81-86.
② 艾毅.关于提升成都城市通勤效率的对策建议[J].区域治理，2020（37）：21-22.

2.商业活力

商业活力是衡量城市发展能力和发展潜力的重要指标，是指城市对社会经济发展综合目标及对生态环境、人的能力提升的程度，决定着城市的兴衰成败。商业活力场景主要研究城市商业活力的强度和空间分布规律，借助POI数据、商圈点评数据和手机信令数据识别商业活力区、判断商业活力水平、分析商业客流来源以及活力提升相关问题，对建设健康可持续发展的城市具有重要意义。

平台商业活力场景主要围绕商圈POI情况、商业设施均衡性计算、商圈客流量、商圈客流结构等分析维度，综合评估城市商业活力水平。客流量的概念不同于人次，其统计不应重复计算。具体解释如下：客流量是指在一定时间范围内，经过或进入某一区域或场所的所有非重复人数，不包括重复进出的用户。例如，某商场一天总客流量是指这一天内进出商场的非重复总人数，多次进入的用户只被统计为一次。

基于到访数据进行客流量统计时，用户在同一研究空间范围内可能会产生多个连续的到访记录，由于该用户未离开研究空间范围，模型标记为一次客流量。如图4-26所示，图中用户轨迹被表示为按时间顺序的连续到访点之间的有向连接，用户在研究范围A的轨迹被记录为一次客流量，在研究范围B和研究范围C的轨迹被两个研究范围分别记录为一次客流量。

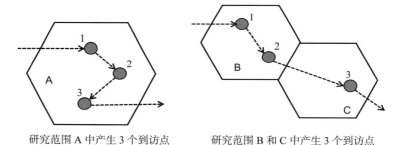

研究范围 A 中产生 3 个到访点　　　　研究范围 B 和 C 中产生 3 个到访点

图 4-26　用户停驻点示意图

根据用户到访的判定结果以及客流量统计方法实现不同时间维度的客流量统计分析，包括按时、日、月为单位的客流量统计，按白天和夜间的客流量统计以及按工作日、周末和节假日的客流统计。

1）按时间单元统计

按整时统计：返回目标空间范围内整点的瞬时客流量，按整点统计，如9:59:50～10:00:10之间开始或结束的到访均计入10时的客流量。如某用户在一小时内在目标空间单元中形成了1个以上的驻留，则在该整点记录为该用户的1人次客流。

按日统计：返回目标空间范围指定日期当日内开始或结束的到访次数。如某用户在目标空间单元1日内形成了1次以上的驻留，则在该日内记录为该用户的1人次客流。

按月统计：返回目标空间范围指定月份每日客流量之和，其中一个用户在日内同一空间统计的单元中最多计算1人次客流。

客流量统计方式举例：某用户于3月17日的12时03分、15时29分和16时17分在研究空间范围内产生了到访，则在按日统计客流量时记为3月17日的1人次客流，在按月的统计中记为该用户在当日的1人次客流。

2）按日内时段统计

白天客流统计：每日6时～18时在目标空间范围产生停驻的人次，同一用户在该时间段内最多只记为1人次。

夜间客流统计：每日18时～24时在目标空间范围产生停驻的人次，同一用户在该时间段内最多只记为1人次。

3）按日期类型统计

工作日客流：返回目标空间范围当月每个工作日的客流量之和。

周末客流：返回目标空间范围当月每个周末的客流量之和，不包含因国家法定节假日调休而成为工作日的周末。

节假日客流：返回目标空间范围当月每个国家法定节假日的客流量之和。

3. 产业经济

不同地域之间的互动受到多种要素的影响，包括商品、人口、资本、科技和信息等，它们作为媒介在空间上相互交织[①]。产业经济的联系是这种地域互动的显著表现之一，也是构成区域联系的一个主要方面。通过深入研究产业空间联系的特征，可以帮助协调地域内的产业分工，推动产业之间的协同发展，有助于有效而合理地配置资源，并最大限度地发挥各地域的独特优势。还有助于建立有机的地域产业生态系统，推进区域经济实现协同发展，提高地域经济的综合竞争力。在积极进行地域产业结构调整，追求协调发展的背景下，产业空间联系已经成为国土空间规划及经济地理学领域备受瞩目的研究课题。本部分内容主要包括产业分布、专利合作、企业投融资、产业链四部分。

1）产业分布

在构建新发展格局和加快建设全国统一大市场的背景下，合理的产业空间分布对于各种资源和生产要素的高效配置起到举足轻重的作用[②]。城市群是带动我国经济发

---

① 张研. 基于产业联系强度的山西省产业空间结构调整[D]. 临汾：山西师范大学，2019.
② 丁嘉铖，安虎森. 投入产出、资源禀赋与产业空间分布[J]. 经济纵横，2023（6）：77-89.

展的重要区域发展模式和空间组合模式，肩负参与国际竞争的压力和责任。因此，需要各区域以各地区自身的区域优势来发展优势产业，同时也需要进行合作配置，发挥城市群的整体优势，通过区域分工和产业结构的优化促进一体化发展。基于全国企业数据进行空间落位，提取研究区域在营企业信息，通过数据映射及空间聚合来分析各产业门类在研究区域的分布特征。

2）专利合作

区域间的创新要素流动很大程度上反映了区域的创新能力，区域创新要素流动得越频繁，规模越大，创新网络的结构越严密和完善[①]。通过定量研究专利合作数据表征的创新要素流动，可以有效地评估区域创新联系的强度、规模和辐射能力。以全国专利企业合作数据为基础，经过数据清洗及空间聚合，重点分析研究区域内部与外部的专利合作及申请情况，以期从专利合作信息、地域空间联系等视角进一步拓展对研究区域创新要素流动的认知。

3）企业投融资

城市间企业投融资是促进城市经济增长的重要方式，能够有效评估城市网络中的互动和交流协作。投融资网络能够修正空间距离带来的差异化影响，推动城市间的分工与协作，加强城市间的功能互补[②]。以城市群为研究对象，基于各城市群企业投资信息，采用空间聚合及复杂网络理论来探索城市群投资网络的特征。

4）产业链

城市网络内部的经济联系往往来源于产业链内企业的竞争与合作，由产业链驱动发展的特定空间被称为产业链空间。产业链空间网络直观反映出空间分布格局及功能协同水平[③]。在目前以国内大循环为主体、国内国际双循环相互促进的新发展格局下，围绕产业链特征进行布局及功能的调整是实现加快构建互利共赢的产业链供应链利益共同体，推动创新链、产业链、资金链、人才链深度融合，形成具有更强创新力、更高附加值、更安全可控的产业链条体系的关键。本部分内容基于全国产业链情况数据，系统刻画各地区产业链空间网络，拓展分析产业链内部不同环节的占比特征。

4. 人口流动

人口流动是指人口在不同地区之间的迁移和转移，这种流动可以是短期，例如旅

---

① 潘春苗，母爱英.中国三大城市群协同创新网络比较研究——基于专利合作数据[J].重庆理工大学学报（社会科学），2022，36（4）：81-93.
② 陆军，孙翔宇，毛文峰.中国四大城市群的投资网络空间结构与演化特征——基于全国海量工商企业信息数据的分析[J].城市问题，2023（4）：21-31.
③ 石敏俊，孙艺文，王琛等.基于产业链空间网络的京津冀城市群功能协同分析[J].地理研究，2022，41（12）：3143-3163.

游、商务差旅，也可以是长期，如工作迁徙、移民定居。随着城市化进程的不断推进，人口流动已成为国土空间规划中至关重要的一个因素，关系到城市的人口结构、社会经济发展，还直接影响城市基础设施、资源分配等。通过采用多种方法，国土空间规划师和政策制定者可以更好地了解人口流动的趋势、原因和影响，为城市未来发展提供重要的指导和支持。本部分内容主要涉及人口流动行为识别、典型区域人口画像识别、典型人群流动特征识别三个方面。

1）人口流动行为识别

人口流动是指常住人口离开其原常住地，前往新常住地常住的行为。通过深入分析研究范围与重点城市群及核心城市之间，以及研究范围内部的人口流动行为来展示城市动态特征和社会变化。研究数据主要基于手机定位数据，识别方法包括以下几方面：

（1）研究范围与外部区域迁徙统计

根据研究范围至外围区域居住人口在两个窗口时间原有居住地、现有居住地的对比变化判定居民的迁徙行为。结合城市群及城市映射表来分析研究范围与重点城市群及核心城市的迁徙关系。以北京市为例，针对2019～2020年与外部的迁徙分析，是通过对比常住人口于2019年1月和2020年1月在北京与外部区域居住地变化情况得出。

（2）研究范围内部迁徙统计

根据研究范围内原有居住地、现有居住地的对比判定居民是否存在迁徙行为。结合区县及街道映射表来分析研究范围内迁徙关系。以北京市为例，针对2019～2020年内部迁徙分析，由常住人口于2019年1月和2020年1月两个窗口时间内在北京市内居住地变化情况对比得出。

2）典型区域人口画像识别

为对关键治理区域中的人口流动画像进行深入分析，涵盖了城市减量区域、农产品批发市场、高等教育机构等。基于多源数据，包括用户访问数据、移动应用软件记录和位置信息等，用以培训深度神经网络（Deep Neural Network，简称DNN）模型，进行人口特征建模与分类。此过程将采用梯度下降优化算法，微调神经网络的权重和偏差，以最小化分类误差。常见的人口属性标签将包括性别、年龄、人生阶段、收入水平、教育水平、所在行业、职业类别、婚姻状况、消费水平等。

随后通过位置信息将人口画像信息聚合到城市治理区域，以进行对人口画像特征的深入分析。以北京市的减量区域为例，通过聚合工作地和居住地的分布数据以及人口迁徙情况，来深入研究这一区域内不同人群的特征。

3）典型人群流动特征识别

（1）批发市场物流网络识别

批发市场物流网络识别模型的追踪对象为城市的一级、二级农产品批发市场。基于移动定位大数据识别并追踪物流人员流动轨迹，并以此构建物流人员流动网络。基于复杂网络的社团检测聚类算法对一级批发市场的势力范围进行划分，以模块度最大化为目标确定社团结构，检测各个二级市场隶属一级市场的势力范围。

（2）旅游人群流动识别

旅游人群流动识别方法：基于城市人口停驻点识别结果，追踪在景区区域内停驻半小时以上，且停驻点类型为到访的人群的移动轨迹，构建城市重点景区在不同时间维度的客流变化趋势及各景区之间客流联系的关联网络。基于此，可整体分析和判断各景区之间客流来往强度以及客流来往与交通运行压力之间的关系。

（3）高校毕业生人群流动识别

主要涉及大学生毕业后就业地识别，首先定位毕业大学生人群，对6月至9月间高校AOI范围内发生搬迁行为的人群进行定位，然后进行人群筛选，将20～30岁的人群作为青年搬迁行为群体，初步得到大学生毕业人群特征。最后通过就业地变化对大学生就业行为进行定位，通过对毕业季前后人群的就业地变化对大学生进行二次筛选，即对大学生9月的就业地进行定位，出现新的就业地（保证已毕业）且就业地不在大学范围之内的（排除升学类大学生），识别为具有搬迁行为的大学生。

5. 公共服务

为推进生活圈建设和实现公共资源高效配置提供理论探索，为地理环境与居民行为关系研究提供新的视角及案例。公共服务算法主要包括城市公共服务设施的居住用地覆盖情况分析、体育设施和医疗设施时空供需关系分析。

1）城市公共服务设施的居住用地覆盖情况分析

根据《城市居住区规划设计标准》GB 50180—2018和《社区生活圈规划技术指南》TD/T 1062—2021，基于第三次全国国土调查用地数据、公共服务设施数据、兴趣点等多源数据，在居住用地5分钟、10分钟、15分钟步行可达范围内测算单个设施的覆盖范围与服务能力水平，进而根据单个设施评价结果，对居住用地到多种设施的可达性进行综合分析和整体评价。

对单个设施的覆盖范围分析，以设施为中心点，根据真实路网分别计算设施5分钟、10分钟、15分钟的步行可达范围。判断居住用地是否在设施可达范围内，如果居住用地与设施的可达范围有交集，则计1分，否则计0分。

多设施可达性综合分析对居住用地到多种设施的可达性进行综合分析，得到整体评价结果。由于各类设施类型不同，市场化程度、稀缺程度也不相同，因此，对于不同的设施类型实行不同的打分策略（图4-27）。按居民前往频次和现状覆盖情况等因素，将设施分为公益—基础型、公益—提升型、市场型三类。公益—基础型设施包括幼儿园、初中、小学、社区医院、门诊部、老年人日间照料中心；公益—提升型设施包括体育场馆、文化活动中心、养老院、街道办事处、派出所；市场型设施包括商场、菜市场或生鲜超市、餐饮、银行网点、电信网点、邮政营业场所。

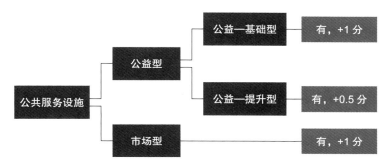

图4-27　多设施综合分析打分方法

　　根据公益型公共服务设施与市场型公共服务设施综合评分结果，构建公益型—市场型综合评价矩阵。定义各类得分在5分（含）以上为高分段、5分以下为低分段。交叉组合两种设施得分分段形成了低—低、高—高、高—低、低—高四种居住用地类别，深入分析四种类型居住用地的空间分布情况，形成城市公共服务设施综合评价结果。

　　2）体育设施时空供需关系分析

　　针对空间供给无法转化为时间供给的问题，面向居民健康锻炼时间目标需求，基于时空间行为地理学概念，以时间为基准分析体育设施供给与体育运动需求的时空供需关系。为分析时空供给构建"体育资源年时空供应量"指标，计算方法如下：

$$supply_{year}=Capacity_{hour} \times \sum \left(T_{day} \times T_{hour} \right) \tag{4-16}$$

　　式中，$supply_{year}$为"体育资源年时空供应量"指标；$Capacity_{hour}$为各分项训练馆每小时峰值承载力，即可容纳锻炼者数量之和；T_{day}为该分项场馆或特定日期（如淡季、旺季）的开放天数；T_{hour}为开放时长。需要说明的是，由该公式计算得到的"体育资源年时空供应量"指标单位为小时。

　　为综合分析不同时间和空间的体育设施供需关系，设置人均运动需求量参数值，乘以参与计算的总人数，计算得到研究区域体育运动时空需求总量，并与供应量进行对比分析。人均运动需求量需根据研究区域所在城市的运动健康目标确定，以北京市为例，可以按照《健康北京行动（2020—2030年）》提出的"每人每天运动不少于0.5小时"确定北京市人均目标需求量。

不同时段体育设施供需关系分析。根据体育设施的开放时间信息计算每小时的体育资源时空供应量，即为该小时处于开放状态的设施的时空供应量之和。基于用户出行行为识别结果对体育场馆的分时客流变化情况进行分析，通过多个体育设施各时段的到访行为推测运动者的体育运动分时段需求量，并与供应量进行对比分析。

以250米格网为基本空间单元分析不同空间体育设施供需关系。各个格网的体育设施时空供需差距等于由格网内居住人口计算得到的体育设施时空需求量与15分钟步行可达范围内的体育设施时空供给量之间的差值。不同居住格网15分钟可达范围可能包含同一个体育设施，即一个体育设施服务多个居住格网，因此使用"循环两步移动搜索"算法进行多对多分配。

3）医疗设施时空供需关系分析

将开放时间要素纳入医疗设施可达性的考察范畴，对不同时段可提供服务的医疗设施分别进行分析，有助于认识全时段就医的需求满足度情况和就医距离的差异，为医疗设施开放时间管理提供支撑。

如图4-28所示，区域内不同时段的设施数量和需求量的比例会发生明显变化，导致在晚间或夜间时段，会出现部分可达医疗设施无法提供医疗服务的情况。针对上述情况，提出时间均衡指标，表征不同时段下供需均衡性的水平。

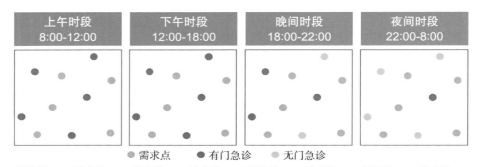

图 4-28 医疗设施时空供需关系分析原理示意图

医疗设施服务时间均衡指标是考虑到医疗设施规模和人口规模匹配度在时间上的均衡指标，是对距离衰减的单位居民供给量指标在时间上的拓展，计算公式为：

$$T_i^A = A_i^{\text{fore}} : A_i^{\text{after}} : A_i^{\text{night}} : A_i^{\text{midnight}} \qquad (4\text{-}17)$$

式中，A_i 为分时段的医疗设施单位居民供给量。

另外，就医距离是影响居民对设施的可达性的重要因素，不同时段的就医距离反映了设施分布对居民需求的匹配度，医疗设施距离时间均衡指标是对这一点的衡量，其公式为：

$$T_i^p = d_i^{\text{fore}} : d_i^{\text{after}} : d_i^{\text{night}} : d_i^{\text{midnight}} \tag{4-18}$$

式中，d_i为分时段的居民到最近医疗设施距离。

6.交通运行

随着新兴国土空间规划大数据和技术的快速发展，采用多源数据同步配合，使大规模深入评估站域空间的交通运行发展成效成为可能。基于人口出行数据、驻留活动数据、社会和人口属性数据等多源数据，以规划与社会效益两个角度为出发点，从强度、便利性、舒适性、安全性、公平性五个方面，形成了包括区域活力、出行结构、出行服务、社会公平四个指标类别的评价体系。具体指标如表4-13所示。

各级评价指标 表4-13

一级指标	二级指标	三级指标	指标描述
区域活力	活动强度	出行活动强度 到访活动强度	出行活动总时长（工作日/周末） 到访活动总时长（工作日/周末）
	活动多样性	活动类型多样性	驻留活动类型混合熵
出行结构	骑行分担比	共享单车分担比	共享单车出行量占总出行量比例
	公共交通分担比	常规公交分担比 轨道交通分担比	常规公交出行量占总出行量比例 轨道交通出行量占总出行量比例
出行服务	可达性	步行可达性 骑行可达性 轨道交通可达性 公交服务覆盖率	轨道站点步行10分钟可达面积 轨道站点骑行10分钟可达面积 轨道站点30分钟可达其他站点数 300米半径站域内公交站点服务面积占比
	便利性	骑行便利性 轨道交通便利性	平均骑行速度 轨道站点平均换乘次数与步行距离
社会公平	购房公平性	与全市均价差值	站域内住房均价与全市住房均价差值
	居住公平性	居民年龄混合度	站域内居民年龄混合熵

1）区域活力

站域内综合开发程度较高，能够实现办公、商业、居住、教育、文化、娱乐等功能于一体，则会引导人们在公共空间产生更多的接触和交互，从而向轨道站域输入源源不断的活力。

（1）活动强度

分为静态驻留活动强度和动态出行活动强度。静态驻留活动强度为网格内的到访驻留活动：用户到访驻留产生的购物、观影、休闲等非居住、非就业活动，计算方法为网格内全天、每小时到访活动量。动态出行活动强度为网格内的各种方式出行活动：步行活动、骑行活动、公共交通出行活动、私家车出行活动，计算方法为网格内全天、每小时人口出行量。

（2）活动多样性

活动多样性体现了不同类型活动的均衡性，区域内丰富的活动类型往往赋予区域较高的活动吸引力。计算公式如下：

$$A_i = -\sum\nolimits_{k=1}^{n_i}(p_{ik} \cdot \ln p_{ik}) / \ln n_i \tag{4-19}$$

式中，A_i 为站点 i 的活动类型多样性；n_i 标识站点 i 中的活动类型数目；p_{ik} 表示站点 i 中 k 类型驻留活动人次占总驻留活动人次的比例。

2）出行结构

分析轨道站域内的不同交通出行方式所承担的出行量占比，能够更加直观地反映特定时间内的交通出行需求特点，以及各种出行方式的功能和定位。

（1）骑行分担比

基于共享单车骑行数据计算共享单车分担比。计算公式如下：

$$R_i = \frac{q_i}{Q_i} \tag{4-20}$$

式中，R_i 为站点 i 的共享单车分担比；q_i 表示从 i 站域内出发的共享单车订单量；Q_i 表示从站域内出发的所有出行量。

（2）公共交通分担比

公共交通分担比包括常规公交分担比和轨道交通分担比，根据公交刷卡数据和手机信令数据进行计算。

常规公交分担比计算公式如下：

$$T_i = \frac{t_i}{Q_i} \tag{4-21}$$

式中，T_i 为站点 i 的常规公交分担比；t_i 表示从 i 站域内出发的常规公交出行量。

轨道交通分担比计算公式如下：

$$S_i = \frac{s_i}{Q_i} \tag{4-22}$$

式中，S_i 为站点 i 的轨道交通分担比；s_i 表示从 i 站域内出发的轨道交通出行量。

3）出行服务

当使用绿色交通比自行驾车更加安全、方便、快捷、舒适时，人们会更倾向于放弃小汽车出行，而轨道站域内非机动车和公共交通的可达性和便利性在一定程度上能够表征站域内绿色交通的出行服务现状。

（1）可达性

可达性包括步行/骑行/轨道交通可达性，以及公交服务覆盖率。步行/骑行可达性表示按照实际的道路网络，从轨道站点出发步行/骑行10分钟可到达的闭合区域的面积。轨道交通可达性表示从某轨道站点出发，30分钟内能到达的其他轨道站点的总数量。公交服务覆盖率基于POI公交站点坐标数据，以300米为半径，计算站域内所有公交站点的服务总面积占站域总面积的比值。

（2）便利性

便利性包括骑行便利性和轨道交通便利性。骑行便利性基于共享单车骑行数据，用共享单车骑行平均速度表示骑行过程的顺畅性，反映骑行出行服务便利性。轨道交通便利性，基于高德开源数据地铁站点间的换乘步行距离、换乘次数数据，用轨道站点到其他站点的平均换乘次数和平均换乘步行距离，表达轨道站点到达其他站点的便利性。

4）社会公平

一个宜居的社区可以为不同年龄段、不同性别、不同健康情况、不同收入水平的人提供兼顾的选择，一个宜居的城市能够为所有人提供居住、社交、购物、休闲和娱乐的机会。

（1）购房公平性

购房公平性对比站域内二手房均价和全市二手房均价的差异来表示，当站域内的房价和全市均价更接近时，则认为社会公平性更好。计算公式如下：

$$H_i = \begin{cases} 1 - \dfrac{q - x_i}{\max(q - x_{\min}, x_{\max} - q)} & x_i < q \\ 1 - \dfrac{x_i - q}{\max(q - x_{\min}, x_{\max} - q)} & x_i > q \\ 1 & x_i = q \end{cases} \qquad （4\text{-}23）$$

式中，H_i表示站点i的购房公平性；x_i表示i站域内二手房均价；q表示全市二手房价均值；$x_{\min}$表示全市二手房最低值；$x_{\max}$表示全市二手房价最高值。

（2）居住公平性

居住公平性通过居民年龄混合度表征，筛选在每个网格中居住的人口，根据人口ID对应其年龄阶段，最终得到每个网格中的居民年龄表，并通过对应年龄阶段计算居民年龄的混合度。计算公式如下：

$$M_i = -\sum_{a=1}^{n_i} (p_{ia} \cdot \ln p_{ia}) / \ln n_i \qquad (4\text{-}24)$$

式中，M_i表示第i个站点的居民年龄混合度；n_i表示第i个站点年龄阶段的总数；p_{ia}表示第i个站点第a年龄阶段的人数占站域总人口比例。

依托国土空间规划大数据计算平台，将模型工具变成通用的服务平台。通过中台内部数据和算法的封装，为规划人员提供方便、直接的应用，使其能够快速学习和高质量地完成规划设计。与此同时，平台提供了二次开发接口，支持更多的规划师开发自己的算法模型、计算特定需要的指标值，创建更多的模型工具。

7. 城市更新

城市更新算法以城市色彩研究为基础，城市色彩规划模型以城市街区、街道和单体建筑为研究尺度，应用基于街景图像的城市色彩识别与分析方法，实现街区、街道、单体建筑色彩监测与评估，其技术流程如图4-29所示。街区层面识别色彩空间

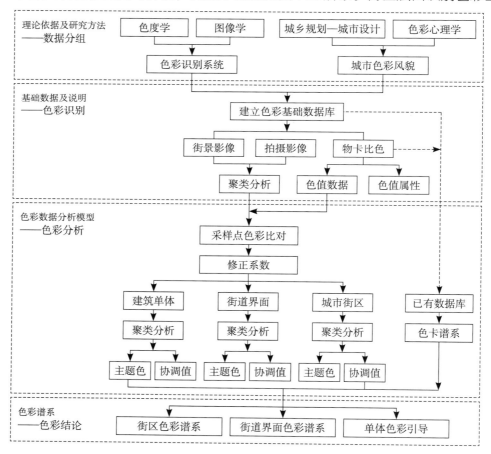

图4-29 城市色彩模型技术路线图

秩序，形成整体管控要求；街道层面识别色彩廊道和色彩节点，提出街道立面管控要求。通过对街区尺度和街道尺度的色彩感知，支撑空间管控的设计，以期对其他领域大数据增强设计提供借鉴。

1）街区尺度的色彩标识识别

从街区尺度识别色彩系统标识，明确色彩空间的主题色，依据主题色出现频率，划分为基调色和其他代表色，作为街区色彩空间的统一标准。按照研究街区范围在系统数据库中获取源数据集进行分析，通过图片读取和计算机视觉语义分割提取图像中的建筑空间，采用色彩平衡处理校正不同角度、光照、方向等带来的影像失真；基于K-Means算法提取每段影像一次聚类色，按照街道朝向进行二次聚类并提取占比排在前10的聚类色，再将不同朝向的二次聚类色进行综合聚类，最终得到10个占比较大的色彩，作为街区主题色。根据色彩的出现频率，将频率较高的5个色彩定位为基调色，剩余色彩为其他代表色。

2）街道尺度的协调度评估

从街道尺度进行协调度评估，识别色彩廊道的空间特征。按照色相、明度、彩度三要素及色彩心理学相关理论基础，形成街道层面的色彩协调度评估方法，分别对沿街立面色彩协调度进行分析。结合色彩心理学相关理论研究，孟塞尔色彩理论中将面积、明度与彩度的关系归纳为（A色的明度 × 彩度）/（B色的明度 × 彩度）=B面积/A面积，即：

$$\frac{L_A \times C_A}{L_B \times C_B} = \frac{S_B}{S_A} \qquad (4\text{-}25)$$

式中，A、B分别表示两个颜色；L_A、L_B分别表示A色、B色的明度；C_A、C_B分别表示A色、B色的彩度；S_A、S_B分别表示A色、B色的面积。

简而言之，高明度、高彩度、小面积的色彩和低明度、低彩度、大面积的色彩对人眼的冲击是相似的，基于这一理论基础出发，将街道的色彩协调度归纳为下式：

$$CH = \sum_{i=1}^{T_M} L_A^i \times C_A^i \times S_A^i \qquad (4\text{-}26)$$

式中，CH代表色彩协调值（Color Harmonization Value）；T_M表示研究单元内的色彩数；L_A为A色的明度；C_A为A色的彩度；S_A为A色的面积占比。协调值为0～100之间的浮点小数。

3）建筑尺度的施色特征识别

对节点建筑和标志性建筑进行具体分析，总结景观节点的施色特征，并通过街景数据和拍摄数据的对比，得出修正系数，运用于前两个层次的聚类分析。

4.3.5 算法管理

1. 算法代码管理

应用HDFS分布式文件系统或搭建的文件服务器对象存储系统，对算法的代码文件、配置文件、依赖库等进行统一的存储和备份，实现代码的高可用和高容错。

2. 算法版本管理

算法版本管理的主要目的是避免算法版本管理混乱，通过算法版本管理和日志信息详细记录每个版本算法提交和改动的具体内容，查看并对比不同版本之间的异同，同时可以恢复任何版本的算法代码，避免算法丢失的问题。

通过搭建Gitlab平台工具，对算法的不同版本进行标识、记录、比较和切换，实现算法的版本控制和回溯、变更管理、代码共享等功能。

3. 算法库管理

算法库管理是解决大规模项目中代码复用问题的关键技术。当代码在多个不同库中被使用时，应该被抽取出来成为单独的算法模块。因此需要应用统一的管理工具实现对算法模型库包进行集中维护和管理，同时有利于算法模型工具的版本更新和工具下载。算法库管理实现了对算法库的构建、发布、管理和查询等功能。

1）Java库管理

Maven是一种基于Java的项目管理和构建工具，通过搭建Maven服务器来支持算法库管理的功能。Maven可以通过pom.xml文件中的各种标签声明项目所需要的算法库的依赖，配置算法库的来源、管理项目中算法库的版本、排除不需要的算法库或其传递性依赖等，实现自动从中央仓库或者其他配置的仓库中下载所需的算法库，并将其存放在本地仓库中供项目使用，减少项目的依赖冗余和冲突，提高项目的可维护性和稳定性，同时也可以方便地升级或者降级算法库的版本。

2）Python库管理

Python算法库管理是指使用一些工具或方法来安装、更新、卸载、查询或管理Python的第三方库，以便于在Python项目中使用这些库的功能。可以使用多种工具来实现，以下是常用的几种：

（1）pip：是Python的包管理工具，可以用来安装、升级、卸载Python的依赖包。可以通过pip install命令安装算法库，如：pip install numpy。

（2）conda：是Anaconda提供的环境和包管理工具，可以用来创建、管理不同版本的Python环境，并且可以安装和管理不同的包和库。

（3）virtualenv：是Python的虚拟环境管理工具，可以用来创建独立的Python环境，并在其中安装所需要的依赖包和算法库。

4. 算法镜像管理

算法镜像管理是指对算法镜像进行管理和维护，确保算法镜像的可用性和安全性。算法镜像是一个包含算法代码和依赖环境的容器，可以在不同的计算机环境中运行算法，确保算法在不同环境下的可重复性和一致性。

算法镜像管理工具基于常见的Docker，可以将算法和其所需的依赖打包成一个轻量级、可移植、可复用的镜像，然后通过Docker Engine在任何支持Docker的环境中运行。

5. 算法部署管理

算法部署管理是指将算法应用到实际业务场景中，并确保算法能够正常运行、稳定可靠。在大数据平台的算法部署过程中，主要涉及以下几个方面：

（1）环境配置：包括安装必要的软件、库文件和环境变量设置等，确保算法能够在指定的运行环境中正常运行。

（2）资源分配：根据算法的计算需求，分配合适的计算资源，例如CPU、内存、GPU等。

（3）部署方式：根据实际情况选择不同的部署方式，例如单机部署、集群部署、容器化部署等。

（4）监控和管理：对算法的运行情况进行实时监控和管理，及时发现并解决问题。

6. 自动化封装部署

模型服务化框架支持将各种建模语言编写的复杂数据模型进行快速封装上线，可通过平台的模型超市调整模型中的参数，使用者无须编写代码，而是根据业务需求，只用修改部分参数，即可完成复杂模型的配置、运算和输出，实现数据建模流程的自动化。

模型代码采用文件服务器存储，提交审核时同步到Gitlab进行代码的版本管理。代码提交打包时，如果是大数据并发程序会同步到集群HDFS进行存储，如果是本地化Python程序会创建Python虚拟化运行环境。模型代码打包时，会根据配置的依赖文件，分别通过Maven和Conda引用对应的依赖库。

配置模型时，将模型参数模板于模型代码项目进行管理，并在前端模型调用页面生成一个选项卡，支持界面化提交参数和接口调用提交两种方式。模型还支持在设定运行参数后设置定时运行的时间，定时分为两种，单次运行和按小时、日、周、月周期性定时运行。

4.4　API接口设计

通过对国土空间规划大数据中台各类信息的服务化封装，形成可供用户基于标准化API接口直接访问的基础服务，为各类应用系统提供基础访问支撑。API接口主要包含数据接口和算法接口两部分。数据接口提供数据的读取和管理功能，帮助用户获取和管理数据；算法接口提供各种算法的实现、更新和调用功能，帮助用户完成数据处理和分析任务。API接口服务能够增强用户体验，实现平台数据积累和功能拓展。

4.4.1　数据接口

数据接口是数据中台的核心组成部分，用于实现数据的共享和交流。数据接口提供了创建接口、管理接口和运行监控等功能，以便用户能够灵活地使用和管理数据。通过数据接口可以为数据访问实现更加标准化、松散化的接入能力。同时，基于业务服务能力，大大简化应用开发工作量，进一步发挥国土空间规划大数据价值。

4.4.2　算法接口

算法接口服务提供了强大的功能和灵活的调用方式，帮助用户轻松实现各种复杂的算法任务。通过算法API，用户可以调用算法中台的基础模型库、处理模型、集成算法和专题算法。用户只需通过简单的HTTP请求即可完成算法调用，并获取到准确的结果。算法接口服务还支持多种编程语言和开发框架，使得用户可以在自己熟悉的环境中轻松集成和调用算法中台上的算法。

4.5 权限管理设计

平台权限管理是一种重要的机制，用于控制用户在系统中的行为和访问权限。这种机制通常被用于区分用户角色，并根据其角色分配相应的权限和功能。在一个典型的平台中，用户可以被划分为管理员和普通用户两个主要类别，权限管控流程如图4-30所示。

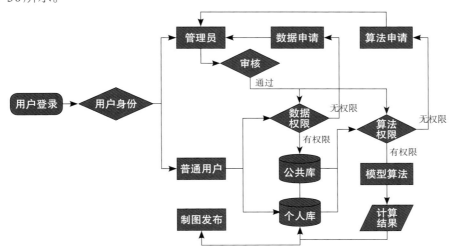

图 4-30　国土空间规划大数据中台权限管控流程

管理员是平台的关键角色，被授权执行高级任务和管理系统的核心功能。管理员拥有广泛的权限，包括对数据和算法的管理能力。首先，其可以访问和操作数据中台中公共数据库内的相关数，对其进行修改、删除或添加新的数据条目，以满足特定的需求。此外，管理员还可以设置数据访问权限，限制其他用户对特定数据集的查看或编辑权限，确保数据的安全性和完整性。

除了数据权限之外，管理员还具备对算法平台权限的管理能力。管理员可以对算法进行配置、调整及授权，并监控算法的运行情况。此外，管理员还可以更新和升级算法，以适应不断变化的需求和技术发展。

普通用户通过获得特定的权限，可以进行一些相关操作，包括对数据、算法的使用等。然而，普通用户并不能对数据和算法直接进行修改或管理，只能根据自己的权限范围进行操作，并受到管理员设定的限制。

平台采用细粒度的权限分配机制，使不同用户具有不同的权限，并且可以根据需要进行灵活调整。例如，管理员可以创建角色和权限组，将不同的权限分配给不同的用户。此外，平台还应该记录和监控用户的行为，及时检测和阻止恶意操作。

平台权限管理帮助保护数据的安全和隐私，确保系统的正常运行和用户的满意度。通过合理而有效的权限管理，平台可以实现更高级别的安全性和灵活性，满足不同用户的需求和期望。

4.5.1　角色设计

平台根据管理员与普通用户又细化为系统管理员、数据管理员、算法管理员、高级分析师、规划分析师与规划师6个具体的角色。

管理员角色中，系统管理员具有平台的最高权限，包括系统后台管理、数据中台管理、算法中台管理三大部分；数据管理员负责对数据中台进行管理、维护、更新与授权；算法管理员负责对算法中台进行管理、维护、升级与授权。

普通用户角色中，高级分析师为具有较高数据处理能力的，可以使用Python、R等语言处理GB级数据的规划人员，平台对其开放算法中台中SQL分析、程序建模、在线编译及模型超市全功能；规划分析师则为可使用算法平台中SQL分析功能对MB级数据进行分析的规划人员，平台为其开放对应权限；规划师则为无法处理大量数据的业务人员，平台为其开通算法中台模型算法功能，方便其对中台数据的使用与分析。

4.5.2　功能权限

平台中的功能权限由系统权限与算法权限两部分组成。其中系统权限又包括了用户管理与前端管理，算法权限包含了程序审核与模型授权。

用户管理为新建、修改、删除平台用户，为用户设置、修改分组信息，设置密码策略、重置用户密码等权限。

前端管理为制图发布功能与前端专题应用展示浏览功能的使用权限。

程序审核为对用户使用程序建模功能上传至算法中台Python程序包审核权限，判断其计算是否违规等。

模型授权即为各分组的用户授权算法中台算法模型的使用权限，默认用户只可访问分组授权的模型，如有特殊需求，可提出申请获得该模型的使用权限。

4.5.3　数据权限

对用户进行分组处理，并根据组别为其授权相应的数据访问权限是数据权限管理的基本操作。通过向数据管理员提出申请，用户可以获得特殊数据的使用权限。这种管理办法能够灵活地满足用户的需求，并确保数据的安全性和合规性。

如果用户有特殊需求，需要访问其他数据，可以向数据管理员提出申请。数据管理员对其申请进行审核，评估用户的需求和合规性。审批通过后，数据管理员将更新用户的权限配置，该用户可以在登录平台后的公共数据中看到该数据的权限。

此外，为了保证数据权限管理的安全性和合规性，需要建立一个严格的权限审批流程。有效的流程应包括申请、审核、授权和记录等环节，并明确规定每个环节的责任和权限。

05

国土空间规划
大数据前台

如今国土空间规划大数据平台仍处于探索阶段，从技术搭建到中台运营，然后再到模型、机制、算法的迭代，都是一个相对较为漫长的过程，落地实施难以一蹴而就。目前已经面世的规划大数据平台大多注重通用性，平台资源整合能力相对较差、可扩展性相对偏弱，在可定制性上具有一定欠缺，难以满足规划行业特性需求，缺少面向实际规划编制的体系性的应用层部分。

国土空间规划大数据平台致力于解决规划行业的业务特性需求难以满足、研究碎片化、数据资源浪费、多源数据集成处理与分析受阻、跨部门共享数据困难等问题[①]。在前台中，多源数据经过统一的集成与标准化处理，形成数据资产，并基于算法与模型构建数据服务，可以实现快速组装业务系统，统一为各类国土空间规划决策业务提供数据支持，构筑响应业务的数据中台。与此同时，前台支持使用者不仅可以应用已有数据、算法、业务组件，也可以基于自己的数据、算法模型封装成平台服务，引导使用者应用数据绘制定制化的展示报表，实现快速开发特定相关业务应用系统，并可以为多个使用者提供业务协同信息共享服务。此外，前台具备全方位的系统管理和监测组件，通过应用管理、环境管理、任务管理、调度监测等功能，在数据和算法的全生命周期进行有效维护和调度，保证平台安全平稳运行。

从长远来看，在技术加持下逐步提高国土空间规划编制效率和效益，优化规划编制方法以及业务流程，提高信息共享性以及信息的时效性和完整性，有助于全面提升新时期国土空间规划的科学性和指导性[②]。应用国土空间规划大数据计算平台实现规划行业在新时代与时俱进是大势所趋。

国土空间规划大数据前台以业务需求为驱动，通过友好的前端界面对接数据操作，最大限度地省去用户侧接口开发等基础工作，提供更好的数据管理和建模工作环境。通过数据服务、分析建模、制图发布、专题分析以及系统管理等关键功能和技术实现规划大数据资产、算力资产、模型算法与应用专题有效集成与贯通。本章将介绍上述关键功能和技术的前台设计，具体如图5-1所示。

---

① 余锦树，杨友生，淦立琴，等.智慧澄海时空大数据平台设计与实现[J].地理空间信息，2023，21（3）：110-113.
② 周凯，胡佩茹.国土空间规划的数据中台架构设计研究[J].智能城市，2020，6（2）：108-110.

图 5-1　国土空间规划大数据前台功能和技术总体构成

5.1　数据服务

在国土空间规划大数据计算平台中，数据服务汇集了人口、用地、住房、产业、交通、商业等多源数据，通过数据管理、数据集成、数据质量、数据发布功能实现了由原始数据加工处理形成数据产品、集成数据和指标数据的全过程管控及数据分享。同时，为了方便数据查看、计算与共享，数据管理功能提供了用户对上述存储于数据库中的数据进行增删改查、上传、下载等操作的功能区域。

5.1.1　数据管理

数据管理包含了数据总览与数据库两大功能模块。其中数据总览为当前用户数据库与公共数据库的整体情况，数据库显示用户拥有的数据文件夹和数据表，可以实现对数据表的预览、修改、上传及合并等功能。

1.库总览

库总览提供对本平台中管理数据的总体情况概览和分项指标排名，其中概览包括平台存储的表数量、总存储、文件夹数量，分项指标排名则针对表可视化引用次数、表存储及文件夹包含表的数量统计（图 5-2）。

图 5-2　数据管理界面数据集成

同时，数据表功能是以表格的形式，记录了平台该账号可以访问的数据表相关信息，包括表名称、表类型、更新时间、目录、数据行数、占用存储、表描述和可以对表进行的操作。其中表类型分为用户上传表和平台数据处理生成的结果表；而对表的操作支持数据查看、数据编辑、绘制图表、数据同步、数据导出和生成API，点击操作功能按钮会跳转到相应的功能页面（图5-3）。

图 5-3　数据表操作界面

当平台中有多张数据表时，数据表记录页面会以分页的形式进行展示，支持逐页切换或者跳转到指定页。数据表功能还支持按表名称、更新时间进行升序或降序的排序，排序后方便数据表的查找，同时也支持对名称和更新时间两列输入关键字进行模糊搜索，以便快速定位到指定数据表。

2. 数据库

数据库分为公共数据和自有数据两个部分。公共数据为数据中台共享数据资产，自有数据为个人上传的相关数据。针对数据库内的数据提供数据表操作、数据表详情及数据管理三个功能。

1）数据表详情

当用户在数据表功能模块中对某张表点击了查看或者编辑按钮，页面会跳转到数据表详情页。详情页分为3个模块。

（1）表基础信息（元数据）

表基础信息支持查看数据表的表名、别名、表类型、更新时间、目录、数据行数、占用存储、同步表状态、同步表名称、数据描述等相关信息，同时提供编辑功能对数据表别名和描述进行修改（图5-4）。

图5-4　表基础信息操作界面

（2）数据预览和编辑

数据预览支持对数据表的数据内容查看，默认显示前30行，通过鼠标下滑可以触发刷新显示更多数据行。在数据预览页面还支持对数据表的筛选、编辑、新增行、批量追加、删除行等操作（图5-5）。

①数据筛选

筛选功能的实现是通过新增筛选条件，选择字段后可以设置过滤类型，通过指定值精确筛选还是通过计算符号拼接查询条件，设置单个或多个字段的筛选条件，可以共同生效，实现对数据的行级过滤。点击筛选功能按钮，弹出筛选操作区，显示新增筛选条件、应用筛选条件和重置筛选条件3个功能图标点击新增按钮，弹出添加筛选条件的对话框，支持选中一个字段配置筛选条件。如果选中的字段数据类型是文本，则继续弹出文本筛选条件配置窗口，支持条件筛选和精确筛选两种方式。对于精确筛选，可以从左侧待选区列出的筛选值勾选目标值，并点击方向按钮移动

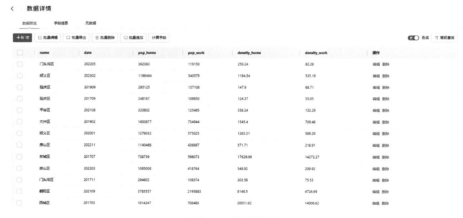

图 5-5　数据详情

到右侧的选中区，或者也可以通过搜索输入框进行过滤匹配，然后勾选顶部的多选按钮一次性选中。如果选中的字段类型是数值，则弹出的数值筛选框中，支持通过数值比较进行筛选。

②数据编辑

数据编辑功能支持对每个单元格的数据项的值进行修改，调整完成后保存到该数据表，也可以点击取消退出编辑模式（图5-6）。

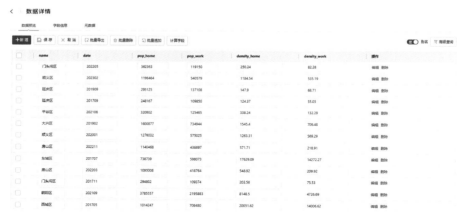

图 5-6　数据编辑界面

③新增数据行

对于管理的数据表，还可以通过新增行来增加一行数据，通过批量追加功能将一个文件的数据批量增加到现有数据表中。

④数据删除

通过勾选数据表第一列的复选框，再点击右上角删除的功能按钮，即可通过删除功能实现数据行从数据库中移除。

⑤导出

点击导出按钮，弹出导出文件对话框，指定保存地址，即可实现数据表导出为本地CSV文件。

（3）字段信息

字段信息功能支持对数据表字段的查看和编辑，包括字段的名称、字段数据类型、字段描述。字段类型支持int、float、bool、text等。对字段信息进行编辑后，点击保存，编辑的内容可以立即生效（图5-7）。

图5-7　字段信息界面

2）数据功能项

（1）上传新表

页面有三个入口可以上传新的数据表，分别是"数据管理"右侧加号中的"上传本地文件"选项，文件夹菜单中的"上传本地文件"及数据展示窗口右上角的"上传新表"按钮。点击相应按钮后，会打开数据上传页面，可以按照提示选择打开文件对话框选择数据，也可以将文件拖拽到对应区域。

（2）合并表

合并表功能是提供通过图形化界面对两个数据表进行关联操作的页面。点击数据展示区右上角的"合并表"按钮进入到功能页面。

页面左侧显示用户拥有的数据表，用户通过点击表名，将表名拖拽到右侧模型配置区后释放，来选择需要参与合并的数据表。默认的表关联方式为左连接，先放置的数据表位于左侧。点击两个表名之间的连接线可以配置连接方式。其中关联方式提供left join、inner join、full join三种形式，关联字段通过下拉框选择数据表中的字段，点击字段连接右侧的加号和减号按钮可以实现增减连接字段。确定连接关系后，点击保存即可。

合并表时还可以通过"过滤条件"页面对数据表进行字段值的筛选，过滤条件支持同时满足多个条件或者选择满足任意条件，即实现where语句中的and与or的功能。

"字段设置"页面提供的是对合并表最终输出的字段进行设置的功能。在此页面可以选择合并表需要保留的字段，设置字段名、字段类型及添加字段描述（图5-8）。

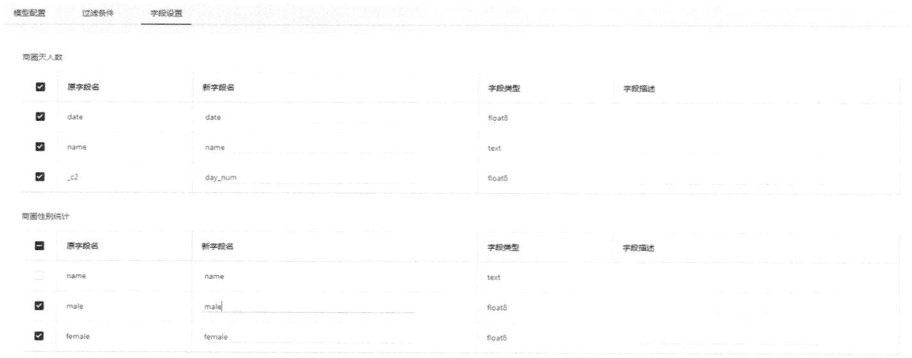

图5-8　合并表输出字段设置

当所有配置完成后，点击页面左上角的"保存按钮"，会弹出保存合并表的对话框，填写表名、别名、所属文件夹信息后，即可完成合并表操作。

（3）同步表

通过保存和上传到"数据管理"页面中的数据表都是存储在平台的后台数据库中，可以进行展示和输出。如果需要将数据导入到后台SaaS计算集群参与数据计算，则需要通过"同步表"功能实现。

点击目录树中图表名称的菜单按钮，在弹出的选项中点击"同步"，或者点击在图表预览页面右上角的"同步表"功能按钮，都可以对当前数据表进行同步。通过在弹出的同步表对话框的下拉列表选择目的数据库，默认选中的是用户在计算集群上分配的数据库。点击"保存"按钮后，后台即开启同步进程。同时可以看到左侧目录树中对应的数据表名后出现了"[等待同步]"的标识。点击目录树上方"数据管理"标题右侧的"刷新"图标，可以查看同步的进度。对于已经同步的数据表，重新执行同步操作，会对集群上的同名数据表进行覆盖更新。

3）数据列表管理

（1）新建文件夹

用户可以用文件夹来管理一组数据表，通过点击"数据管理"右侧的加号，即可唤出"新建文件夹"和"上传本地文件"功能。点击"新建文件夹"可以给新文件夹命名。

（2）文件夹管理

文件夹名称右侧数字显示了文件夹内数据表的数量，鼠标移动到数字上会高亮显示菜单，菜单提供了"上传本地文件""重命名""删除"的功能。

（3）数据表管理

鼠标平移到数据表名称上时，名称右侧菜单按钮高亮显示，再将鼠标移动到菜单按钮唤出菜单内容，菜单提供了针对数据表进行重命名、移动、导出和删除的功能。其中重命名是修改数据表的显示别名，移动可以将数据表移动到其他文件夹，导出可以将数据表数据下载到本地，删除则会清除表及数据。另外在右侧数据展示区右上角也有"导出"按钮，可以实现相同的数据下载功能。

点击导出时，会弹出"另存为"对话框，选择下载地址和修改文件名，点击保存即可将数据文件下载到本地。

（4）数据表预览

点击数据表名，在页面右侧会显示数据表内容，包括字段名和数值。数据采用分段加载的形式显示部分行，通过向下拉动滑块或滚动鼠标滚轮可以加载更多数据行。

（5）数据表字段设置

点击"字段设置"按钮，会进入数据表字段设置页面，可以修改字段名和字段值类型及增加数据字段的描述信息。修改后点击右上角的保存按钮完成修改。

5.1.2　数据集成

数据集成功能可定期、自动将数据由其他数据库同步至平台存储，从而实现不同源数据的集成。在数据源管理功能中设置数据源信息，在任务管理功能中设置数据映射，同时还支持监测同步情况。

1. 数据源管理

通过数据源管理设置（图5-9），实现将外部数据导入平台中，将业务数据同步到数据中台或指定的数据库中确定数据源类型、数据源名称、主机、端口、模式、用户名及密码等信息后，即可在任务管理中进行数据同步。目前对于数据来源，支持关系型数据库、FTP服务器和RestAPI三类。

1）关系型数据库

关系型数据库支持连接数据管理的本地库和数据源配置的mySQL、postgreSQL、Oracle、MongoDB数据库连接。在选择相应的数据源连接后，会弹出数据源的详细配置选项。

2）FTP服务器

对于数据来源是FTP的情况，支持对FTP特定目录的数据文件进行导出。文件路径为FTP指定文件路径下的文件名称，文件必须在FTP上已存在。文件类型支持

图 5-9 数据源管理界面

CSV和TXT格式，列分割符可以手动填写来指定。

3）RESTAPI

平台支持API接口数据的同步。对于接口类数据源，不需要创建数据源连接，而是填写接口的访问地址URL。接口数据支持单次查询和多次查询两种方式，单次即只请求一次接口，并将调用结果入库，多次则支持设置可变参数来遍历请求数据。填写地址后，还需要配置接口请求参数信息，包括接口的请求方法支持GET、POST等RESTFUL规范的请求方式，接口的请求头部Header信息、接口的查询参数。其中Header信息只用填写授权之类的自定义内容。对于接口的返回结果，根据接口本身的数据特性，支持按行数据和列数据两种解析方式。其中行数据是比较常见的处理方式，接口返回是将数据表中一行数据的每个字段分别解析为一个结构体，而列数据是将返回结果中的一列数据放到一个数组中。

2.任务管理

任务管理功能为数据采集中最后的同步工作，可实现新增、编辑、同步、删除数据源功能，同时可以查看、搜索已设置完成任务信息。通过编写任务的基础信息、数据来源并设置数据源数据表的字段与数据中台内数据表的字段映射，以及设置属性进而进行数据同步（图5-10）。

基础信息为设置数据汇聚任务的基础信息，包括任务名称、所属目录、标签及任务描述（图5-11）。

选择数据源通过SQL脚本选出了数据源与数据去向，通过数据来源、数据表及SQL脚本过滤三个内容配置数据来源，通过数据去向、数据表、导入前执行SQL、导入后执行SQL，以及对重读数据处理为追加、跳过和替换，配置数据在数据中台的去向（图5-12）。

字段映射为对数据源的字段与数据中台内数据表设置映射关系。平台提供同行映

图 5-10　任务管理界面

图 5-11　编辑基础信息

图 5-12　编辑选择数据源

射、同名映射及自定义映射三种方式（图5-13）。

属性设置是指设置数据汇聚任务的属性，包括单次执行或周期执行的执行类型与错误处理机制（图5-14）。

3. 调度监测

通过调度监测，用户可以实时监测数据集成任务的运行状态和性能指标。用户可以查看数据集成的访问进度、错误率等内容。还可对其进行停止、运行一次等操作。调度监测还提供了实时的日志记录和告警功能，当任务运行出现异常情况时，用户可以及时收到告警通知，进行相应的处理（图5-15）。

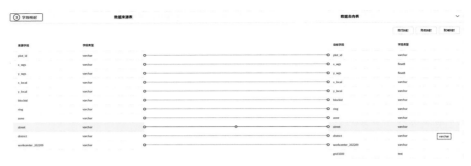

图 5-13　编辑字段映射

图 5-14　编辑属性设置

图 5-15　调度监测界面

5.1.3　数据质量

数据质量功能包括设置质量规则、进行任务管理、显示执行情况和进行调度监测。

1. 质量规则

质量规则包括数据校核规则的设置和修改。用户可查看系统内置数据校验规则，同时可根据自身数据需求，利用 SQL 语言设置自有数据校验规则（图 5-16）。

图 5-16　质量规则界面

新建自定义规则，需要先定义规则名称、规则维度、规则所属目录及规则描述，然后针对数据校验的目标利用SQL进行实现，并设置输出结果说明及校验字段、校验数据表（图5-17）。

图 5-17　自定义质量规则

2.任务管理

任务管理功能为具体的数据与校核规则之间的映射，通过对基础配置、规则配置、订阅配置及调度配置的设定，实现对数据中台内相关数据的数据校验工作。

同时，任务管理功能可以查看每一个任务不同时间的任务状态及警告状态，方便用户及时解决数据问题（图5-18）。

图 5-18 任务管理界面

以人口职住数据为例，需要对人口数据总量、单个区域内人口最大值、更新时间等信息进行质检与监测，则可对其数据源、数据表、字段等信息进行设置，并根据数据实际情况设置警告表达式，具体设定如下。

新建数据校验任务第一步为对该任务的基础配置，自定义任务名称、所在目录及任务描述（图5-19）。

图 5-19 新建数据校验任务基础配置

第二步为规则设置，确定需要校验的数据存储数据库（数据源）、规则来源是内置规则或自定义规则、具体的质量规则、需要校验的数据表表名、警告参数及警告表达式（图5-20）。

图 5-20 新建数据校验任务规则配置

警告表达式支持如下运算符，且可以通过（　）进行包围。+：相加；−：相减；*：相乘；/：相除；==：等于；！=：不等于；>：大于；<：小于；>=：大于等于；<=：小于等于；！：非；‖：或；&&：与。

第三步为订阅配置，此处可设置邮箱订阅，以及时收到数据校验结果（图5-21）。

图 5-21　新建数据校验任务订阅配置

第四步为调度配置，数据校验任务可以单次执行也可以按周期执行，针对数据的更新、修改进行全流程校验。平台按周期执行可以选择按分钟、小时、天、周、月进行设置以满足对数据更新后的及时校验（图5-22）。

图 5-22　新建数据校验任务调度配置

3. 执行情况

执行情况展示了数据校验任务的时间、任务状态及警告状态，并可以查看校验规则详情（图5-23）。

图 5-23　执行情况界面

校验规则详情包括了数据校验任务的数据源、规则来源、规则名称、所属分类、规则描述、自定义SQL、数据结果说明、SQL执行结果、警告表达式及警告状态（图5-24）。

图 5-24　校验任务规则详情

4.调度监测

通过调度监测，用户可以实时监测数据校验任务的运行状态和性能指标。用户可以查看数据校验的表的总量、规则的总量及数据校验任务运行的总次数。其中，表总数为所有任务中包含的数据表总张数；规则总数为所有任务中运行的规则总数；任务运行总次数为任务生成的任务实例总数（图5-25）。

图 5-25　调度监测界面

同时，调度监测以7天、30天、1年为节点，统计任务执行趋势和警告趋势，方便用户对数据校验结果有整体性的把控。

5.1.4 数据发布

数据发布提供了创建数据接口、管理数据接口和运行监控等功能，帮助用户灵活地使用和管理数据。

1. API管理

通过创建接口，用户可以定义数据的输入和输出格式，以及相关参数和权限设置。用户可以根据需求，选择界面配置或SQL脚本配置，并进行相应的参数配置。在创建接口的过程中，用户可以选择数据源和所需数据字段，还可以配置数据筛选条件。此外，通过设置接口的权限控制，限制接口的访问范围和操作权限，保障数据的安全性和可控性（图5-26）。

图 5-26　创建 API 界面

通过管理接口，用户可以对已创建的接口进行管理和维护。用户可以查看和修改接口的配置信息，如接口名称、描述、数据源、参数等。用户还可以对接口进行版本管理，通过创建新版本、发布版本、废弃版本等操作，便于接口的升级和迭代。此外，管理接口还可以进行接口的权限管理，设置接口的访问权限、操作权限和频率限制，保证数据的安全和合规性。管理接口还提供了接口的文档和测试工具，方便用户了解接口的使用方法和参数要求，并进行接口的测试和调试（图5-27）。

图 5-27　管理 API 界面

2. 应用管理

应用管理为针对一个项目，将多个API归纳管理，统一监测授权。用户可以查看同一项目内接口的访问量、响应时间、错误率等指标，及时发现和解决接口的性能问题（图5-28）。

图 5-28　应用管理关联 API 界面

应用管理提供了一个集中管理API的平台，使开发团队能够更加方便地查看和管理项目中涉及的所有API。通过集中管理，可以对API进行分类、组织和归档，以便开发人员快速找到所需的API资源。应用管理可以统一处理API的授权和认证机制。通过定义应用级别的访问权限和身份验证方式，可以确保只有经过授权的应用程序才能够调用相应的API，减少潜在的安全风险和滥用行为。

同时，应用管理可以提供针对项目的实时的API监测和分析功能。通过记录和跟踪应用程序对API的调用情况，可以监视API的使用频率、响应时间和错误率等关键指标。这有助于开发团队及时发现和解决API调用中的问题，并优化系统性能和用户体验。

此外，应用管理可以实现对API的限流和配额控制。通过设置每个应用程序的访问速率限制和配额限制，可以防止某个应用程序对API资源的滥用或过度消耗，从而保护系统的稳定性和公平性。随着项目的演进和需求变化，API的版本也会不断更新。应用管理可以帮助开发团队有效地管理和迁移不同版本的API。通过支持多个API版本的并存和切换，可以确保旧版应用在升级过程中仍然能够正常访问所需的API功能。

3.环境管理

API环境管理是指在软件开发和集成过程中，有效管理和控制各个环境中的API接口。一个典型的软件系统通常包含多个环境，比如开发环境、测试环境和生产环境，每个环境都有不同的目的和要求。在这些环境中，API接口的有效管理至关重要，以确保系统的稳定性、可靠性和安全性。本功能即为将不同API放置至不同环境中进行统一管理（图5-29）。

图5-29 API环境管理界面

5.2 分析建模

在国土空间规划大数据计算平台中,分析建模技术从模型超市、SQL分析、程序建模及在线编译,分别针对有无代码基础的不同用户提供针对性服务,支持无代码基础的用户使用模型超市进行数据分析工作,有代码基础的用户则可利用SQL分析、程序建模、在线编译三个功能进一步细化数据分析工作。

5.2.1 模型超市

模型超市由各种数据模型实现,是对现实世界数据特征的抽象,按不同的应用层次进行构建。数据模型管理一般与数据标准相结合,通过模型管理维护各级模型的映射关系,通过关联数据标准保证最终数据开发的规范性。通过构建数据模型,实现从原始数据提取关键信息,建立指标数据与集成数据,从而更好地服务于不同应用场景。根据业务条线、业务流程、业务场景的需要,设计面向业务实现的数据模型。数据模型作为数据资产管理的基础,完整可拓展的数据模型管理对数据资产管理起着重要作用。通过数据模型管理可以清楚地表达各种业务主体之间的数据相关性,使不同部门的业务人员、应用开发人员和系统管理人员获得内部业务数据的统一完整视图[1]。

平台模型超市分为左右两个部分,右侧为模型超市的模型菜单,左侧是模型管理和定时模型管理。根据用户所属行业,平台中会配置相应行业模型的查看及执行权限。根据市场和用户业务需求,平台的模型库会不定期进行更新和维护。

模型超市页面可以通过简单的参数配置实现职住通勤、商业活力、人口流动、交通运行等各个专题的统计功能。

1.模型列表

模型超市通过卡片形式展示模型的缩略图、名称和简介,点击模型卡片会进入到模型执行页面,显示对应的参数配置和说明窗口。模型列表页面为自适应屏幕,根据屏幕宽度决定一行显示的模型数量(图5-30)。

---

① 付登坡.数据中台:让数据用起来[M].北京:机械工业出版社,2020.

图 5-30　模型超市列表

1）模型分类筛选

用户账号下存在多个模型，为方便用户快速查找所需模型，页面提供了分类下拉框。用户在创建模型时会根据模型的功能和行业预先定义模型类型，因此平台存在多个类型的模型。下拉筛选框会加载所有模型类型，当用户选择某个类型时，页面过滤只显示该类模型。

2）模型名称搜索

除了通过类别过滤，平台还支持直接通过名称进行模糊查询。用户在搜索框中输入模型名称，平台会返回符合条件的模型。即便用户输入过程中只填入了部分关键字，搜索框也会给到智能提示，给出包含输入内容的模型。用户可以直接点击搜索结果进入到模型的执行提交页面。

3）模型说明提示

当模型描述内容较多时，在模型列表页面只能显示模型说明的小部分内容，为了方便用户在不进入模型详情页面就能了解模型的全部说明内容，平台支持用户鼠标平移到模型选项卡上时，通过tooltip弹框提示的方式展示模型的全部说明。

2. 模型参数配置

用户可通过模型参数的配置来实现利用模型进行相关数据分析。点击所需的模型卡片后会弹出模型参数配置窗口，窗口会陈列模型相关的所有参数配置和模型的具体说明。

模型参数支持填写文本、数值，设置下拉框条件、日历时间、地图选点等。当光标选择模型的参数后，右侧会提示模型参数的相关说明及填写示例。用户根据所需模型具体情况逐条配置模型参数，运行模型即可执行相对应的模型（图5-31）。

图 5-31 模型配置界面

3. 定时模型

定时模型可以固定时间或周期性地在某个时间节点运行对应模型，以便充分利用平台计算资源及自动化更新数据。

1）固定时间执行

为充分利用集群闲时资源，或者等待某个时间数据具备后再提交模型运行，平台支持用户指定模型运行的时间。用户在填写模型运行参数后，选择模型定时运行，在弹出的窗口中设置模型具体运行的时间，则模型会等到指定时间点才会运行。

2）周期性定时执行

为应对周期性交付，或利用集群闲时运算资源，模型超市提供定时运行模型的功能。在配置模型参数后可以选择定时运行模型按钮，会弹出时间选择运行时间窗口。点击时间右侧的日历图标，会弹出日期选择界面，可以设置模型延时运行的日期和时间，到达预定的日期和时间后，平台会自动添加模型任务到后台，完成模型的运行。

3）模型定时管理

定时模型管理可以对所有的定时模型任务进行管理，在定时模型管理界面可以查看定时模型的任务列表，并建立文件夹分类管理。点击对应任务可以查看模型任务的相关信息，包括：模型任务的具体运行参数；运行模型任务的定时时间；定时模型任务的状态；对定时模型任务进行编辑、取消、删除等操作。

4. 模型运行历史

通过点击模型卡片上的运行历史图标，会弹出该模型的运行历史记录信息，具体包含模型名称、模型执行参数、运行状态、提交时间、执行开始时间、执行结束时间、执行进度和支持的操作。操作包括重新编辑和收藏（图5-32）。

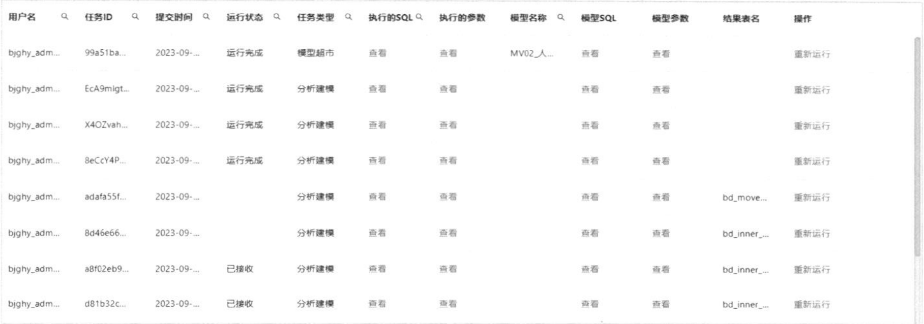

用户名	任务ID	提交时间	运行状态	任务类型	执行的SQL	执行的参数	模型名称	模型SQL	模型参数	结果表名	操作
bjghy_adm...	99a51ba...	2023-09-...	运行完成	模型超市	查看	查看	MV02_人...	查看	查看		重新运行
bjghy_adm...	EcA9mlgt...	2023-09-...	运行完成	分析建模	查看	查看		查看	查看		重新运行
bjghy_adm...	X4OZvah...	2023-09-...	运行完成	分析建模	查看	查看		查看	查看		重新运行
bjghy_adm...	8eCcY4P...	2023-09-...	运行完成	分析建模	查看	查看		查看	查看		重新运行
bjghy_adm...	adafa55f...	2023-09-...		分析建模	查看	查看		查看	查看	bd_move...	重新运行
bjghy_adm...	8d46e66...	2023-09-...		分析建模	查看	查看		查看	查看	bd_inner_...	重新运行
bjghy_adm...	a8f02eb9...	2023-09-...	已接收	分析建模	查看	查看		查看	查看	bd_inner_...	重新运行
bjghy_adm...	d81b32c...	2023-09-...	已接收	分析建模	查看	查看		查看	查看	bd_inner_...	重新运行

图5-32　模型运行历史界面

重新编辑是指再次进入到模型运行提交页面，默认会加载此次模型提交的参数，方便用户快速修改参数再次提交运行。

根据模型代码配置不同，模型运行结果有3种不同的查看方式。

1）在运行记录中查看

如果模型的输出结果只有一张结果表，可以直接通过Select语句查询该结果表，平台识别到查询语句并将查询结果保存到平台上，在运行记录页面，点击结果列中的查看按钮，即可预览查询结果，并支持通过导出按钮下载为本地csv文件或者保存到数据管理中。

2）在数据管理中查看

如果模型输出一组多张数据表结果，则直接通过Select查询无法区分每张数据表，因此需要再创建一张结果记录表，表中记录了每张表的表名和字段信息。平台通过读取记录表，将每张结果分别从计算环境中导出到数据管理中进行保存。保存时会以模型名称创建文件夹，并以这次运行时间为名称创建子文件夹，在子文件中保存对应的多张数据表。

3）生成下载链接

如果需要将多张表的数据结果导出，则可以选择在模型代码中添加导出标识符，并填写需要导出的数据表名。当模型执行完成时，平台会将数据结果表从计算环境中导出成csv文件，并将多张数据表的csv文件压缩为一个文件包上传至文件服务器。上传时会生成一个文件服务器地址，通过邮件发送给用户，用户点击文件地址就能直接下载该文件包。

5.模型收藏

1）模型收藏操作

在模型运行历史界面，点击模型收藏按钮，会提示将该次模型带参数保存到收藏夹中，同时可以指定收藏时的命名和保存路径。用户进入到我的模型页面可以看到收藏的所有模型参数，方便选择之前运行的参数再次运行模型，或者修改参数后运行。

2）模型收藏管理

模型收藏管理可以对收藏的模型进行管理。用户通过建立文件夹，将收藏的模型分类储存。在模型管理界面还可以对收藏的模型进行重命名、移动和删除。通过对收藏模型的管理能够简化用户的操作，让用户快速找到并调用模型。

6.模型管理

1）模型后台配置

平台支持用户采用配置的方式随时添加新模型到模型列表中，添加方式为打开后台管理页面中的模型管理模块，支持按照模型配置要求输入相关内容。

（1）模型基础信息

包括模型名称、模型说明内容、模型访问类型、行业类型、权限类型等（图5-33）。

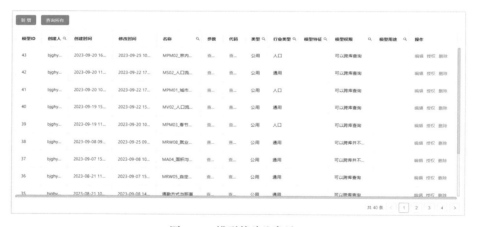

图 5-33　模型基础信息界面

（2）模型参数信息

模型参数信息采用json结构形式定义每个参数，多个参数采用数组保存。参数的配置信息包括参数数值类型、参数名称、参数标识符、参数默认值、参数输入类型以及参数描述信息（图5-34）。

（3）模型代码

模型代码采用SQL语言，通过对SQL脚本中的关键字进行参数化替换生成模型模板，当平台调用模型时，会获取参数值对SQL进行实例化，生成可执行语句（图5-35）。

图5-34　模型参数信息界面

图5-35　模型SQL代码编写界面

2）模型授权

添加到系统中的模型，需要授权给特定用户后，用户才能在模型列表页面中查看和运行。模型授权时可以从用户列表中进行查询，筛选出被授权对象，授权后可在模型授权配置页面中进行查看，并支持再次编辑调整授权有效期。

5.2.2 SQL 分析

SQL 分析需要用户把分析的条件变成 SQL 语句，从而进行数据查询、统计等分析。其实际上是一种 SQL 代码编辑器，用户通过代码编辑器直接编写 SQL 代码，查询要分析的数据，从而实现较复杂的数据分析。

SQL 分析页面提供了编写、管理、执行 SQL 语句的功能，支持特定需求的数据统计与建模分析。页面左侧是以文件夹的形式来管理不同的项目脚本，切换到字段查询可以查看分配的数据库、表及字段结构。页面右侧的 SQL 脚本编辑器，支持从本地加载脚本，编辑时提供自动补全、关键词高亮、格式美化等功能。提交执行的 SQL 任务会在后台大数据计算集群上运算，页面显示名称、内容、状态、时间和进度信息。执行中的任务可以取消，执行完成后可以查看预览并保存到数据管理模块（图 5-36）。

图 5-36 分析建模功能界面

1. 脚本管理

1）新增项目

项目是用来管理一组 SQL 脚本的文件夹，用户可以通过点击"脚本管理"右侧的加号，唤出"新增项目"和"新增脚本"功能菜单。点击"新增项目"选项，页面会弹出"新增项目"对话框，用户输入项目名称点击"保存"按钮即可完成项目新建操作。

2）新增脚本

脚本用来保存一组SQL内容，可以通过点击脚本管理右侧加号弹出的"新增脚本"功能按钮，也可以将鼠标移动到已创建好的项目文件夹名称右侧的菜单标识，唤出菜单内容后选择"新增脚本"功能。

项目文件夹名称右侧显示了文件夹内的脚本数量，鼠标移动到项目名称上会高亮显示菜单按钮，并唤出菜单，菜单中提供了对项目进行重命名和删除的操作。

3）管理脚本

鼠标移动到脚本名称上时，脚本菜单按钮会高亮显示，点击菜单按钮，唤出脚本操作内容。点击对应菜单项可以分别对脚本进行重命名、移动到其他项目、删除操作。

2. 字段查询

字段查询模块支持用户查看分配的具有查询权限的数据库、数据表及数据表字段。用户新建的数据表信息采用定时同步的方式从集群更新到平台，同步间隔为1分钟一次。

点击"请选择数据源"下拉框，从列表中选择可用数据库，再点击请选择数据表，从列表中选择需要查看的数据表名，会显示相应的数据字段名。在数据表选择框中，可以通过输入内容进行数据表的模糊匹配。

3. SQL 编辑

页面右侧上方的文本编辑区提供SQL编辑器的功能。将鼠标平移到编辑区下方正中间的小横线上会显示拖拽图表，点击鼠标进行拖拽可以调整SQL编辑区与任务显示区的相对大小。

1）编辑创建的脚本

点击左侧"脚本管理"中创建的脚本名，会在右侧编辑区打开对应脚本文件，在文本编辑区编写SQL代码后，点击编辑区右上角的"保存SQL"，即可将编辑内容保存到脚本文件中（图5-37）。

2）美化脚本

点击编辑区右上角的"美化SQL"按钮，即可实现对编辑区中的SQL代码的美化（图5-38）。

图 5-37 编写创建的脚本界面

图 5-38 脚本美化结果

3）加载脚本

本功能支持将本地已编辑好的SQL脚本加载到编辑器。点击编辑区右上角的"加载SQL"按钮，弹出文件选择窗口，可以选择本地的SQL文件。

4.SQL运行

对于已编辑完成的SQL，用户可点击"执行SQL"按钮将SQL提交后台数据库中，所生成的统计结果数据集会返回到BI平台。

5.SQL运行状态

1）执行相关信息

页面右侧下方为任务执行状态和执行结果模块。提交执行的任务会在任务执行状态表中进行展示。任务状态为定时刷新来更新显示最新状态，无须手动刷新整个页面。任务状态包含任务执行相关的各类信息，包括：

（1）任务名称，以脚本名作为每次执行的任务名称。

（2）SQL脚本内容，点击SQL会弹出文本框，显示全部SQL内容。

（3）状态信息，从点击执行到返回结果的任务生命周期内会有多种可能的状态。

（4）任务提交时间，即点击提交执行的时间。

（5）任务执行开始时间，任务提交后会进入到排队序列，执行开始时间是提交到后台集群开始进行计算的时间。

（6）任务执行结束时间，任务执行完成或者执行返回错误信息的时间。

（7）任务执行进度，两个原型进度条分别表示当前任务总共的SQL条数中已执行的SQL条数和当前正在执行的SQL完成的进度。

（8）任务运行结果，是取消任务和预览结果的入口，对于已提交尚未执行的任务，可以点击撤销，而对于已经执行的任务，已返回结果时，点击查看跳转到执行结果页面。

2）任务状态信息

（1）任务已经放入任务池中：表示任务已放入平台的任务池，等待网关程序将任务扫描后提交到后台数据计算集群。

（2）任务已被网关平台扫描。

（3）任务接收成功：表示任务已经提交到网关程序，待网关进行审核后进入到任务执行的排队序列。

（4）任务取消操作已提交：对于提交但尚未执行的任务，可以点击"运行结果"列中的"撤销"按钮对当前任务取消执行。

（5）任务取消成功。

（6）任务取消失败。

（7）当前正在执行的任务数量过多，任务排队等候中：表示集群计算资源已达上限，后续任务排队执行。

（8）任务已提交到数据平台，正在处理中：表示任务已在集群上进行计算。

（9）任务执行完成，已返回任务结果。

（10）数据结果文件较大，无法直接返回：单次返回的结果数据量限制为10MB，高于该限制时不返回结果。

（11）SQL语句非法：后台网格程序会对提交的SQL进行审核，不符合规范的SQL会报此错误信息。

（12）请求的数据没有经过授权：查询非授权的数据库。

（13）SQL语句错误，不能正常解析：SQL有语法错误，SQL解析器解析报错。

（14）任务执行失败：SQL已提交到集群上计算，但未执行成功，如果是SQL执行层的错误，会同时返回集群抛出的错误信息。

（15）任务时间过长，已停止运行：单个任务单条SQL默认的执行时长为20分钟，超过20分钟的任务后台会自动停止，并返回此信息。

（16）SQL语句过长：单条SQL语句的字符有长度限制，不能超过180000字符。

（17）已保存至数据管理：对于已返回结果的任务，可以将结果保存到数据管理，保存成功时会更新该任务的状态。任务结果只能保存一次，不支持保存为多个数据表。

6.执行结果展示

当SQL脚本运行完成后，用户可通过点击某个任务运行结果中的"查看"按钮，切换到执行结果页面。该页面会以数据表格的形式预览SQL查询输出的数据结果，第一行为加粗显示的表头，通过下拉滑块或者滚动鼠标滚轮，会不断加载数据表。如需将查询结果导出，点击表格右下角导出按钮，即可将执行结果导出文件并下载。

如果该查询结果确实需要保存到平台，点击表格右下方的"保存"按钮，会弹出数据保存窗口，可以选择数据保存的目录，填写表名（平台中存储的真实数据库表名），填写别名（前端展现的易于理解的表名），填写数据表的说明信息。

5.2.3　程序建模

"程序建模"模块，支持用户上传程序源码文件压缩包（*.zip），支持Spark、Python语言，提交"上传"申请后，后台管理人员对源码进行审核（审核通过、审核驳回），通过审核后，后台会自动进行打包编译（失败、已打包），一切就绪后，在程序状态记录区的"可执行操作"会变为"运行"状态，此时，用户点击运行，即可进行执行程序；该功能模块相比"分析建模"功能提供了更深入更灵活的操作能力，使高级数据人员能够通过编码程序方式，来灵活运行分析数据工作（图5-39）。

图5-39　程序建模功能界面

1.上传源码

1）上传界面

页面提供上传源码入口，通过弹出上传窗口供用户从本地文件中选择zip格式压缩的程序源码包。代码压缩前需要存储在目录的根目录下，如果是Java代码，还需要包含有pom.xml文件来进行引用包管理。

2）代码管理

源码上传成功后会在页面源码管理目录树中出现同名文件夹，文件夹中的目录结构与上传前一致，点击文件夹名称可以获取到子级目录。点击代码文件会在代码编辑器工具中显示代码内容，支持通过编辑器工具在线编辑和保存代码。

2.提交审核

所有上传的代码在进行执行前，必须通过安全管理人员的审核，以确保代码逻辑和操作数据符合安全规定。

1）审核提交

系统支持用户在页面上进行代码提交审核操作，用户需要在程序审核配置对话框的下拉列表中选择相应的源码包，并填写程序名称，对于Java程序，还需要指定pom.xml文件的路径，以便后能够正常获取引用代码包。

2）后台审核页面

平台搭建了后台审核管理页面，审核通过后，管理人员通过后台管理页面来更改代码审核状态，如果代码无问题，则点击通过；如果代码有问题，则选择驳回并填写驳回的理由。

3）审核状态查看

用户可以在程序记录中查看提交审核后的程序审核状态，对于已通过的代码，用户可以选择进行下一步打包操作；而对于被驳回的代码，用户可以查看驳回信息，然后打开有问题的文件进行编辑和保存再重新提交审核。

3.提交打包

提交打包是指将可读写的代码编译成计算机可运行代码的过程，用户通过提交打包操作可以将审核通过的程序源码封装为可执行的程序包。

1）Python代码打包

Python代码是脚本语言，不涉及编译过程，打包主要是将代码复制到运行环境中。

2）Scala及Java代码打包

Scala和Java代码的打包是将代码编译为可执行程序包，打包过程会根据pom.xml文件中的包引用信息，并将第三方包和主程序一起封装。

4.提交执行

系统支持用户打开程序运行界面，选择已打包的各个程序进行程序的提交和运行。

1）运行提交

执行程序应按需求申请系统的计算资源，平台为每个用户设置了资源调用的上限以便实现资源的有效隔离和合理利用，在不超过资源限制的前提下，用户可以同时提交多个程序进行计算。

运行提交支持用户从已打包的程序下拉列表中选择要运行的程序并设置程序运行的参数。

（1）程序入口参数

入口参数"程序入口类名"用来指定程序代码运行的入口。通常提交的代码中有多个代码文件，需要指定主函数所在的文件为程序的入口文件。

（2）系统资源参数

系统资源参数配置程序运行时所消耗的系统资源。系统资源参数包括以下内容：

spark.driver.memory：驱动器内存；

spark.driver.maxResultSize：驱动器处理最大结果量；

spark.executor.memory：处理器内存；

spark.executor.cores：处理器核心数；

spark.yarn.executor.memoryOverhead：处理器增加内存；

spark.sql.shuffle.partitions：SQL混洗分区数；

spark.dynamicAllocation.maxExecutor：动态占用处理器数量。

（3）程序自定义参数

程序运行的输入参数，以空格进行分隔，填入一个参数则会被解析为多个参数。当程序代码固定时，可以通过提交时填写不同的自定义参数完成不同需求的数据运算。

2）代码运行调度

每次运行会根据填写的系统参数申请相应的计算资源，并将编译后的程序在计算环境上提交运行，运行会记录运行的时间，并获取任务运行状态。每个用户可以同时提交多个运行任务，运行的总资源不能超过系统分配的资源总和。

3）运行结果

（1）运行日志

当程序运行报错时，平台会返回运行日志，用户点击查看可以在浏览器中打开日志，也可以拷贝到本地进行分析。通过错误日志可以定位代码问题。

（2）数据结果

程序运行的数据结果不能直接对外输出，考虑到数据的安全性，用户需要通过代码将数据保存到计算环境中创建数据表。创建的数据表可以通过申请下载的方式进行导出。

5.2.4　在线编译

"在线编译"模块，支持用户在线以程序语言操作与分析数据（支持Python和Scala），用户可以新建相应语言脚本文件，编写脚本内容，点击运行工具按钮，即可交互式地在后台执行脚本，获得交互式响应结果；该种方式给用户提供了实时操作后台数据的场景，使用户能够轻松便捷地进行数据分析（图5-40）。

图5-40　在线编译模块界面

1.脚本管理区

该区域用户可以进行新建和管理脚本，对脚本分门别类进行管理；当脚本文件过多时，模糊搜索功能可帮助用户快速查找目标脚本。

2.脚本编辑（新建）区

打开脚本文件，用户即可在脚本编辑区中的空白栏中编写脚本内容，点击右侧的脚本区按钮（执行，取消）可以执行对应功能，执行完成后，在编辑子栏的下方会显示本次执行的耗时和结果，方便用户对执行内容进行评估和联调。

3.脚本操作工具区

该区域提供了"保存"工具，用户需要对编辑内容进行保存时，可点击该工具按钮，保存脚本至脚本管理区，方便下次查看和继续编辑。

5.3 制图发布

国土空间规划大数据计算平台的制图发布技术主要是为规划相关业务提供大数据分析及可视化表达服务。主要内容为数据表格制作及可视化图表输出，各组件用户可自由操作，应用场景灵活，可满足大部分用户的个性化需求。通过多样化的图表形式得到侧重点不同的结论，例如饼状图的占比分析、折线图的趋势分析、雷达图的多序列数据综合价值分析。凭借数据的动态化特性及时得到结论，提高响应速度。通过不断深入分析、挖掘数据的内在和潜在价值，将数据转化为知识，帮助规划人员做出相对准确的规划决策，将数据的隐藏价值通过报表分析最大化地发挥出来，为规划发展赋能。

5.3.1 表盘配置

表盘配置页面提供了使用统计数据表快速绘制两类表盘的工具。一类为普通图表，包括柱状图、饼状图、折线图、雷达图等，只需指定维度和度量字段、图表类型、配置图表的显示效果即可保存导出。另一类为专题地图，包括网格热力、行政区域图、标准热力、OD动线图等，绘制时根据地图类型配置位置和数值字段，调整颜色分级和底图风格等样式，其中位置字段支持经纬度，关联平台的位置码表或者用户上传的自定义码表。表盘还可以另存为模板，支持替换数据表实现快速制图输出。

表盘配置功能页面左侧为图表管理目录树，右侧为图表预览展示区（图5-41）。

1.添加图表

用户可用文件夹来管理一组数据图表，通过点击"图表管理"右侧的加号，即可选择"新建文件夹"和"新建图表"两类选项。文件夹名称右侧数字显示了文件夹内数据表的数量，鼠标移动到数字上会高亮显示菜单，菜单提供了"新建图表""重命名""删除"的功能。

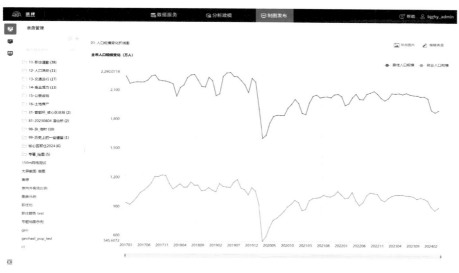

图 5-41　表盘配置界面

2. 普通图表

在"图表管理"默认菜单下，通过右侧加号中的"新建图表"选项或者文件夹菜单中的"新建图表"按钮，都可以打开添加图表的窗口。图表分为两类，一类为普通图表，包括柱状图、饼状图、折线图等；另一类为专题地图，包括网格热力、行政区域图、标准热力、OD动线图等。用户根据需要创建图表的类型进行选择，然后再到工作表中选择图表对应的数据表，点击确认后会打开图表编辑页面，首先是普通图表。

图表编辑页面分为三个区域，左侧为数据表字段展示区，中间为图表字段选择和图表结果预览区，右侧为图表参数配置区（图 5-42）。图表字段选择是指定绘图的坐标轴，即维度和度量。当加载需要应用的表格数据时，平台以数据透视的形式，

图 5-42　图表制作界面

通过添加行列字段完成数据加载，通常情况下，可以把维度理解为图表的横轴，如地区、日期；可以把度量理解为图表的纵轴，如人流量，用户可根据需求，自定义表盘类型。

制作图表的步骤如下：

一是指定维度和度量。维度和度量分别可以指定一个或多个字段，通过拖拽字段名称到维度及度量指定位置的方式将字段加入到图表中。选择维度、度量后，右侧图表参数配置区的图表类型小图标中，满足制图要求的图标会自动高亮。例如当选择了不同维度、不同度量时，右侧高亮可供选择的图表类型有普通图表、柱状图、折线图等。原因在于，当图表拥有一个维度两个度量属性时，无法绘制出饼状图这样只支持一个度量的图表。

二是选择图表类型，设置相关参数。点击对应的图表类型图标，会在配置区更新显示图标的可配置参数，同时以默认参数在图标预览区显示图表。调整图表的参数，可以修改相应的显示效果。例如可以通过点击"颜色配置"中的字段名打开颜色配置对话框更改柱状图中柱子的颜色，也可以在"图标样式"中勾选配置项来实现控制是否显示数值标签。

三是设置筛选字段。如果只需要展示数据表中的部分内容，则可以通过"字段筛选器"功能指定字段的特定值域，可支持对文本、数值、日期类型的字段进行精确筛选和条件筛选。

点击"添加筛选字段"按钮，会出现选择字段的对话框，在下拉列表中选择字段名称后，会根据字段类型弹出对应的筛选条件配置框。对于文本精确筛选，会在筛选框左侧列出字段去重后的所有具体值，首先点击勾选目标值前的复选框，再点击高亮的箭头按钮，会将选中的字段值结果移动到右侧的已选框中。

完成图表的配置后，点击页面右上角的保存按钮，会将配置保存到后台，当退出编辑页面后，点击图表名称时，会显示最新的编辑效果。完成编辑后点击页面左上方的返回箭头，即可退出回到图表管理页面。也可以选择另存为表盘以便在报表展示中快速获取数据表盘。或者另存为模型超市中的模型，通过模板直接替换数据表完成快速制图。统计报表主要集中在描述性统计层面，可以灵活地、可自定义地、便捷地生成各类表格和报表，常见图表为柱状图、条形图、折线图、饼图等，让相关使用用户能所想即所得，将数据库中存在的数据转变为业务人员可以读懂和获取的信息。

以北京市通勤数据为例分析北京市通勤情况，并完成图表可视化。以下仅列举部分常用图表应用场景，更多应用场景随上传数据变化而变化。

1）饼状图

用于统计人口画像情况，了解不同年龄构成比例的情况，能够以图形的方式直接显示各个组成部分所占比例，更加形象直观（图5-43）。

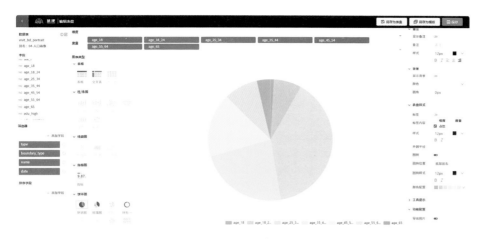

图 5-43　饼状图

2）柱状图

对原始数据的解读有直观优势，便于用户理解大量数据以及数据相互之间的关系，通过可视化的表达，更加快速直观地读取原始数据（图5-44）。

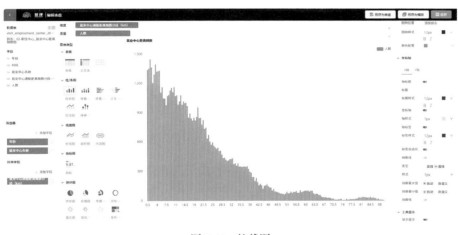

图 5-44　柱状图

3）折线图

折线图可以显示随时间而变化的连续数据，此处为北京市人口规模情况（图5-45）。

3.专题地图

专题地图页面分两个区域，左侧为地图参数配置区，右侧为地图展示区

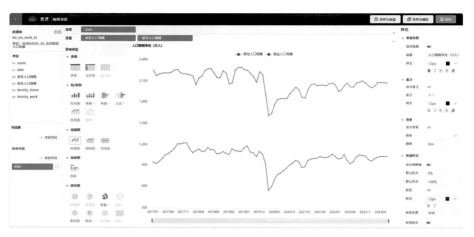

图 5-45　折线图

（图 5-46）。制作专题地图包含填写表盘标题，配置底层地图风格及设置数据图层渲染多项工作。

专题地图支持多数据图层展示。通过创建表盘操作进入到地图表盘边界页面会默认将选择的数据表添加到图层中，当需要添加展示更多数据表时，点击"添加图层"按钮会弹出选择数据表的对话框，指定对应文件夹下的数据表名即可对该表进行地图可视化。图层操作还支持修改图层名称、设置图层显示或隐藏、上下移动图层的层级、删除图层等。

每个图层可以根据数据表的数据类型选择相应的地图类型，并对图层参数进行设置。例如，当数据是按250米均匀网格统计，则可以选择第一个方格热力图，或者选择使用方格中心点来绘制标准热力图；当数据是按行政区域统计，则可以选择绘制区域设色图；当数据是区域之间的人口迁徙流动统计，则可以选择绘制OD图；当数

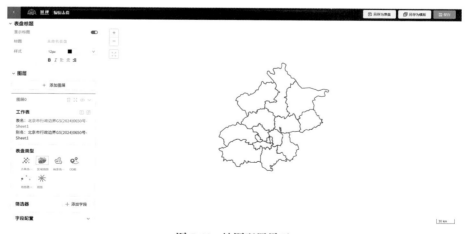

图 5-46　地图配置界面

据是空间落点信息，则可以选择地图散点图。选择需求的地图类型后，会更新显示该类地图的配置参数。根据参数名提示，选择对应的字段来表示空间位置和属性值。

制作专题地图的步骤如下：

第一步在图表标题中填写图表名称。

第二步选择图表类型，专题地图包括方格热力、区域面图、标准热力、OD、散点图、线图，此处以标准热力图为例。

第三步可设置筛选字段：数值筛选可以设置区间、等于、不等于、大于、小于、大于等于、小于等于、为空、不为空等条件，筛选所需数值范围，并提供数值的最大值和最小值以供参考，也可不设置筛选，数据为默认。

第四步配置位置和数值字段。

示例中，进行热力图字段配置时选择位置字段类型为经纬度，添加两个字段并分别选择代表经度和纬度。数值字段选择表示居住人数的字段"home"，字段的值的统计方式为默认的数值。

专题地图支持3种方式的位置字段配置方式，分别为：

经纬度，当数据表中本身带有经纬度字段，通过字段名来指定经度和纬度。

系统预设的SS关联，当数据表中有能够关联位置码表的字段时，如省市县名称，或者能够关联智慧足迹特有的位置码表，如SS城市ID，SS网格ID。

自定义，也是通过关联位置码表的形式来获取位置坐标，此时可以使用用户上传的自定义位置码表，只需要保证数据表中关联字段与自定义位置码表的关联字段一致。

第五步进行热力图样式配置：首先调整百分比分段数值，将"home"数值分为相应的分组数，然后在每个组别上调整分段的百分比间隔点和该段对应的颜色。

第六步调整热力半径：热力半径会控制热力显示的模糊聚集程度，完成以上配置后，点击确定会在右侧图表展示区预览配置的结果。

第七步设置图层透明度：在图层透明度中通过设置0～1的数值从而调节图层的透明程度，并可以通过移动滑块动态调节。

第八步轮廓样式配置：对图层的轮廓样式进行配置，包括设置是否显示轮廓、轮廓颜色、轮廓透明度、轮廓宽度。

第九步设置图例：通过设置显示图例和图例名称后，可以在图层中显示图例。

以下仅列举部分常用专题地图应用场景，更多应用场景随上传数据变化而变化。

1）散点图

以就业中心为例，散点图根据就业中心点具体坐标信息生成空间点位，直观展现就业中心具体位置，在规划行业中常用于分析就业中心的规模等布局特征，验证规划的引导、政策的落实效果。图中每一个点代表一个就业中心的真实位置，不同颜色代表就业中心面积情况（图5-47）。

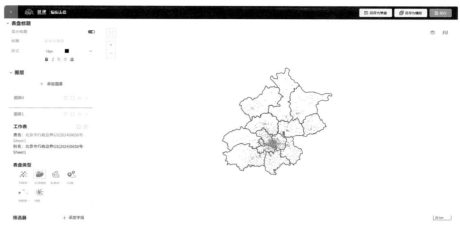

图 5-47　散点图

2）热力图

此例为北京市范围内职住人口分布特征，利用北京市范围内的标准网格中心坐标，生成热力图，用户可自定义分组筛选人口量、配色等（图5-48）。

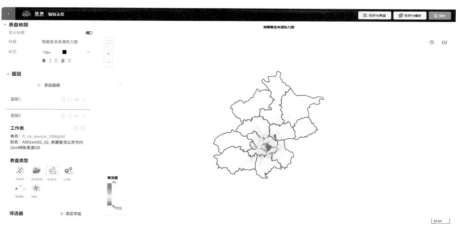

图 5-48　热力图

3）OD图

利用北京市各区县职住联系数据，计算完成区县—区县的职住人口流动情况，用户可指定阈值筛选联系强度，从而过滤掉部分数据。另外，用户可自定义线形（弧线、直线）、线粗细，甚至动画效果等（图5-49）。

4）方格热力图

以系统内置的250m×250m方格绘制外籍人口在京工作分布情况，热力颜色可分

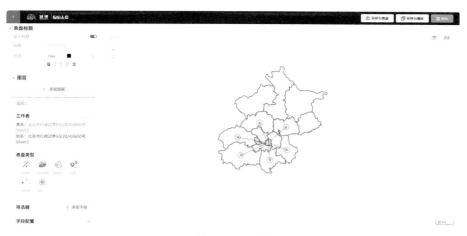

图 5-49 OD 图

段、可调色，可查看单一方格内的人口信息（图5-50）。

5）区域面图

统计并计算以北京市为例的区级职住平衡指标（平衡度、自足性、效率等），结果以区域面图展现，用户可自定义色彩分阶与分阶方法（图5-51）。

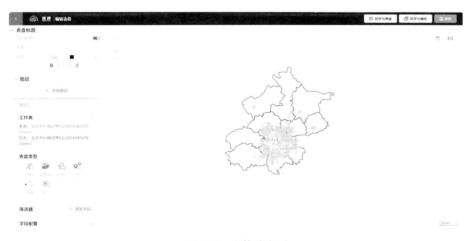

图 5-50 方格热力图

5.3.2 报表展示

报表展示提供将不同形式的图表、文本框、本地图片添加到同一个页面，生成一定主题的数据报表的功能。新建报表可以添加在表盘配置页面编辑保存的表盘，也可以通过添加新表盘进入到创建表盘的编辑页面。此外，还可以添加图片和文本，图片支持替换，文本支持选中后进行字体、格式、颜色等编辑。所有新添加的报表元素会

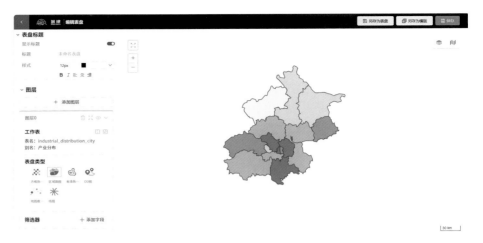

图 5-51 区域面图

追加到页面尾部，并可调整位置和大小。对于表盘的修改会被实时自动保存，完成编辑后可以导出成PDF文件下载或者分享为网页。页面分为两个部分，左侧为报表管理目录树，右侧为报表编辑和展示区域（图 5-52）。

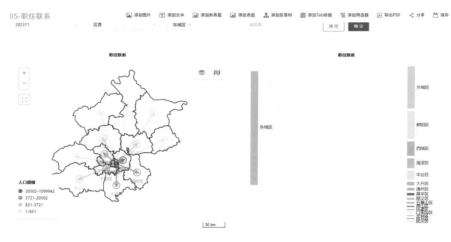

图 5-52 报表展示界面

1. 报表管理

1）新建文件夹

用户可以用文件夹来管理一组数据图表，通过点击"图表管理"右侧的加号，即可唤出"新建文件夹"和"新建报表"功能。点击"新建文件夹"可以给新文件夹命名。

2）文件夹管理

文件夹名称右侧数字显示了文件夹内数据表的数量，鼠标移动到数字上会高亮显示菜单，菜单提供了"新建报表""重命名""删除"的功能。

3）报表管理

鼠标平移到报表名称上时，名称右侧菜单按钮高亮显示，点击菜单按钮唤出菜单内容，菜单提供了针对图表进行重命名、移动和删除的功能。其中重命名是修改图表的名称，移动可以将图表移动到其他文件夹，删除只会清除报表而不会删除图表关联的图表和数据。

4）报表预览

点击报表名称，会在右侧图表展示区显示报表的内容。

2. 新建报表

1）新建报表

点击"报表管理"右侧加号中的"新建报表"选项或者文件夹菜单中的"新建图表"按钮，都可以打开添加报表的窗口。在打开的窗口中填写报表名称后，一个空的报表就创建成功了。

2）添加表盘

点击新建表盘，即可打开报表的编辑页面。点击报表展示区右上方的"添加表盘"，会弹出图表选择框，展示所有在"表盘配置"页面编辑好的图表。用户可以根据需求选择合适的图表，点击确认后，图表会添加到报表页面中。点击"添加新表盘"则会打开"表盘配置"功能，弹出新建图表的对话框，图表添加到页面后，会以默认大小展示在"图表配置"页面编辑完成的效果，通过以下操作可以修改图表在报表上的展示效果。

缩放：将鼠标移动到图表区域时，在图表右下角会出现一个直角小图表，通过鼠标点击拉动小图标可以实现对图表的放大和缩小操作。

移动：对于普通图表，点击图表的任意区域，拖拽鼠标即可调整图表摆放的位置。

编辑：若要修改图表的显示效果，将鼠标平移到图表上，点击右上角显示的"铅笔"形状的小图标，进入到图表的编辑页面。编辑完成后，点击编辑页面左上角的返回，回到当前报表页面。

删除：将鼠标平移到图表上，点击右上角显示的"垃圾箱"形状的小图标，进入到图表的删除页面。

3）添加文本

点击报表展示区右上方的"添加文本"按钮，会在报表展示区的空白位置添加一个默认大小的文本框。鼠标点击"请输入内容"提示区，即可输入文字内容。鼠标选中文字内容，会弹出文本格式编辑菜单，选择相应的选项按钮进行文字格式的调整。

4）添加图片

点击报表展示区右上方的"添加图片"按钮，会在报表展示区的空白位置添加一个默认大小的图片框。点击图片框会弹出图片上传的文件选择对话框，选中要上传的图片点击"打开"，即可将图片添加到图片框中。点击图片右上角的编辑按钮，可以设置显示标题；点击刷新图标实现图片的替换。

5）导出报表

点击报表展示区右上方的"导出PDF"按钮，后台会自动将报表内容保存为PDF格式的文件，并弹出文件"另存为"对话框，选择文件保存的地址和名称，点击"保存"按钮即可将报表保存成文件。

5.3.3　数据门户

数据门户为用户提供多层次、多视角的数据产品图形化呈现（图5-53）。数据门户报表让用户用最直观的形式掌握数据产品概况，如通勤情况相关指标、人口流动相关数据、人口画像相关占比等。门户基础配置主要包含：

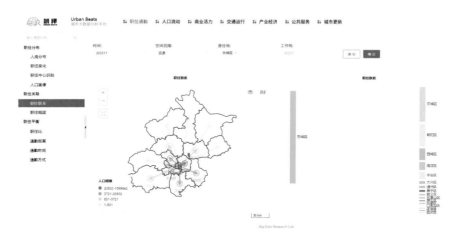

图 5-53　数据门户界面

1. 基础信息

门户可以自定义LOGO、标题、副标题、页脚等内容。其中标题可以修改字体、字号。

2.门户布局

其中布局支持顶部导航、左侧导航、双导航三种方式。

3.门户菜单

门户的每种导航方式都支持设置多级的菜单目录结构，并为目录进行命名和设置图标，每个目录的内容是通过报表筛选器添加已经建好的数据报表。

4.门户报表

菜单的展示内容，可以通过内容设置中的"选择报表"按钮打开报表目录树选择框，选择相应的报表进行保存。

5.4　专题分析

国土空间规划大数据平台在规划行业的各个方向都有广泛的应用专题。平台支持用户进行基础数据设计和算法二次重构，因此实际业务专题可按照用户需求进行搭建。本节挑选了典型的业务专题，并分析了专题的集成逻辑，包括职住通勤、人口流动、商业活力、交通运行、产业经济、公共服务、城市更新。

5.4.1　职住通勤

在当代城市生活中，通勤体验对于城市居民的幸福感有着不可忽视的影响。职住分离不仅会引发严重的交通拥堵、资源浪费、环境污染等问题，还会影响居民情绪和生活状态。职住通勤场景立足于职住平衡关系研究，基于手机定位数据及手机信令数据等新兴大数据，以计算区域通勤现状指标为基础，采用多指标多维度分析方法，综合分析研究区域的职住结构变化情况，为优化城市功能布局、改善通勤环境提供依据（图5-54）。

平台职住通勤专题主要围绕职住中心识别、人口岗位分布、人群基础画像、职住联系可视化、职住组团识别、职住比运算、通勤距离识别、通勤时间识别、职住分布变化、通勤方式结构组织共10个分析视角，监测职住平衡变化情况。

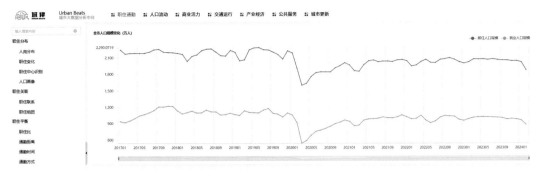

图 5-54 职住通勤分析示例

5.4.2 人口流动

人口流动是指人们在不同城市之间的迁移和迁居，影响城市的人口结构，也会带动城市经济发展，对于国土空间规划具有重要意义。人口流动专题着重针对区域与全国其他区域的人口迁徙，分析区域内部的人口迁徙行为，监测城市总体人群短时流动情况，绘制流动人群画像，挖掘特定区域人群流动特征。通过对人口流动趋势的密切关注，以支撑决策部门采取相应的应对策略，优化人口结构，实现城市的可持续发展（图5-55）。

图 5-55 人口流动分析示例

平台人口流动专题的监测指标分析体系主要包括对外日均人流流入量、对外日均人流流出量、流动人口规模指数等短期人口流动分析；年度迁入指数、年度迁出指数、人口净迁入指数等人口搬迁分析；人户分离比率、人口流动率、人口流动半径、城市群内流动量占比等其他相关指标分析。

5.4.3　商业活力

商业活力是衡量城市发展能力和发展潜力的重要指标，是指城市对社会经济发展综合目标及对生态环境、人的能力提升的程度，决定着城市的兴衰成败。商业活力专题主要研究城市商业活力的强度和空间分布规律，借助POI数据、商圈点评数据和手机信令数据，识别商业活力区、判断商业活力水平、分析商业客流来源以及活力提升相关问题，对建设健康可持续发展的城市具有重要意义（图5-56）。

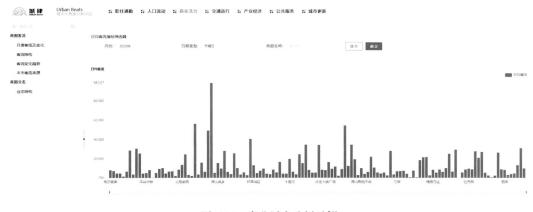

图 5-56　商业活力分析示例

平台商业活力专题主要围绕瞬时人口空间分布识别、客流来源识别、24小时流量变化、本区域及外部客源占比、区域业态结构等分析维度，综合评估城市商业活力水平。

5.4.4　交通运行

交通运行作为城市运转的重要组成部分，直接影响着人们的出行效率。基于平台内部手机信令、公共交通IC卡等多源数据计算相关指标，可以实现城市交通运行状况的动态监测。依据《北京城市总体规划（2016年—2035年）》提出的北京市发展目标，构建了包含道路交通、轨道交通和公共交通3个视角下的交通运行评价指标体系，同时设计并提供了计算交通运行监测指标的底层数据以及指标计算接口，业务人员可基于平台内部数据，实现自定义的评价指标计算代码，计算并分析特定城市的交通运行状况（图5-57）。

图 5-57 交通运行分析示例

5.4.5 产业经济

在城市发展过程中，产业经济的结构优化，以及产业类型的更新转变，都会直接影响城市发展过程中的规划方案。深入实施产业经济监测分析，有利于更深层次地探索产业升级路径。产业经济专题主要依据区域企业数量、空间分布和科技创新人员的数量、组成结构、空间分布等分析，围绕区域内产业分布、投融资联系网络等视角做出系列判断，为产业发展保驾护航。

平台产业经济专题监测指标主要包括企业数量、企业密度、注册资金等企业基本情况；产业搬迁来源、搬迁去向、搬迁数量等时序变化分析；投资企业数量、投资金额等投资基本情况；知识产权数量、知识产权占比等知识产权基本情况；合作企业数量、合作专利数量等专利合作情况；总部企业数量及分布、分支企业数量及分布。以科创产业专利合作情况为例，案例结果如图 5-58 所示。

图 5-58 产业经济分析示例

5.4.6　公共服务

社区生活圈是指居民实际生活所涉及的区域，是城市活动系统之下、家庭生活单元之上的重要地域单元，其概念与公共服务设施配置等物质空间内涵紧密关联，因此平台的生活圈专题主要针对公共服务设施在十五分钟生活圈覆盖水平、历年设施新增情况、设施供给的时空匹配问题进行分析。主要包括幼儿园、中学、小学等教育设施；体育场馆等体育相关设施；卫生服务站、社区医院、门诊部等医疗设施；养老院、老人日间照料中心等养老设施；文化活动中心等文化设施；街道办事处、派出所等公共管理设施；商场、菜市场、餐饮等各类商业网点的覆盖率情况分析。生活圈公共服务可达性分析案例如图5-59所示。

图 5-59　公共服务分析示例

5.4.7　城市更新

从城市色彩角度对城市更新指标进行构建。城市色彩作为视觉感知第一构成要素，反映着一个城市的民族文化，承载着重要历史、文化、美学的信息，是城市气质的独特体现。城市色彩作为人居环境的重要组成部分，是影响城市生活质量的重要因素。将城市空间实时影像数据接入平台，基于计算机视觉技术，平台内部实现了依托Python语言的图像数据分析处理方法以及相关城市色彩规划算法的开发，将色彩系统细分为"街区—街道—建筑"3个层级，设计了多尺度的色彩感知评估方法，能够进行色彩特征提取和聚类分析及色彩量化等处理和可视化效果。其中，街区尺度主要用于识别色彩系统标识，明确色彩空间的主题色，依据主题色出现频率，划分基调色和其他代表色，作为街区色彩空间的统一标准；街道尺度主要进行协调度评估，识别色彩廊道的空间特征，并按照色相、明度、彩度三要素及色彩心理学相关理论基础，构建街道层面的色彩协调度评估模型；建筑尺度主要对节点建筑和标志性建筑进行具体分析，总结景观节点的施色特征（图5-60）。

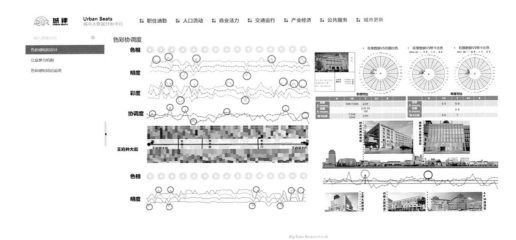

图 5-60　城市更新分析示例

5.5　系统管理

通过系统管理与治理把数据资产变为数据，服务于规划相关业务。基于系统管理实现对数据安全把控，数据运营体系保障数据中台可以长期稳定运转。管理员在用户中心操作用户和权限、下载申请、数据源管理、分享管理、系统日志等功能，对平台用户、数据进行安全统一的管控。

5.5.1　用户和权限

用户和权限主要包含用户管理、角色管理、组织管理、权限管理四个模块。各种权限可以组合为角色，角色间可以嵌套。通过权限管理工具，管理员可以方便地进行用户权限配置。

1. 用户管理

用户管理主要是针对平台的使用者进行管理，包含用户列表、用户组管理、角色管理和授权管理。用户管理的功能有：新增用户、编辑用户、修改密码、单独授权、用户有效性等（图5-61）。

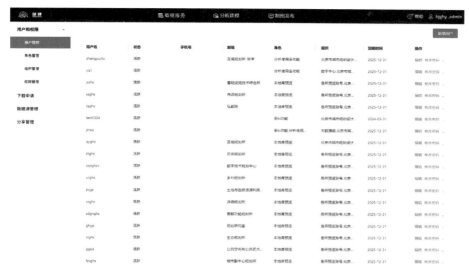

图 5-61　用户管理界面

2. 角色管理

管理员在角色管理界面中创建拥有一定权限的角色、修改已有角色权限、删除角色、设定角色的功能权限，将角色分配给用户以此实现批量用户管理（图5-62）。

图 5-62　角色管理界面

3. 组织管理

通过组织管理模块设置用户组，遵循统一的标准规范管理数据资源信息，将不同角色划分到不同组织中，以此对各个业务部门信息资源进行编制及动态管理，便于全面掌握各个部门整体信息资源状况（图5-63）。

图 5-63　组织管理界面

4. 权限管理

权限管理模块，用以管理用户和应用菜单的权限关系，提供添加、编辑、删除功能。对组织分配权限，子组织可以根据实际需求选择是否集成上级组织的权限，超级管理员能分配所有组织的权限，管理员只能管理所分配的权限，允许再次分配的权限分配给管辖的组织（图5-64）。

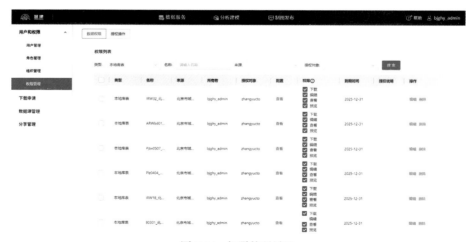

图 5-64　权限管理界面

5.5.2 下载申请

对于已经公开的数据，系统提供数据查询及下载的功能，通过下载申请审核配置不同用户的下载权限（图5-65）。

图 5-65　下载申请审核界面

5.5.3 分享管理

配置好的数据门户可以在平台内进行预览，也可以分享为在线网站，设置账号名和密码进行登录。每个门户支持设置多个账号并可以在分享管理页面修改账号密码和有效期限，方便管理数据门户的权限（图5-66）。

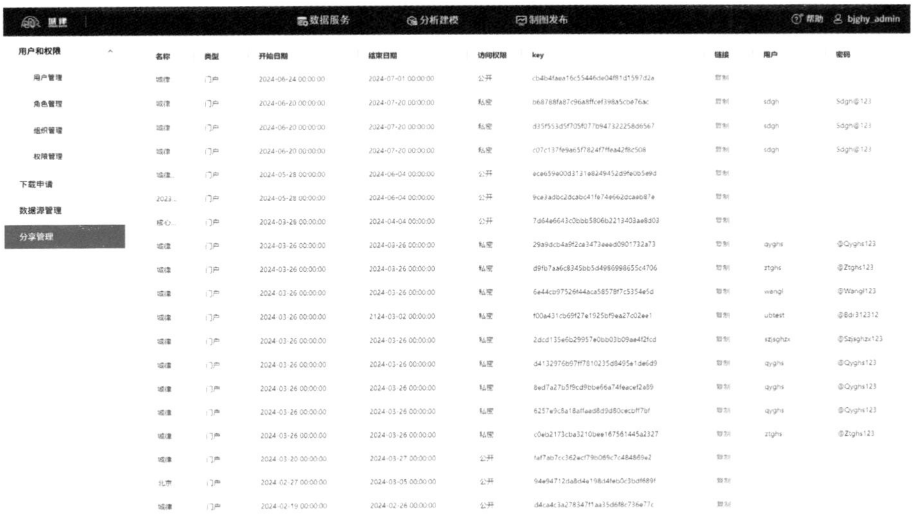

图 5-66　分享管理界面

5.5.4 系统日志

在平台运行的过程中可能出现各种各样的错误，通过检测运行过程的日志可以了解系统日常运作情况，监测和预防用户非正常操作。通过系统日志管理将用户所有操作记录到日志管理列表，并通过日期、操作类型等条件选择查看日志信息（图5-67）。

图 5-67　日志审计界面

06

国土空间规划大数据

计算平台应用实践

国土空间规划大数据计算平台注重整合传统规划数据和实时、多源的大数据信息，通过与城市各部门和第三方数据提供商的协作，实现对城市基础设施、人口流动、城市环境指标等多领域的数据整合，为城市智能化治理和相关研究提供更为全面和准确的信息基础。在此基础上，平台通过大数据技术对国土空间规划大数据进行数据清洗和深度挖掘，旨在更好地理解城市数据特征，并通过多元的可视化技术将复杂的数据以直观的形式呈现，使决策者和规划人员能够更好地理解城市的现状和未来发展趋势，也使公众更容易参与规划决策。

国土空间规划大数据计算平台具备从数据挖掘、调用到可视化的整套全流程工具，能够提供完整而直观的可视化结果。此外，平台还能为研究人员提供定制化的智能化算法扩展模块，为后续进一步研究提供有力支持。以国土空间规划大数据计算平台为基础的城市治理分析项目已在职住关系、交通联系、人口流动、产业经济等多方面展开，如图6-1所示，为城市治理体系和治理能力的提升提供了重要支持。

本章以国土空间规划大数据计算平台在北京市的代表性多维应用为例，详细介绍平台在规划领域的支撑能力。具体案例中，城市群级包括京津冀区域产业经济特征分析、北京市跨区域和区域内的人口流动特征分析；市级包括生活圈视角下北京市公共服务设施分析评价、商业空间活力量化分析、TOD发展成效评价分析；区级包括海淀区职住平衡研究；街道级包括北京市东华门街道城市色彩识别与分析。

6.1　城市群级

6.1.1　京津冀区域产业经济特征分析

1.研究背景

区域经济的协调发展很大程度上取决于其产业结构的协调性。事实上，一个地区的经济状况实际上反映了该地区的产业状况[①]。因此，实现持续的区域经济增长需要

[①] 张凯.京津冀地区产业协调发展研究[D].武汉：华中科技大学，2009.

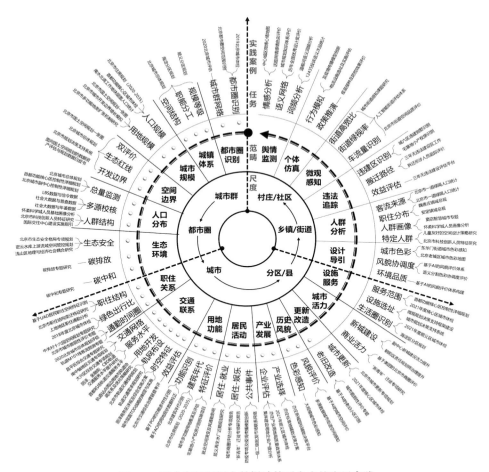

图 6-1　国土空间规划大数据计算平台支持应用实践

维护不同产业之间的协调发展，特别是在再生产过程中，需要特别关注各个部门和环节之间的内在联系和比例关系。这种关系涵盖了多个层面，包括不同地区之间的协调，各个生产部门和产业之间的协调，以及各部门和产业内部各环节之间的协调。产业经济的协调发展既包括对产业结构本身的协调和优化，也包括在不同地区之间实现合理的产业分工。这对于实现区域经济的可持续性发展和健康发展至关重要。

　　在当前推动高质量发展新格局的背景下，健全区域发展协调机制，推动区域城市间的产业分工等协调联动是构建内外双循环，实现区域一体化高效发展的重要举措。京津冀地区作为中国经济增长的第三大引擎，是我国北方现代化程度较高的城市群和产业密集区 [①]。京津冀地区在推动产业经济高质量发展过程中，正经历着转型的三个关键时期，即"增速升级期""结构调整期"和"刺激政策消化期"。然而，同时也

---

① 张凯. 京津冀地区产业协调发展研究 [D]. 武汉：华中科技大学，2009.

面临着严峻的"三叠加"挑战[1]。解决这些问题的核心在于深入洞察产业协同发展的现状，明确需要调整的领域，从而有效推动经济实现高质量发展。

2. 研究方法

研究系统整理有关产业分布、投融资情况、专利合作信息以及产业链等方面的协同数据，详细刻画产业经济发展有关的企业实体、投资关系和创新合作等方面的空间联系，从多个维度对京津冀地区产业经济发展的协同水平进行测度和分析。

基于国土空间规划大数据计算平台，以工商企业大数据为基础，识别京津冀区域与全国其他城市、京津冀地区内部城市及区之间的投资规模、专利合作、产业链等信息，构建京津冀地区城市及区之间的产业联系网络与空间关系矩阵。基于空间映射、加权度和中心度算法研究其合作规模及关联强度，并分析京津冀城市产业经济协同的整体拓扑结构、各城市在网络中的地位、节点城市间的创新合作关系、产业链环节占比及区域分布等。

3. 平台支撑

研究依托平台模型超市和可视化两大核心功能模块构建了系统性的研究框架。其中，模型超市封装了数据调用、模型计算两项关键功能。

具体来说，国土空间规划大数据计算平台通过模型超市功能封装了京津冀产业分布、京津冀投融资综合出入度统计、专利合作关联、产业链门类及占比分布等计算功能。功能内部调用计算所需的集群数据表，该数据集以工商企业大数据为基础，补充整合统计数据、内部调研资料数据、咨询报告和其他相关研究数据，重点对京津冀产业创新发展所涉及的企业主体、投资关系、创新合作等方面的空间联系特征进行了细致刻画。

程序主要的输入参数包括研究范围、统计门类、统计方式等，如图6-2所示，在

图 6-2 京津冀区域内投融资关系计算模型运行示例

---

[1] 张沛祺. 京津冀产业发展协同对经济发展质量影响的统计研究 [D]. 北京：首都经济贸易大学，2023.

计算京津冀区域内投融资联络关系时，输入表为京津冀在营企业投资信息表，分析范围选取北京市、天津市、河北省，关联维度选取投资额度，节点统计选择加权度算法。程序会根据输入的网格表及选择区域进行空间聚合计算，并根据加权度算法计算不同节点的度及规模。如图6-3所示，在计算产业分布、专利合作、产业链分布时，输入表分别调用京津冀在营企业信息统计表、专利合作情况表、产业链情况表。映射维度选取映射列，例如医药产业中根据不同环节，映射结果为制药基础（原材料、原料药）、医药研发与制造（医药研发、医药制造）、医药流通（医药仓储与物流、医药零售批发）。分析范围选取北京市、天津市、河北省，关联维度选取投资金额，程序会先将原始表根据映射规则聚合数据，并根据选择区域进行计算。

图 6-3　京津冀区域产业链关系计算模型运行示例

程序的输出表包含所选维度及区域的计算结果，并储存在平台集群集成数据库中，可以根据具体的研究需求，针对不同的研究区域和产业门类设置不同的查询条件；还可以帮助深入研究特定地区的特征，并跟踪这些特征的演变。平台提供全面的数据视图，通过表盘配置和报表展示模块以图形和图表的形式可视化呈现数据，有助于深入研究区域的特征，还可以为政策制定提供有力的支持。

4. 结果分析

1）京津冀产业分布

总体来说，如图6-4所示，北京市产业注册资产总量在京津冀区域占主要地位，占产业总资产的61.67%；其次是河北省，占产业总资产的21.06%。其中在北京市，注册资产规模较大的区是西城区、海淀区、朝阳区和东城区；河北省注册资产规模较大的是石家庄市；天津市注册资产规模较大的是滨海新区，远高于天津市其他区县。

二产产业中，北京市内西城区占比远高于北京市其他区县；河北省排名靠前的城市产业规模相差不大；天津市滨海新区产业规模仅次于北京市西城区，远高于天津市其他区县。

三产产业分布趋势与总体趋势相近，北京市占主导地位为67.27%，河北省与天津市规模占比相近。

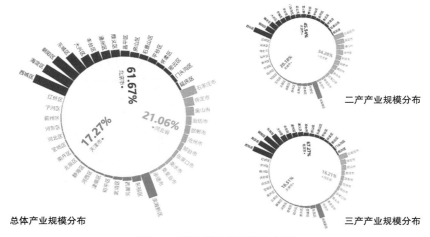

图6-4　京津冀产业规模分布图

2）京津冀投融资

计算京津冀地区与其他城市的投融资关系。投资关系结果如图6-5和图6-6所示，京津冀区域与上海市联系最为紧密，投资和被投资占比分别为19.38%和19.87%。其次为广东省，投资和被投资占比分别为10.64%和19.36%，被投资比例均高于投资比例。

计算京津冀地区内部区县和城市之间的投融资关系。结果如图6-7所示，投融资出入度最大的是北京市西城区，其次是北京市朝阳区、海淀区、东城区和天津市滨海

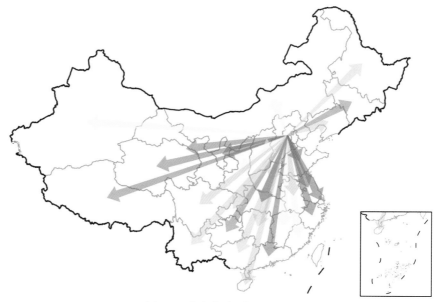

图6-5　京津冀区域投资情况

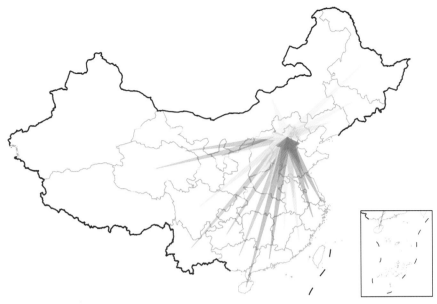

图 6-6　京津冀区域被投资情况

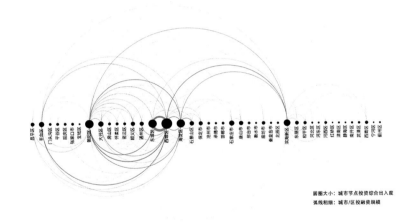

圆圈大小：城市节点投资综合出入度
弧线粗细：城市/区投融资规模

图 6-7　京津冀区域内城市／区间投资情况图

新区。投资规模最大的是北京市东城区和西城区之间，其次是北京市西城区和朝阳区之间。天津市仅有滨海新区与其他区域联系较为明显。

3）京津冀专利合作

计算京津冀区域专利申请数据，如图6-8所示，结果显示北京市在专利申请方面占主导地位，占比为60.01%。其次为天津市，达到23.06%。其中在北京市，海淀区远远高于其他区域，其次为朝阳区。天津市的西青区和滨海新区申请数基本持平。

计算京津冀与全国专利合作关系，如图6-9所示，结果显示北京市与河北省、江

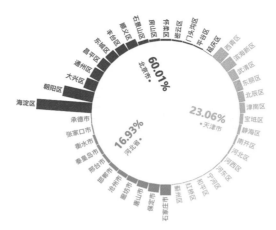

图 6-8　京津冀区域专利申请数据情况图

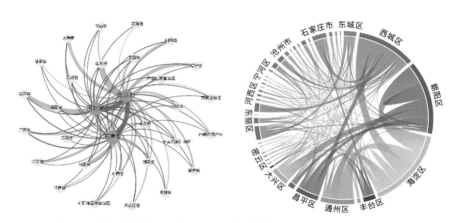

图 6-9　京津冀区域与全国（左）、京津冀区域内部（右）专利合作情况图

苏省、山东省联系较为紧密，其次为天津市、上海市和辽宁省；天津市与广东省、河北省、江苏省、上海市联系较为紧密，其次为安徽省、湖南省、山东省；河北省与北京市、四川省、河南省、江苏省联系较为紧密，其次为江苏省、广东省。计算京津冀区域内部专利合作关系，结果显示合作规模较大的区是北京市海淀区，其次是北京市西城区、朝阳区、通州区，其中联系最为紧密的是朝阳区和海淀区，其次是海淀区和通州区。

4）京津冀产业链

计算京津冀医疗、能源材料产业的产业环节和区域占比情况。如图 6-10 所示，在医疗产业链方面，河北省各城市制药基础环节占比相对于北京市和天津市各区普遍较高，其中占比最高的为承德市，其次为邢台市。医药研发与制造环节，北京市各区占比相对于天津市和河北省普遍较高，较高的为海淀区和大兴区，天津市占比较高的为滨海新区和西青区。河北省各城市研发占比普遍较低。医药流通环节，天津市各区

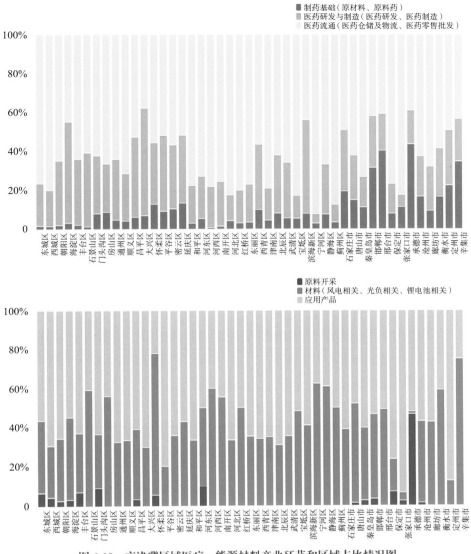

图 6-10　京津冀区域医疗、能源材料产业环节和区域占比情况图

占比较北京市各区和河北省各城市普遍较高。能源材料产业链方面，除承德市以外的京津冀各区域原料开采环节占比普遍在较低水平。材料环节占比较高的为北京市怀柔区、辛集市，较低的为张家口市和承德市。应用产品环节，张家口市、定州市、北京市平谷区在自身区域占主导地位。

5. 研究总结

在经济发展新形势和加快经济内外双循环建设的背景下，京津冀区域加强产业联动，进一步促进区域经济协调发展的需求日益迫切。面对当前的发展要求和竞争压力，京津冀区域亟需优化产业布局、拓展合作范围、创新合作机制，提升区域综合实力和整体竞争力。

在宏观层面，京津冀地区的产业分布呈现出明显的特点。北京市在总体、二产和三产层面都占据主导地位，尤其以西城区和海淀区最为突出。天津市的滨海新区远超天津其他区域。与京津冀地区紧密联系的投融资伙伴包括上海市、广东省和浙江省。在专利合作方面，北京市同样占主导地位，其中海淀区的贡献最为显著；中观层面上，北京市西城区在投资综合出入度方面排名首位，其次是北京市东城区、海淀区、朝阳区和天津市滨海新区。北京市西城区和东城区在投资规模上联系最为紧密；微观层面，河北省各城市在医疗产业链中的制药基础环节占比较高，但研发环节相对较低。相较之下，北京市各区在医药研发方面表现更出色。而天津市各区在医药流通环节的占比则高于北京市和河北省各城市。京津冀地区的能源材料产业链表现为原料开采环节占比普遍较低，北京市怀柔区和辛集市在各地区材料环节占主导地位，而张家口市和承德市在这方面表现较低。张家口市、定州市和平谷区在各区域的应用产品环节占主导地位。

综上所述，依托城市国土空间规划大数据计算平台研究京津冀产业特征，能够直观地研判各区域内外部的联系网络关系，为城市产业经济发展、结构调整和区域一体化提供科学指导和依据。

6.1.2　北京市跨区域和区域内的人口流动特征分析

1. 研究背景

人口流动趋势是反映城市之间相互联系的重要指标。研究城市间的联系涉及人们之间的多种相互联系，包括城市之间的经济、产业、信息等物质和虚拟连接。这种联系最终在城市的人口流动关系中得以体现[①]。不同地区内人口流动的规模和模式的多样性，对区域内不同城市的发展体系和格局产生了深远影响。因此，城市人口流动的时空分布可以用来评估城市的联系程度、吸引力和中心性等发展指标，同时也推动各个区域经济空间格局的重新塑造，从而引导城市的未来发展和转型[②]。

---

① 刘丙乾.基于腾讯人口迁徙数据的城市群协同共治研究[C]//中国城市规划学会城市交通规划学术委员会.品质交通与协同共治——2019年中国城市交通规划年会论文集.北京：中国建筑工业出版社，2019：3224-3237.
② 石珊，吴海平，孙曦亮.基于百度迁徙数据的湖南城镇发展体系研究[C]//中国城市规划学会.面向高质量发展的空间治理——2021中国城市规划年会论文集（05城市规划新技术应用）.北京：中国建筑工业出版社，2021：1-11.

近些年，城市化的集聚效应过度集中了城市人口和功能，带来了集聚不经济[①]。面对城市发展不均衡的严峻挑战，国家新型城镇化战略提出了优化城市空间结构和管理格局，提高城市空间利用效率，改善城市人居环境等举措。在大数据时代，人口流动数据逐步突破传统的数据困境，如统计数据的样本少、时间滞后性[②]，这为研究基于人口流动的区域结构、城市群网络、城镇发展体系提供了新的契机。因此，研究人口流动与城市格局之间的联系，追溯一定时期内的人口流动情况在一定程度上有助于归纳区域发展特征，厘清城市内部及外部的城镇网络结构。

在此背景下，本研究基于人群移动时空大数据形成近几年人口流动的对比分析，进而研究跨区域及区域内部的空间联系网络时空变化。采用多维度的分析方法，从宏观和中观层面聚焦北京市与城市群和其他重点城市，以及北京市内部典型区域，旨在为监测城市功能结构的优化和效果评估提供新的思路。

2. 研究方法

基于国土空间规划大数据计算平台，调用人群移动行为数据及映射关系识别北京市人口与城市群、核心城市及北京市内部的迁入迁出关系，并根据多年数据对比北京市内外部人口流动方式、流向，构建城市与城市间的人口流动联系网络结构与空间关系矩阵，分析不同时空的城市人口分布格局；针对典型区域，基于特征识别算法、社团检测聚类算法、算子处理空间数据等方法研究其空间格局演化及动力机制。

3. 平台支撑

本研究依托平台模型超市和可视化两大核心功能模块构建了系统性的研究框架。其中，模型超市封装了数据调用、模型计算两项关键功能。

具体而言，国土空间规划大数据计算平台通过模型超市功能封装了北京市至津冀的人口流动（图6-11）、北京市内人口流动（图6-12）、社区检测算法（图6-13）、景区客流变化（图6-14）等功能，功能内部调用计算所需的集群数据表，包括入京居住人口流动表、离京居住人口流动表、京内居住人口流动表、景区历年客流表等。程序主要的输入参数包括居住人口流动表（京内或京外）、边界信息表以及分析维度。如图6-12所示，计算京内人口流动时，分析维度勾选区县、街道、总规圈层、环路，自定义分析维度可按需求进行定义及上传。程序会根据输入的网格表及对应的区域进行空间匹配，统计各分析维度人口流动情况。

[①] 周建高.中国城市人口过密的不经济研究[J].中国名城，2013（4）：8-13.
[②] 牛强，盛富斌，刘晓阳，等.基于手机信令数据的城内迁居活跃度识别方法研究——以武汉市为例[J].地理研究，2022，41（8）：13.

图6-11 城市群与核心城市人口流动计算模型运行示例

图6-12 北京市内人口流动计算模型运行示例

图6-13 社区检测模型运行示例

程序的输出表包含所选维度的计算结果,并储存在平台集群集成数据库中,可以根据具体的研究需求,针对不同的研究区域和时间范围设置不同的查询条件来深入研究特定地区的特征,并跟踪这些特征随时间的演变。平台还提供全面的数据视图,通过表盘配置和报表展示模块以图形和图表的形式可视化呈现数据,从多方面展示北京市人口流动特征。

图 6-14　景区客流模型运行示例

4.结果分析

1）北京市与城市群人口流动

2022年，北京市与城市群人口流动情况如图6-15所示，北京与津冀地区的人口流动仍占主要地位，占迁入、迁出北京总量的48.7%、27.5%；其次是与长三角、山东半岛城市群的人口流动，两者迁入量分别占迁入北京总量的12.0%、9.4%，且迁入北京比例均高于迁出北京比例。

2）北京市与重点城市人口流动

2019～2022年，北京市与重点城市人口流动变化情况如图6-16所示，天津、上海、西安、成都是北京年度人口主要流出方向，天津、上海、郑州、西安是主要流入方向。北京人口迁出至西安、成都等新一线城市的规模显著提升，2022年迁出规模较上年度分别提升22.6%和31.2%。

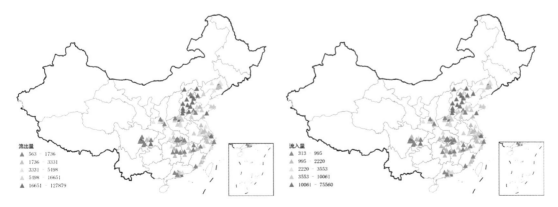

图 6-15　2022年重点城市群人口迁入北京（左）、北京人口迁出至重点城市群（右）关联图

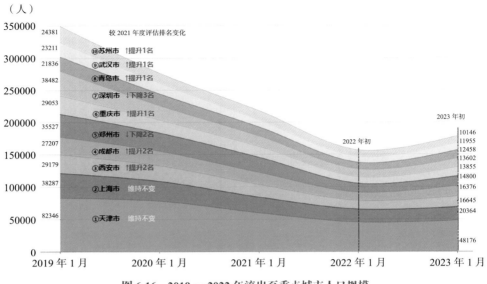

图6-16　2019～2022年流出至重点城市人口规模

3）北京市内人口流动

基于京内人口流动模型，设置边界网格表，分析维度勾选"区县"以统计京内区间人口流动。如图6-17所示，结果显示行政区内部流动方面，朝阳区、海淀区、昌平区、丰台区、通州区体现较大的区内流动规模，五区流动总量达全市的55%；区间流动方面，以"海淀区←→朝阳区、海淀区→昌平区、朝阳区→通州区"的流动最为显著，涉及海淀区、朝阳区两区的流动占总流动量的65%左右。

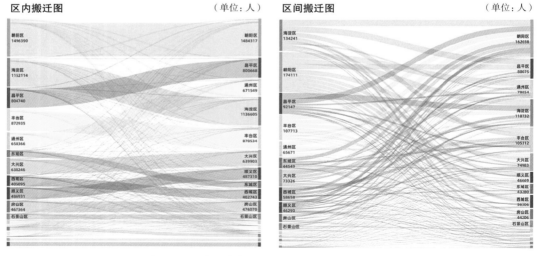

图6-17　北京市各行政区内部及区间人口流动情况

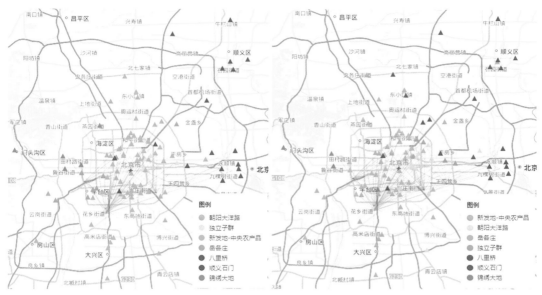

图 6-18　2019 年（左）、2021 年（右）一级、二级批发市场子群差异图

4）批发市场整体关联网络

基于社区检测算法模型，设置迭代阈值为 0.85，选取 2019 年和 2021 年农产品批发市场整体关联网络表聚合分类形成 2019 年、2021 年一级、二级批发市场子群差异图。结果如图 6-18 所示，单极中心逐步打破、多点格局初步呈现；同时多点服务子群增多，供应服务趋向均衡。具体表现上，一是疏解后多点格局初步呈现。新发地对于北部区域的辐射减少，减少了货物运输对于核心区的交通穿行。同时，外围顺义石门等批发市场不仅在规模总量上有所提升，而且覆盖范围扩大并呈现出向心化趋势，一定程度上承接了外围区域的货物供给，对于物流专项规划中提出的"外围集中、中心分散"的策略具有较好的体现。二是在多个市场服务边缘出现了多市场服务的均衡群体。多市场服务子群出现在中心城区东北二环到四环之间，是该地区服务趋于均等化的标识。该区域的供给市场主要包括朝阳大洋路、盛华宏林、中央农批等，位于各批发市场服务范围的博弈区域，因此首先呈现出均等化的态势，当前顺义石门市场对该区域的服务强度呈现出加大的趋势。

5）景区客流

基于景区客流模型，选取核心区景点为研究范围，数据时间起始点选择 2019 年，时间截止点选择 2021 年，驻留时间选择 30 分钟，提取 2019～2021 年核心区景区客流变化表。结果如图 6-19 所示，重点景区旅游客流变化方面，2019～2021 年核心区景区客流呈显著下降趋势，天安门、皇城仍是旅游空间联系上流量突出的客流节点。疫情防控常态化后，各景点客流均呈现出逐步回升态势。2021 年 6 月，各景区京外客流回升至最高点，其中八达岭客流一度达到三年内客流水平最高点（京外客流），前门区域、国贸区域基本恢复疫情前水平，天安门、南锣鼓巷、颐和园等区域恢复到疫情前的50%～70%。

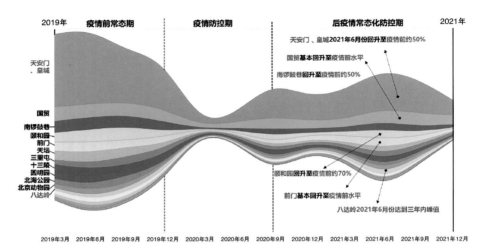

图 6-19　2019 ～ 2021 年京外旅游客流涨落势图

5. 研究总结

随着越来越多的大城市开展城市功能结构调整实践，通过持续观测和绩效评价，发现存在的问题并及时调整政策成为迫切所需。本研究利用人口移动大数据，从流量、流向、属性等方面对北京市与各省市内部的流动人口特征进行总结。同时，对于市内典型区域进行持续观测和分析。

研究在宏观层面分析了北京市与各省市的人口流动特征，自总体规划批复以来，北京人口总体呈现净流出态势，流出规模逐年回落；迁出城市群以京津冀、长三角为主，重点城市以天津、深圳、杭州为主。中观层面上，北京市内人口流动方面，海淀区、朝阳区呈显著净流出，房山区、通州区呈显著净流入，从中心城区向外围流动趋势明显。微观典型区域层面上，批发市场流动人员管理，跨区运输均得到有效控制，新发地单极中心被打破，流通运输网络趋向均衡；此外，2019年至2021年期间，核心区重点景区旅游客流呈显著下降趋势，天安门、皇城仍是旅游空间联系上流量突出的客流节点。

依托国土空间规划大数据计算平台分析城市人口流动特征，围绕城市发展需求，并在研究基础上探讨可能的区域人口流动把控、城市治理改善策略，为政策实施合理的绩效评价和动态维护提供了有力支撑。

6.2 市级

6.2.1 生活圈视角下北京市公共服务设施分析评价

1.研究背景

生活圈概念最早源于日本,起初是为了解决城乡发展不均衡问题。在20世纪60年代,日本政府提出了"广域生活圈"概念,将生活圈从城市尺度深入到社区尺度,以居民活动规律为依据,形成了"定居构想"的发展模式,成为日本规划管理和建设的基本空间单元。生活圈的构成基础是个体居民与空间设施在时间和空间上互动形成的活动模式[①],基于居民的出行时间范围和日常行为特征,生活圈被划分为不同的层级,以服务居民作为出发点,从时间范围上划分层级,从需求程度上赋予各层级设施功能,使得各类公共服务设施的布局在集中共享与均好分布的两种布局模式之间达到一种平衡状态[②]。

随着时代的进步,居民逐渐对于生活质量的追求有了更高的要求。以往国内的规划普遍都是自上而下地进行规划与配置,以刚性指标规定各社区统一的公共服务设施配套标准,其中以规划人口规模为底线的"千人指标",难以满足居民实际需求。由于各社区情况不同,造成了空间单一、资源分散、设施不足、活力丧失和交通堵塞等问题。随着生活圈理念的引入,以人为本的居住区布局与设计方法以及自下而上的规划模式越来越受到国内社会的重视。2018年12月开始实施的《城市居住区规划设计标准》GB 50180—2018,将居住区划分为15分钟、10分钟、5分钟生活圈居住区以及居住街坊四个级别,作为居住空间组织的核心理念[③],并明确了各级社区生活圈空间单元的定义,从概念上界定了社区生活圈空间单元的边界和规模等地理空间特征。

从生活圈视角分析公共服务设施优化布局现状对城市的健康发展具有重要影响。在大数据时代,通过人群移动轨迹和兴趣点(POI)等多源大数据,精细获取公共服务设施的空间分布状况、挖掘个体居民与公共服务设施的互动行为模式,有助于规划

---

① 肖作鹏,柴彦威,张艳.国内外生活圈规划研究与规划实践进展述评[J].规划师,2014,30(10):89-95.
② 尤国豪,陈喆.生活圈视角下公共服务设施的布局优化策略[J].建筑与文化,2021(7):121-122.
③《城市规划学刊》编辑部.概念·方法·实践:"15分钟社区生活圈规划"的核心要义辨析学术笔谈[J].城市规划学刊,2020,255(1):1-8.

部门了解城市各类公共服务设施配套发展情况，并据此提出科学合理、因地制宜的发展规划。

2.研究方法

研究基于2021年北京市的用户到访行为和POI等多源大数据，围绕公共服务设施的可达性、空间分布特征以及体育设施和医疗服务设施时空供需关系，依托国土空间规划大数据计算平台开展生活圈导向下的北京市公共服务设施供给水平测度工作。首先，计算分析幼儿园、小学、医院等各类服务设施的覆盖度和可达性，以及市场型设施与公益型设施供给水平和空间分布特征。其次，以石景山区为例分析区内体育设施的时空供需关系。最后，针对婴幼儿的儿科医疗服务设施时空供需情况进行量化分析。

3.平台支撑

本研究依托平台模型超市和可视化两大核心功能模块构建了系统性的研究框架。其中，模型超市封装了数据调用、模型计算两项关键功能。

具体来说，国土空间规划大数据计算平台通过模型超市封装了公共服务设施覆盖情况计算模型（图6-20）、公共服务设施综合分析模型（图6-21）、体育设施供需关系

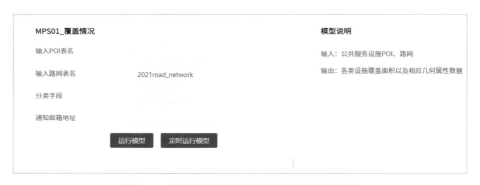

图 6-20　公共服务设施覆盖情况模型计算示例

图 6-21　公共服务设施综合分析模型计算示例

模型（图6-22）和医疗设施供需关系模型（图6-23）。首先将路网和POI数据作为公共服务设施覆盖情况计算模型的输入以计算不同类型公共服务设施的覆盖情况。其次通过公共服务设施综合分析模型计算设施综合评价类型。再次将石景山区的体育设施POI和居民人口流动表作为体育设施供需关系模型的输入，并设置每人每天运动时长参数为0.5小时以计算不同时段的供需水平，其中POI数据中包含了体育设施的位置信息、开放时间信息和容纳人数。最后将居民人口流动表和医疗设施POI作为医疗设施供需关系模型的输入以计算不同时段的居民就医距离，其中POI数据中包含了医疗设施的位置信息、开放时间信息和容纳人数。

图6-22 体育设施供需关系模型计算示例

图6-23 医疗设施供需关系模型计算示例

程序的输出表包含所选公服设施的覆盖及供给水平的计算结果，并储存在平台集群集成数据库中，可以根据具体的研究需求，针对不同的研究区域和公服设施设置不同的查询条件来深入研究特定地区的特征。平台的可视化功能通过表盘配置和报表展示模板以图形和图表的形式可视化呈现数据，直观展示相关计算结果。

4. 结果分析

1) 公共服务设施可达性分析

从结果上来看，公共服务设施整体覆盖度和可达性较好。具体情况如图6-24所示，幼儿园、小学、初中、社区医院（门诊部）等以政府起主导支配力量的公益型公共设施覆盖程度较好，中心城区城镇居住用地覆盖较完善。体育场馆在政府与市场力量的协同作用下，城镇居住用地覆盖程度较高。菜市场、超市、餐馆、邮政快递网点等市场力量起主要支配作用的市场型设施覆盖程度普遍较好，城镇居住用地面积覆盖率均在60%以上，中心城区覆盖率均在80%以上。

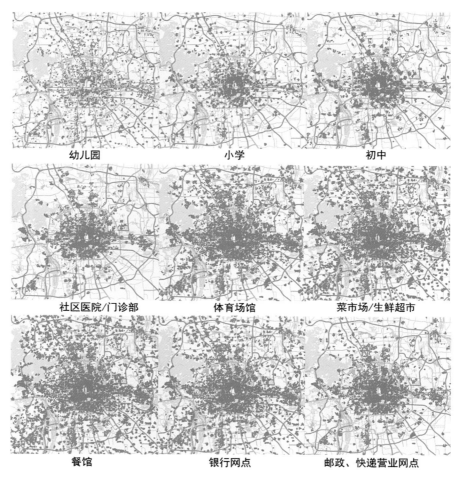

幼儿园	小学	初中
社区医院/门诊部	体育场馆	菜市场/生鲜超市
餐馆	银行网点	邮政、快递营业网点

图6-24　覆盖程度较好的公共服务设施覆盖范围

2) 不同类型公共服务设施空间分布特征

公共设施类型在不同圈层和地区具有典型差异性。如图6-25所示，中心城区的公共服务设施形成了一定集聚，设施多样性较高，市场型设施与公益型设施供给均较完善。中心城集中建设区和新城内集中建设区组团的公益型设施（学校、医院、文化活动中心、老年人日间照料中心等）与市场型设施（商场、菜市场、餐馆等）的覆盖水平均较高，呈现"高公益—高市场"型分布。绿化隔离地区与新城外围区域市场型设施供给较完善，公益型设施供给相对滞后。绿化隔离地区与新城外围区域的菜市场、餐馆、银行网点、邮政快递网点等响应较快的市场型设施供给较完善。

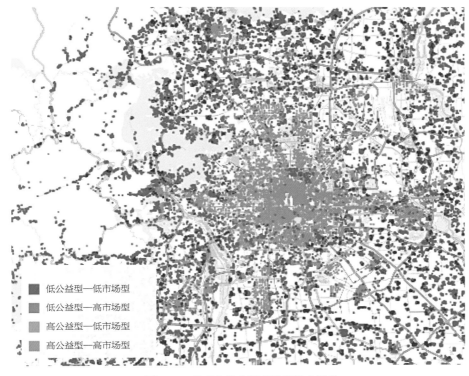

图例

- 低公益型—低市场型
- 低公益型—高市场型
- 高公益型—低市场型
- 高公益型—高市场型

图 6-25　北京市公共服务设施综合评价

3）石景山区体育设施时空供需分析

以人均公共体育用地水平较高的石景山区为例分析时空供需关系，发现体育设施时空供需存在缺口，典型地区问题突出。虽然空间面积达标，但是将时间要素纳入考虑，居民的体育锻炼时间需求尚未得到满足，分时段、分地域的供需失配矛盾突出。首先，总量供需失配，石景山区全区需要专门运动场地的体育运动项目的年时间需求量为4702.7万小时，而体育设施年时间供应量为4216.6万小时，时间供需总量间存在486.1万小时的缺口，缺口约为总需求量的10.3%。其次，时间供需失配，时间供需失配相比总量失配更为明显，出现了"居民上班时，体育场馆上班；居民下班时，体育场馆下班"的情况。最后，空间供需失配，体育设施的分布与居民居住地分布差距较大带来了较大的缺口，以15分钟步行可达计算，石景山区体育设施时空间供需存在31.7%的缺口。

4）儿科医疗服务设施时空供需分析

在儿童友好理念发展背景下，研究发现针对婴幼儿的儿科医疗服务设施时空供需上存在明显不匹配问题，尤其是在夜间时段（22:00—8:00），就医难问题更加严重。夜间时段部分居民的就医距离有所延长。从平均最近就医路网距离来看，全市日间（8:00-18:00）平均最近就医距离为16.3公里，夜间为17.4公里；六环内日间平均最近就医距离为3.9公里，夜间为5.8公里。从长距离就医居民占比来看，日间儿科就医距离大于5公里的居民约占全市总人口的25.7%，夜间则升至41.6%。

5.研究总结

北京市作为超特大城市，由于其在功能定位、人口结构、用地和空间上的特殊性，决定了公共服务设施的需求特征及规划实施的复杂性。为更好解决生活圈范围内公共服务设施存在的问题，规划人员可以依托国土空间规划大数据计算平台，基于用户到访行为和POI等多源大数据，在生活圈视角下实现对公共服务设施基本特征和供需水平的持续监测。通过对数据的分析，研究发现北京市的公共服务设施整体覆盖度和可达性较好。然而仍然存在一些公共服务设施的空间供给未能有效转换成时间供给的问题，导致时空空间供需问题突出。换句话说，虽然这些设施在空间上存在，但在特定的时间段内，居民仍然面临着供需不匹配的困境。

国土空间规划大数据计算平台的算法模型可以帮助使用者对城市公共服务设施的特征进行分析和监测。通过简单的操作，使用者可以了解公共服务设施的分布情况、供需状况以及潜在的问题。同时，平台也可以成为提升城市核心功能的载体，通过分阶段的规划目标和动态满足市民需求的机制，推动各部门和各主体的协同治理，凝聚合力为城市的发展提供支持。

综上所述，依托国土空间规划大数据计算平台开展生活圈相关研究，有助于深入了解公共服务设施的供需情况，并为城市规划和管理提供科学依据，实现城市的可持续发展。

6.2.2　北京市商业空间活力量化分析

1.研究背景

商业活力是国土空间规划发展中不可忽视的重要因素，其既是城市经济的风向标，也是城市繁荣的指征。商圈作为城市人群活动最为集聚、公共服务设施集中供给，以及城市各项活动频发的重要空间载体，对其客流量和客流来源的探究不仅能够反映城市商业设施的吸引力，也有助于挖掘以购物休闲为目的的人类时空行为规律特征，弥补当前时空地理学和生活圈相关研究的空缺[①]。在国土空间规划中，注重培育和发展商业活力，通过合理规划商业区域和提供商业支持设施，为商业活力的提升创造了有利条件。商圈的规划和管理对商业活力的发展至关重要，因此对商圈进行分析能够有效反映商业设施吸引力与服务水平，有效支持商业消费区域的管理和提升以及商业设施的布局与规划，从而整体推动商业发展和城市建设[②]。随着手机信令、商业网点信息、人群热力等大数据开发运用的不断深入，可以将大数据与传统数据相互融合，对商业活力开展更深层次的量化分析，为城市商业服务设施的空间布局、经营管理和选址建设提供强有力的理论支撑。

2. 研究方法

依托国土空间规划大数据计算平台，基于位置服务和手机信令大数据的高时空精度、精确个体单元和实际行为反馈等特点，可以开展普适性商圈识别、实用性客群行为画像和耦合性供给需求分析等研究内容，聚焦城市商圈的品质提升和建设。研究从城市居民的时空行为视角出发，优化布局，精准聚焦商业服务薄弱区域，合理引导商圈的培育；科学评估存量商业设施与居民需求之间的差距，优化商圈的服务质量。对城市的商业设施情况和商圈客流情况开展分析，进行方法创新和技术突破，对于实现以人为本的城市发展和规划具有重要的理论和实践意义。

3. 平台支撑

本研究依托平台模型超市和可视化两大核心功能模块构建了系统性的研究框架。其中，模型超市封装了数据调用、模型计算两项关键功能。

具体来说，国土空间规划大数据计算平台通过模型超市模块封装了商业设施情况和商圈客流情况算法模型，通过调用计算所需的本地库基础数据和边界数据，由此生成商业活力专题的集成数据与指标数据。根据研究内容，主要分为以下几方面：

1）商业设施情况

商圈识别模型如图6-26所示，将商户POI、自然街区边界、商圈界定活力阈值以及路网作为输入，通过商圈识别模型确定商圈边界。其中活力阈值应根据城市实际情

① 唐刚.基于手机信令数据的城市商业中心辐射区域特征分析模型研究[D].重庆：重庆邮电大学，2017.
② 王德，王灿，谢栋灿，等.基于手机信令数据的上海市不同等级商业中心商圈的比较——以南京东路、五角场、鞍山路为例[J].城市规划学刊，2015（3）：50-60.

MCA01_商圈识别
输入商户POI表名
输入自然街区边界表名
阈值
输入路网表名
输出表名
通知邮箱地址
运行模型
定时运行模型
模型说明
输入：商户POI、自然街区边界、路网、活力阈值（数值越大，商圈识别数量越少）
输出：商圈边界

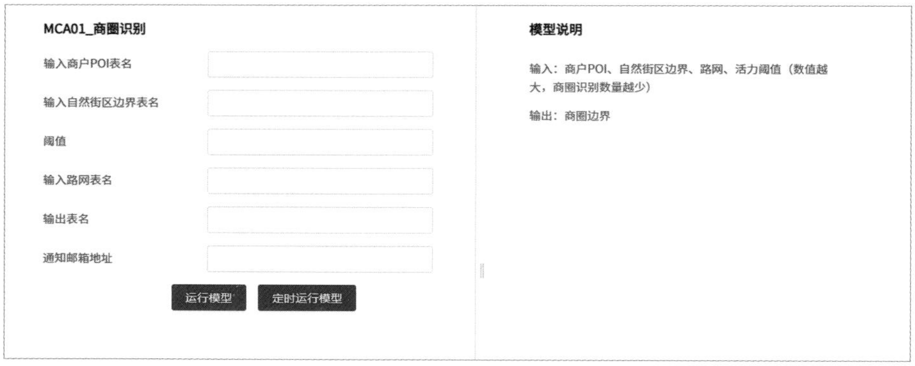

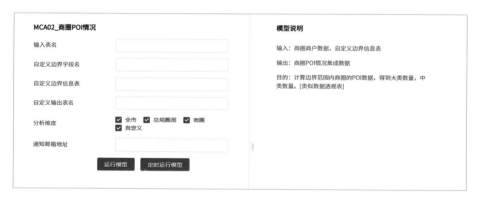

图 6-26　商圈识别模型运行示例

况进行相应调试，阈值越大，模型输出的商圈数量越少。

商圈POI情况模型如图6-27所示，通过输入北京市商圈内商户POI数据和边界信息表获得商圈POI情况集成数据，方便后续对商圈商户情况进行具体计算。

MCA02_商圈POI情况
输入表名
自定义边界字段名
自定义边界信息表
自定义输出表名
分析维度
全市
总规圈层
商圈
自定义
通知邮箱地址
运行模型
定时运行模型
模型说明
输入：商圈商户数据，自定义边界信息表
输出：商圈POI情况集成数据
目的：计算边界范围内商圈的POI数据，得到大类数量，中类数量。[类似数据透视表]

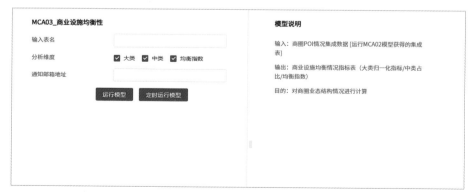

图 6-27　商圈 POI 情况计算模型运行示例

如图6-28所示，通过输入商圈POI情况集成数据，获得不同商圈的不同类别商业

MCA03_商业设施均衡性
输入表名
分析维度
大类
中类
均衡指数
通知邮箱地址
运行模型
定时运行模型
模型说明
输入：商圈POI情况集成数据 [运行MCA02模型获得的集成表]
输出：商业设施均衡情况指标表（大类归一化指标/中类占比/均衡指数）
目的：对商圈业态结构情况进行计算

图 6-28　商业设施均衡性计算模型运行示例

设施占比情况，由此输出商业设施均衡情况指标数据。

2）商圈客流情况

商圈客流模型包括客流量计算（图6-29）、客流结构计算（图6-30）、客流来源追踪（图6-31）和商圈聚类（图6-32）四个主要功能。

MCA04_客流量

输入表名

日期连接表

输出表名

分析维度　　　☑ 每月　☑ 日期类型

通知邮箱地址

[运行模型]　[定时运行模型]

模型说明

输入：联通客流数据，日期连接表

输出：不同时间维度下商圈客流量指标数据 ICA01/ICA02/ICA03

注：日期类型：工作日/周末/节假日

目的：对边界内不同时间维度下客流量情况进行统计

图 6-29　客流量计算模型运行示例

MCA05_客流结构

输入表名

自定义边界信息表

自定义边界字段名

自定义输出表名

分析维度　　　☑ 全市　☑ 商圈　☑ 自定义

通知邮箱地址

[运行模型]　[定时运行模型]

模型说明

输入：商圈客流量集成数据

输出：商圈客流结构指标数据ICA04/ICA05/ICA06

目的：计算京内京外客流占比

图 6-30　客流结构计算模型运行示例

MCA06_客流来源

输入表名

自定义边界信息表

自定义输出表名

分析维度　　　☑ 区县　☑ 街道办　☑ 千米网格　☑ 自定义

通知邮箱地址

[运行模型]　[定时运行模型]

模型说明

输入：联通驻留数据，边界信息表

输出：不同空间维度下商圈客流来源集成数据

目的：对客流来源情况进行分析

图 6-31　客流来源追踪模型运行示例

图 6-32　商圈聚类模型运行示例

为对商圈客流情况进行分析，首先需要对商圈客流量进行统计，输入驻留数据表与商圈边界信息表，利用客流热力模型得到不同时间维度下各商圈客流量的集成数据。分析维度可分为计算每月商圈客流量数据和工作日、周末和节假日商圈客流量数据。

为了解旅游客流和本地顾客产生的结构性变化，建立客流结构模型，通过输入商圈客流量集成数据，计算出本市与外省市客流比例结构。分析维度按不同区域类别进行划分，分为全市、商圈和自定义边界。

对商圈客流来源进行分析，通过输入联通驻留数据和边界信息表，基于客流来源追踪模型，输出不同空间维度下商圈客流来源集成数据。分析维度按不同区域类别进行划分，分为区县、街道办、千米网格和自定义边界。

依据商圈的客流情况进行聚类，划分商圈等级。用户可根据商圈聚类模型，通过输入商圈客流量序列、目标等级/商圈分级数量或选择最优聚类评分函数优化聚类结果。其中商圈分级数量确定方法包括自定义分级数量和评分函数确定分级数量，如果选取自定义分级数量，模型根据商圈游客数量序列通过 K-Means 聚类方法将商圈划分为特定聚类数，并返回聚类结果；如果选取评分函数确定分级数量，模型将计算由 0 至输入分级数量之间不同分级数量下的聚类评分函数值，取评分最优情况下的聚类数量，并返回相应聚类结果。

程序的输出表包含商业活力专题的集成数据与指标数据的计算结果，并储存在平台集群集成数据库中，可以根据具体的研究需求，针对不同的研究区域和客流设置不同的查询条件来深入研究特定地区的特征。平台的可视化功能通过表盘配置和报表展示模块以图形和图表的形式将数据可视化呈现，以展示商业设施及商圈在不同维度的特征。

4.结果分析

1）商业设施情况

根据商业设施POI空间集聚程度，北京市域范围内共识别商圈128个。从商圈分布的数量来看（图6-33），约73%位于中心城区，其余27%在多点、一区均有分布，各自形成区级商业活力中心。

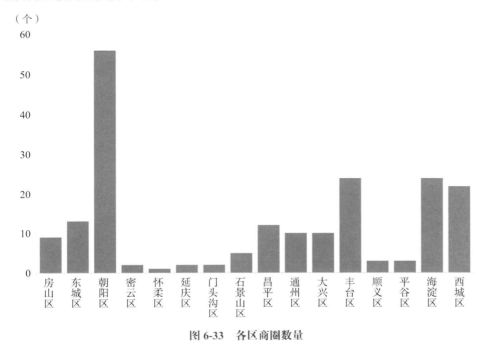

图 6-33　各区商圈数量

从各商圈内部的商业设施业态结构来看，商圈可分为均衡型和专业型两大类。前者主要为综合性商业区域，如国贸、双井、王府井等地区，后者则主要为经营类型相对比较单一的区域，如以零售主导的西单、娱乐美食主导的五棵松华熙、建材装修主导的十里河等区域（图6-36）。

由全市商圈业态分类统计结果（图6-34和图6-35）可知，均衡型商圈占多数，在全市均匀分布，约占总量的64%；专业型比例较小，约三分之二分布在朝阳区、丰台区、海淀区三个城区，其中丰台区专业型商圈占本区商圈比例在所有行政区中最高，约占全区总量的六成。

2）商圈客流情况

商圈客流分布（图6-37）与分级（图6-38）结果显示，全市商圈流量水平内高外低，高流量区域日平均客流超过低流量区域40倍。在空间上，中心城区商圈等级更高，外围区域客流水平远不及中心城区水平。6个高流量活力区域全部位于朝阳区、

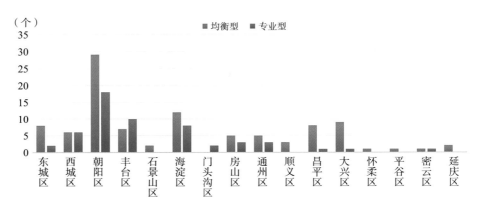

图 6-34 各区均衡型和专业型商圈数量

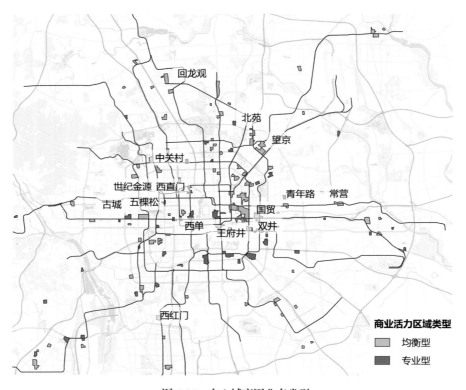

图 6-35 中心城商圈业态类型

东城区和西城区三个行政区，中高流量活力区有83%坐落于中心城内。朝阳区高等级活力区域最多，有超过半数的3级以上服务水平较高的活力区域分布在朝阳区。唯一的5级活力区国贸坐落其中，较高等级的4级和3级活力区域（如大望路、双井、工体等）散布在其周边，形成了绵延的商业热力地区。

各等级商圈一日内客流变化趋势也具有较大差异，高等级的区域客流总量大，客流的攀升和下降波动越明显，服务人数远高于低等级活力区域。最低级的0级

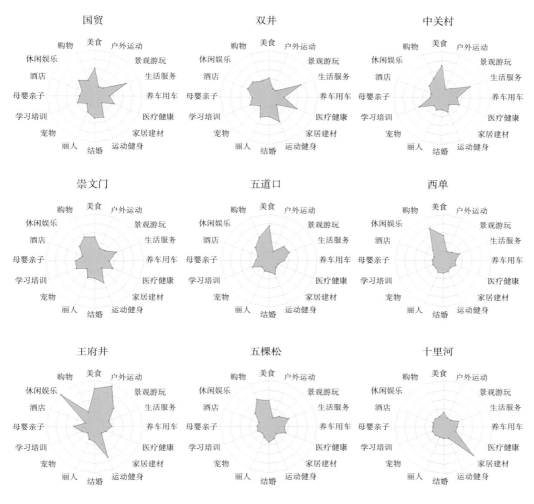

图6-36　典型商业活力区业态结构

活力区域平均的每日客流量为2551.7人，而最高级的5级活力区域国贸客流量为98336.3人次，超过前者近40倍。低流量区域如北新桥、红桥等客流全天均较平稳，维持在较低水平，高流量则出现较强的午间客流高峰和非常显著的晚间高峰。即便在早八点、晚十点的低客流时段，高流量区域客流通常也在低流量区域高峰客流的2倍以上。

　　客流结构分析结果（图6-39）显示，2019～2021年，全市商圈的客流水平在新冠暴发后先下跌后回升，文旅特色商业区节假日客流回升主要依靠本市访客。2020年严格的疫情管控下总客流大幅下跌，其中节假日客流水平受影响最大，下降至疫情前水平的四分之一。客流水平在2021年回暖，与疫情前的情况相当，但工作日和周末的客流仍未完全恢复至2019年的水平。

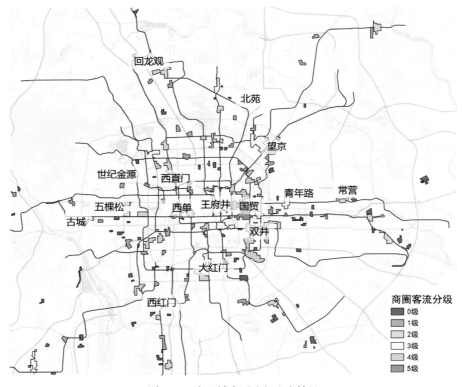

图6-37　中心城商圈分级聚类结果

商圈客流分级
- 0级
- 1级
- 2级
- 3级
- 4级
- 5级

　　本市客流来源分析结果（图6-40）显示，中心城区西、南部地区缺少高等级商业区，多点、一区大量居民进行长距离购物出行。全市尺度上，商圈实际服务范围空间分布不均衡。商圈分级聚类结果显示高级别商圈集中在朝阳区和核心区，中心城海淀北部等地区、丰台河西、丰台南部地区以及多点地区缺乏服务水平高的活力区。高等级商圈因为其服务品质高、交通便利广泛吸引了客流，但大量长距离购物出行的客流揭示了居住区周边商业设施难以满足居民需求的问题，服务缺口增加了居民的购物出行成本。例如，丰台区的部分居民选择前往距离较远的位于西城区和朝阳区的高等级活力区（如西单、国贸）购物。另一方面，大兴区、房山区、顺义区的一些居民需要进行长距离长时间的出行前往地区中等级商圈购物休闲，其中房山长阳、大兴龙湖天街、顺义新城的客流平均出行距离分别达到13.8千米、12.7千米、11.4千米，而延庆区、密云区和平谷区的地区商业中心平均出行距离均超过16千米。

　　客流来源与典型商圈的分级分类结果的交叉分析（图6-41～图6-44）显示，商业活力区域的实际服务范围与其空间区位、活力等级和客群定位三个重要因素紧密相关。西单作为4级零售专业型商业活力区服务范围广泛，客流来源基本覆盖中心城区范围，且服务范围在中轴线以西沿地铁线路向南北方向郊区延伸。同为4级的均衡型

230　国土空间规划大数据计算平台建设与应用

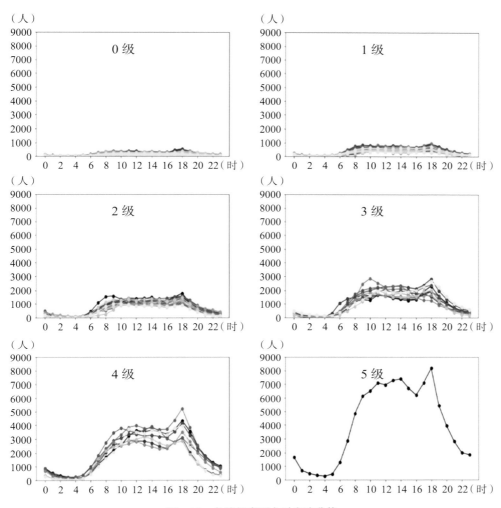

图 6-38 各等级商圈全天客流曲线

活力区中关村服务范围略小于西单，主要承接了海淀区和昌平区南部居民的购物休闲需求。3级均衡型活力区域的崇文门服务范围小于前两者，且该商业活力区域吸引了更多东部居民，整体客流来源区域偏向东部。2级均衡型的五道口属于目标客群专一的地区性活力区，主要客流为高校学生，其服务范围在四个区域里最集中，主要为海淀区东南部的高校密集区域，并且五道口对核心区、朝阳区以及南城居民的吸引力非常低。全市各级各类商业活力区域提供了差异化的消费场景，满足了不同空间范围内居民的个性化消费需求。

5.研究总结

商业活力作为城市发展的重要组成部分，标志着城市经济的方向和繁荣的程度。

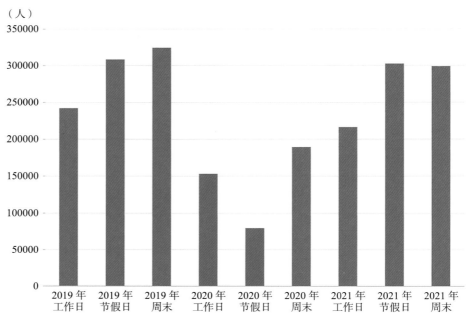

图 6-39　全市商圈日均客流变化

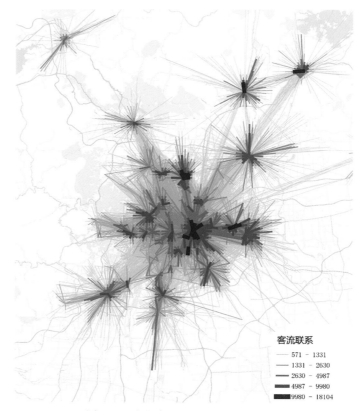

客流联系

— 571 - 1331
— 1331 - 2630
— 2630 - 4987
— 4987 - 9980
— 9980 - 18104

图 6-40　全市商圈与客流居住地的联系

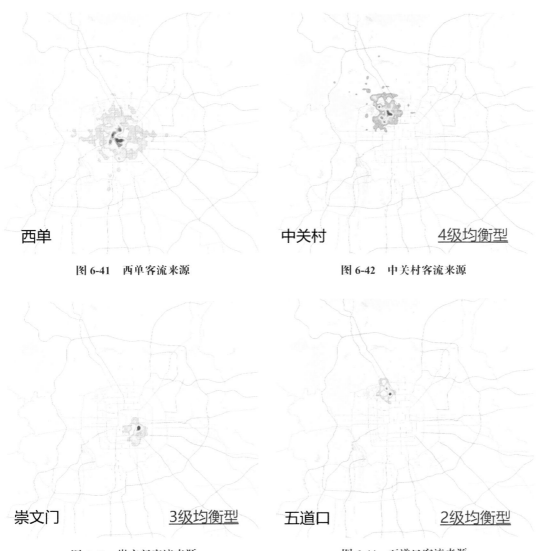

西单

图 6-41 西单客流来源

中关村　　　　　　　　　　　4级均衡型

图 6-42 中关村客流来源

崇文门　　　　　　　　　　3级均衡型

图 6-43 崇文门客流来源

五道口　　　　　　　　　　2级均衡型

图 6-44 五道口客流来源

深入研究商圈客流规模和来源，不仅能评估城市商业设施的吸引力，还揭示了购物休闲行为规律。大数据的广泛应用为城市商业服务设施提供了深度的量化分析支持，通过聚焦商圈品质的提升和建设，以居民时空行为为依据，优化布局，引导商圈培育，进行科学评估以提高服务质量。

本研究从城市商圈角度切入，分析商业活力情况。以北京市商圈区位要素、商圈业态结构、商圈客流规模和商圈客流来源为研究重点，围绕商圈各要素建立模型，基于本地库基础数据和边界数据计算商业活力集成数据和指标数据，依据相关数据构建数据门户进行可视化。通过对可视化图表进行分析，引导优化商业活力地区的空间分布，积极推动商业服务业设施体系调整优化。

针对商业服务不充足的区域，建议加强中心城西部、南部地区商圈改造提升，积极培育地区级商业区以服务区内居民。多点、一区应依照人口的现状特征和发展趋势，培育分层次的商业活力地区，加强社区级商业区域建设，满足区域居民不同的消费购物需求。依托国土空间规划大数据计算平台，科学评估存量商业设施与居民需求缺口，优化提升商圈服务质量，盘活空间资源，鼓励吸引优质商铺入驻；以需求为导向，积极补充完善生活性服务业设施，提高服务质量，提升周边居民的生活便利度和满意度。

基于北京市商业活力空间的发展要求，国土空间规划大数据计算平台提供了先进的算法和模型，对商业活力的各个方面进行综合评估，帮助研究人员更好地理解商业空间的运作机制和潜在的优化空间。此外，平台通过强大的可视化工具，将复杂的数据和模型计算结果以直观的方式呈现。不仅方便国土空间规划者的理解，还促使各方更加积极参与商业空间规划的讨论和决策过程。

6.2.3 北京市 TOD 发展成效评价分析

1.研究背景

随着城市化进程的加快，城市用地无序扩张，交通拥堵频繁等问题日益突出，公共交通导向的城市发展（Transit-Oriented Development，简称 TOD）通过协调土地利用与交通发展之间的关系，加强公共交通的使用，能够为发展高活力、高品质的城市打下基础[1]。从国内外各个城市的发展实践经验来看，TOD 作为一种城市可持续发展新模式，符合如今城市发展的趋势[2]。但是不同城市在发展过程中面临的问题与机遇有所不同，TOD 在实践过程中仍需要因地制宜。

北京随着空间扩张，中心城区集聚了大量医院、高等院校、就业岗位等资源，人口不断向中心城外迁移，导致职住分离，社会成本巨大。为解决北京面临的发展问题，依托轨道交通的 TOD 发展模式备受关注。在此背景下，探讨影响北京轨道交通站点区域 TOD 效能的建成环境指标，构建北京市 TOD 发展成效评价体系，对未来城市在轨道交通站域建设中更好地实现 TOD 模式具有重要意义。此外，基于传统数据采集的 TOD 成效评价方法具备一定局限性，无法进行实时动态评估，而大数据时代

① 张舒沁，边扬，李玲.北京市 TOD 发展成效评价指标体系研究[J].交通工程，2020，20（3）：21-26.
② 苏世亮，赵冲，李伯钊，等.公共交通导向发展（TOD）的研究进展与展望[J].武汉大学学报（信息科学版），2023（2）：175-191.

的到来使深入评估站域空间TOD效能成为可能。

2. 研究方法

《北京城市总体规划（2016年—2035年）》提出了北京市的发展目标。第一，形成安全、活跃的生活环境，打造高度活力的站域中心区。第二，提供顺畅、多样的交通选择，形成以公共交通为主导的出行结构。第三，形成可达、便利的出行环境，建立高速快捷的品质交通圈。第四，形成混合、公平的社区环境，塑造和谐包容的舒适宜居区。针对北京市发展目标结合大数据时代背景，从规划与社会效益两个角度出发，引入双层评价模型，基于人口出行数据、驻留活动数据、社会和人口属性数据等多源数据，分别从区域活力、出行结构、出行服务、社会公平四方面筛选得到14个指标（出行活动强度、到访活动强度、活动类型多样性、共享单车分担比、常规公交分担比、轨道交通分担比、步行可达性、骑行可达性、轨道交通可达性、公交服务覆盖率、骑行便利性、轨道交通便利性、购房公平性、居民年龄混合度），将区域活力、出行结构、出行服务方面作为评价规划成效的上层评价模型，将社会公平方面作为评价社会效益的下层评价模型。建立了一个更适应北京市发展目标的TOD发展成效评价指标体系，并运用TOPSIS评价方法，依托国土空间规划大数据计算平台，实时动态评估北京市轨道站域TOD发展成效。

3. 平台支撑

本研究依托程序建模模块构建定制化的算法功能。具体来说，国土空间规划大数据计算平台结合研究需求，通过程序建模功能封装TOD评价指标的计算方法，程序内部调用计算所需的集群数据表，包括轨道站点信息表、人口驻留活动表、共享单车出行表、轨道交通出行表、房屋信息表等。程序主要的输入参数包括统计时期（年度或者月度）和站点统计区域半径，如图6-45所示，输入日期为2021年12月，统计半径为800米。程序会根据输入的时期统计数据平均值以进行对应计算，例如骑行便利性指标的计算，会筛选出区域中输入时期内的全部骑行数据，并统计平均骑行速度。

程序的输出表包含14个三级指标的计算结果，最终保存到平台集群上，后续二级指标值和一级指标值可通过设置不同的三级指标权重参数进行统计计算。

4. 结果分析

1）区域活力。设置活动强度和活动类型多样性的权重分别为0.54和0.46，加权计算区域活力指数，结果如图6-46所示，高活力站域主要分布在大型居住区、商业

图 6-45　TOD 指标计算模型运行示例

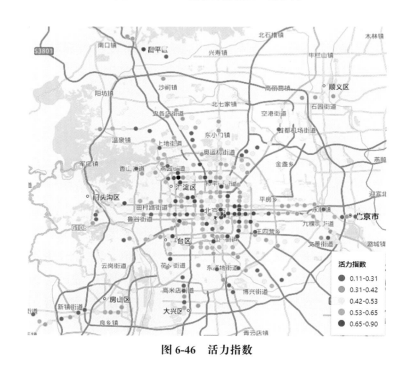

图 6-46　活力指数

与办公区域以及城市交通枢纽附近；中活力轨道站点类型较多，例如三元桥站等连接机场、客运枢纽站和火车站的轨道站点，以及高校或景点等特殊站域；低活力站域多位于北京近郊区域。

2）交通出行结构。设置轨道交通、公交车、共享单车的出行分担比权重分别为

图 6-47 交通出行结构指数

0.32、0.31和0.37，加权计算交通出行结构指数，结果如图6-47所示，出行结构指数展现出从市中心由内向外呈现逐渐降低的趋势。部分站点活力指数高，但是出行结构指数较低，例如昌平站、五棵松站、公主坟站、泥洼站等；部分站点活力指数不高，但是出行结构指数较高，例如天通苑站、回龙观站、俸伯站等。

　　3）出行服务分析。设置步行可达性、骑行可达性、轨道交通可达性、公交服务覆盖率的权重分别为0.28、0.27、0.22、0.23，加权计算可达性指数；设置骑行便利性和轨道交通便利性的权重分别为0.35和0.65，加权计算便利性指数。综合可达性指数（图6-48）和便利性指数（图6-49）结果，可见指数的分布均由市中心由内向外逐渐递减，且三环内外差异显著。灵境胡同站、什刹海站、南锣鼓巷站、张自忠路站等站点周边区域内的路网密度较高，尤其是南锣鼓巷和什刹海等历史风貌景区附近站点，为保留北京本地的风貌特征和吸引客流，在提升周边道路商业店铺的同时，各等级道路网已逐步完善，步行和骑行可达性相对较高。

　　4）公平性分析。设置购房公平性和居民年龄分布均衡性的权重分别为0.53和0.47，计算结果如图6-50所示，从分布来看，北三环内部区域的站点社会公平性指数相对更高。海淀区、朝阳区、西城区、东城区和大兴区站点公平性指数较高，其他行政区的居民年龄分布多样性较差，在远离市中心的站域中，年轻的居民占据更大比例。

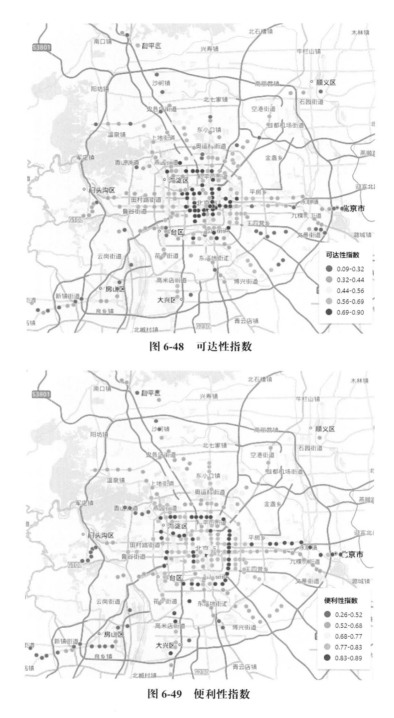

图 6-48 可达性指数

图 6-49 便利性指数

5）上层评价分析。如图6-51所示，两个以商业、办公功能为主的站点区域——中关村和CBD是TOD发展成效最佳的区域。中关村，聚集多所高等院校、科研院所和众多高新产业园区；CBD，人口高密度活动的聚集地，集办公、休闲、娱乐、餐

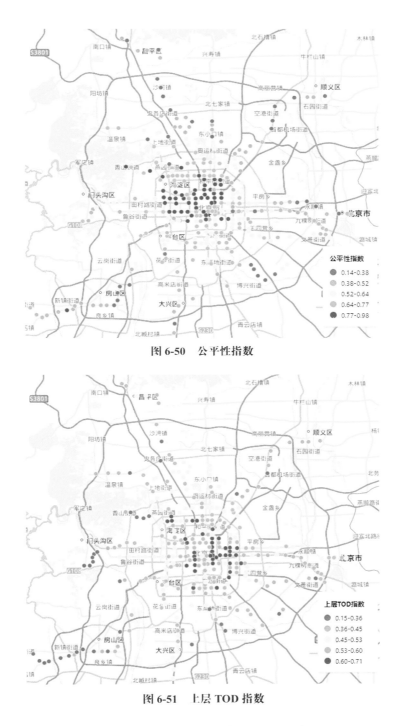

图 6-50　公平性指数

图 6-51　上层 TOD 指数

饮、居住等多功能于一体，土地多样化程度与集约化水平高。

6）下层评价分析。如图 6-52 所示，加入社会公平要素后，北京市轨道站点的 TOD 指数发生明显变化，居住型站点 TOD 指数升高，例如车公庄站、灵境胡同站、

图 6-52　下层 TOD 指数

平安里站等站点。TOD 指数高的站点主要聚集在市中心三环内。

5. 研究总结

　　TOD 作为可持续城市发展策略，通过精细化土地利用和交通协调，强调公共交通的发展，为城市创造更高质量的居住与工作环境提供了重要契机。以北京市为例，由于过度的空间扩张，中心城区资源过于集中，TOD 的实施有望缓解这一问题，通过优化城市布局，促进住宅与工作空间有效整合，最大程度降低社会经济成本，助力建设更为宜居、便捷的城市生活。

　　基于大数据的 TOD 成效评价方法弥补了传统数据采集手段下难以开展动态评估的不足，有助于实现对城市 TOD 模式运行的长期实时追踪监测，为城市规划和管理提供更准确的数据支持，帮助决策者更好地了解和优化轨道交通站域的发展效果，从而实现更可持续、更高效的城市发展。

　　针对北京市发展目标，基于 TOD 发展成效评价指标体系，依托国土空间规划大数据计算平台计算北京市 TOD 发展成效指数，并将结果进行可视化展示，实现具有针对性的、精细化的动态实时评估，有利于识别发展欠佳的轨道站域，支持给出具有针对性的优化建议，为制定优化策略提供支撑。

6.3 区级：北京市海淀区职住平衡研究

1.研究背景

随着我国步入经济高质量发展时期，城市化快速发展导致了国内主要城市的职住空间关系发生了显著变化，同时带来了城市交通拥堵、通勤成本增加等一系列问题，对城市与社会的发展产生了影响。特别是在北京这样的大都市中，"职住分离"逐渐被视为导致交通拥堵的关键因素之一。交通拥堵不仅是交通系统自身的问题，其根本原因是土地利用模式导致的巨大交通需求和交通供给不足之间存在矛盾，就业和居住的空间分离就是其中的典型原因。因此，对职住空间匹配程度进行研究，分析存在的问题及其成因，并据此制定相应对应策略，具有很高的实用价值。

城市的发展和居民的日常生活受就业、居住和通勤的影响，职住分离不仅引发了严重的交通拥堵、资源浪费、环境污染等问题，而且削弱了居民的生活幸福感。《2021年度中国主要城市通勤监测报告》中显示，北京作为一个占地1.64万平方千米，常住人口超两千万的超大规模城市，其通勤空间的半径在2020年达到了41千米，高居榜首。此外，在超大规模城市（北京、深圳、上海、广州）中，北京是唯一一正在增长的城市[①]。因此，尤其是对于北京而言，探讨如何解决职住空间分离已经变成了规划的核心议题。

随着近年来传感器网络、移动定位、无线通信和移动互联网技术的快速发展和普及，获取时空精度更高的海量个体时空数据成为现实。在精细时空尺度下，对城市人口分布进行实时预测，可以为优化公共资源配置、辅助城市交通诱导、制定公共安全应急预案、探索城市居民活动规律等提供重要科学依据[②]。城市居民职住地分布是职住平衡问题研究的根本依据，也是优化城市交通、空间规划的重要基础。在大数据时代，支撑服务于规划行业的大数据技术在21世纪10年代初崭露头角[③]，经历过热潮、反思和沉淀，在2016年后愈发成熟，出现了连续、稳定、可横向比较的大数据数据源。在众多新型数据源中，手机数据具有覆盖人群广、数据实时性强、采样周期长等

---

① 住房和城乡建设部交通基础设施监测与治理实验室，中国城市规划设计研究院.2021年中国主要城市通勤监测报告[R].北京：中国城市规划设计研究院，2021.
② 陈丽娜，吴升，陈洁，等.基于手机定位数据的城市人口分布近实时预测[J].地球信息科学学报，2018，20（4）：523-531.
③ 李苗裔，王鹏.数据驱动的城市规划新技术：从GIS到大数据[J].国际城市规划，2014（6）：58-65.

特点，能够大规模长期客观地记录用户活动的时空特征。在人口分布研究和人口流动研究等基于大数据的研究相对成熟的背景下，针对国土空间规划大数据计算平台的建设有利于继续深入研究职住现状，寻找职住分离的原因、佐证处理职住问题，提出有针对性的建议。

2. 研究方法

本研究以职住平衡关系为出发点，运用手机定位数据和手机信令数据，基于近几年对区域通勤现状指标的计算，采用多指标多维度的分析方法，从宏观层面上，对总体规划实施后的2017～2021年全市的职住结构变化情况进行综合分析，并在中观和微观层面重点关注海淀区及其内部街道，为优化城市功能布局，改善城市通勤环境提供相应依据。基于传统的职住平衡理论，结合海淀区实际情况，客观地描述海淀区及其内部的职住平衡或分离的情况。在此基础上构建适合地区特点的职住分析系统，内容涵盖基础地理信息数据处理、大数据处理与计算等多个数据处理环节，其结果不仅覆盖了全市范围，还包括海淀区级和街道层面的职住特征，以及这些特性在多年内的变化情况。主要研究内容涵盖了不同研究层面上的职住指标计算、职住人口分布计算等。

3. 平台支撑

本研究依托平台模型超市和可视化两大核心功能模块构建了系统性的研究框架。其中，模型超市封装了数据调用、模型计算两项关键功能。

具体而言，国土空间规划大数据计算平台通过模型超市功能封装了有关职住通勤的算法模型。该功能调用计算所需的本地库基础数据和边界数据，包括各年度的手机定位数据、手机信令数据和北京市各级边界数据。通过数据处理算法获取的城市人口居住地、就业地信息，将多个相互独立的数据进行交叉验证、融合分析。如图6-53

图6-53 大数据北京职住人口规模变化

所示，以2019年北京市为例（未受到疫情影响），算法识别居住人口为2295万人，就业人口为1101人；第七次全国人口普查数据中居住人口为2190.1万人，统计年鉴就业人口为1273万人。对比分析可见，大数据所识别的居住人口规模与实际较为接近。

基于识别的数据进行模型计算，生成职住通勤专题的集成数据与指标数据，主要分为以下几个方面：

1）职住比

职住比计算模型如图6-54所示，输入边界信息表和职住情况表，运行模型后得到包含区域名称、时间、职住比、居住人口、就业人口的结果表。如勾选自定义，则须填写自定义边界字段名称。

2）内部通勤

内外通勤占比计算模型如图6-55所示，输入边界信息表，选择所需计算的月份，运行模型生成内部通勤比例。如勾选自定义，则须填写自定义边界字段名称。

图 6-54　职住比计算模型

图 6-55　内外通勤占比计算模型

3）通勤画像

通勤画像计算模型如图6-56所示，输入边界信息表，选择所需计算的月份，运行模型生成通勤距离、通勤时间、通勤方式以及不同通勤距离下的通勤方式。如勾选自定义，则须填写自定义边界字段名称。

图 6-56　通勤画像计算模型

程序的输出包含了各个分析维度的计算结果，并储存在平台集群集成数据库中，可以根据具体的研究需求，针对不同的研究区域和时间范围设置不同的查询条件来深入研究特定地区的特征。平台提供丰富多元的可视化工具，表盘配置模块使研究人员能够灵活选择并定制所关注的特定维度和指标，进而深入剖析不同研究区域及时间范围内的相关数据。同时，报表展示模块进一步增强了数据的可解释性，使其更具直观性和易理解性，以更好地理解和传达研究区域职住平衡的复杂特征。

4.结果分析

1）全市整体尺度指标

如图6-57所示，在职住比指标中，东城区、西城区、海淀区、朝阳区位居全市前四，其中东城区、西城区的职住比指标分别达到0.75和0.72，是北京市首要的就业功能集中地区。海淀区、朝阳区分别为0.62及0.58，是全市的次级就业所在地区。与之相反，昌平区、房山区、门头沟区、平谷区等职住比均小于0.5，主要承载居住功能。由于CBD地区、金融街、中关村三大主中心，及东直门地区、展览路、崇文门外多个次中心都分布在东西城、海淀区和朝阳区，职住比指标也印证了当前北京市就业空间结构呈现出"主中心—次中心"的形态。

如图6-58所示，在内部通勤指标中，就业中心所在区县普遍存在居内职外比例偏低，居外职内比例偏高的现象。东城区、西城区、海淀区、朝阳区的居外职内比例分别为0.58、0.54、0.40、0.34，位居全市前4位；而居内职外比例除北部生态涵养

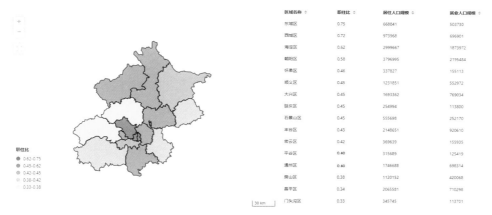

图 6-57　北京市区职住比图表

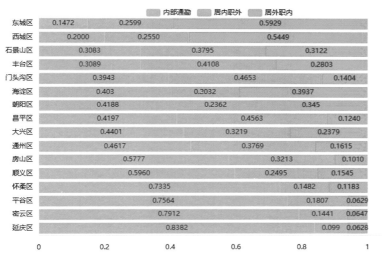

图 6-58　北京市区内外通勤比例

区外，均位于末位。这表明，在就业中心区县居住的人口可以完成短途就近通勤，而在就业中心区县上班的人口普遍离居住地较远，可完成10千米内通勤人数相对较少，这也说明就业中心的吸引力强，覆盖范围广，是全市的就业中心。与其相反，在北部涵养区范围内，就业居住自足性都相对较高。这表明，在涵养区范围内，大多可完成就近就业，对外就业相对较少。

　　通勤时间是对实际通勤情况的证实，通过对职住比指标和内部通勤指标的分析，无论区县主导功能为"职"或"住"，其通勤时间与内部通勤指标都呈正相关。东城区、西城区、海淀区、朝阳区的就业及交通效率依旧低下，分别为46.73分钟、45.33分钟、45.82分钟、47.49分钟，朝阳区就业者通勤时间为全市最高。对比全市就业（图6-59）与居住（图6-60）通勤时间，发现除北部涵养区保持一致外，就业通勤时

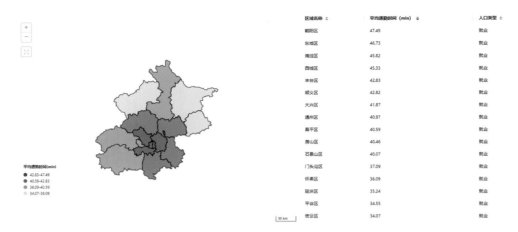

区域名称 ⇅	平均通勤时间 (min) ⇅	人口类型 ⇅
朝阳区	47.49	就业
东城区	46.73	就业
海淀区	45.82	就业
西城区	45.33	就业
丰台区	42.83	就业
顺义区	42.82	就业
大兴区	41.87	就业
通州区	40.97	就业
昌平区	40.59	就业
房山区	40.46	就业
石景山区	40.07	就业
门头沟区	37.09	就业
怀柔区	36.09	就业
延庆区	35.24	就业
平谷区	34.55	就业
密云区	34.07	就业

图 6-59　北京市各区就业人口平均通勤时间

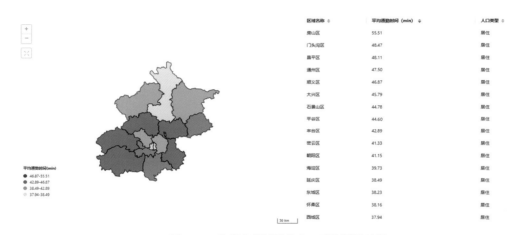

区域名称 ⇅	平均通勤时间 (min) ⇅	人口类型 ⇅
房山区	55.51	居住
门头沟区	48.47	居住
昌平区	48.11	居住
通州区	47.50	居住
顺义区	46.87	居住
大兴区	45.79	居住
石景山区	44.78	居住
平谷区	44.60	居住
丰台区	42.89	居住
密云区	41.33	居住
朝阳区	41.15	居住
海淀区	39.73	居住
延庆区	38.49	居住
东城区	38.23	居住
怀柔区	38.16	居住
西城区	37.94	居住

图 6-60　北京市各区居住人口平均通勤时间

间具有"中心效率低，向外效率高"的特征；居住交通时间则相反，具有"中心效率高，向外效率低"的特征。

对比2017年至2021年五年间北京市各区县的职住比可以发现，北京市整体职住布局没有发生结构上的变化，东城区、西城区、海淀区、朝阳区始终以就业功能为主导。《北京城市总体规划（2016年—2035年）》提出疏解非首功能，推进减量提质发展，优化城市空间布局，并对常住人口、就业规模、建筑总量等提出了控制要求，总规实施至今，中心城区在居住人口、就业人口双降的情况下，职住比均小幅度回落，意味着职住在供给数量上趋于平衡。与中心城区相反，部分多点地区及生态涵养地区的居住功能更加凸显，从数量上偏离职住平衡。

2）海淀区内尺度指标

以相同的指标以及计量方法对海淀区内各街道进行计算，如图6-61至图6-64

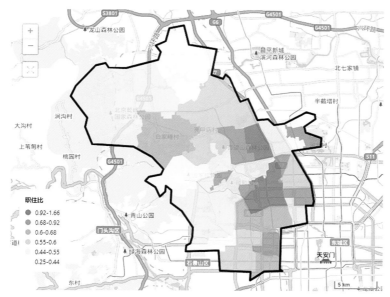

图 6-61　2021 年海淀区街道职住比指标

	内部通勤	居内职外	居外职内
万柳地区	0.0200	0.4332	0.5427
东升地区	0.0611	0.3824	0.5565
田村路街道	0.0665	0.6650	0.2685
甘家口街道	0.0749	0.3009	0.6242
海淀区八里庄街道	0.0791	0.4089	0.5120
上地街道	0.0793	0.1472	0.7735
西三旗街道	0.0826	0.5729	0.3445
海淀街道	0.0832	0.1841	0.7326
羊坊店街道	0.0877	0.3175	0.5948
中关村街道	0.0921	0.2483	0.6596
万寿路街道	0.0977	0.3619	0.5404
青龙桥街道	0.1008	0.5419	0.3572
永定路街道	0.1028	0.4055	0.4917
曙光街道	0.1034	0.3606	0.5360
马连洼街道	0.1106	0.3864	0.5031
香山街道	0.1109	0.6617	0.2274
北太平庄街道	0.1150	0.4579	0.4271
紫竹院街道	0.1195	0.3187	0.5618
清河街道	0.1256	0.5355	0.3389
花园路街道	0.1391	0.2765	0.5844
北下关街道	0.1429	0.2970	0.5601
西北旺地区	0.1701	0.4703	0.3596
上庄地区	0.1844	0.6081	0.2075
四季青地区	0.1931	0.5149	0.2920
学院路街道	0.1940	0.3430	0.4629
温泉地区	0.2215	0.3383	0.4402
苏家坨地区	0.2487	0.4430	0.3084
燕园街道	0.2624	0.1712	0.5664
清华园街道	0.2682	0.1993	0.5325

0　　0.2　　0.4　　0.6　　0.8　　1

图 6-62　2021 年海淀区街道内外通勤占比

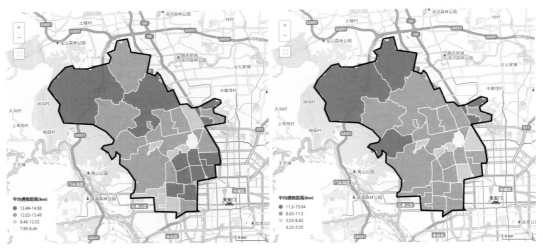

图 6-63　2021年海淀区街道就业人口通勤距离指标（左）及居住人口通勤距离指标（右）

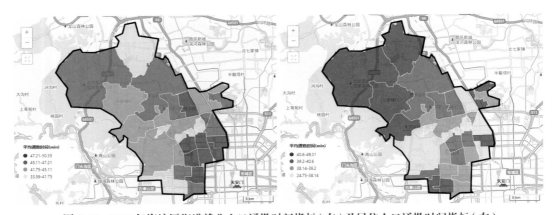

图 6-64　2021年海淀区街道就业人口通勤时间指标（左）及居住人口通勤时间指标（右）

所示。总体上，山前地区就业人口自足性不及山后地区，特别是上地街道、海淀街道、中关村街道以就业功能为主导，其职住比分别为1.66、1.08、0.95；居内职外比例低下，分别为0.1472、0.1841、0.27；居外职内比例分别为0.7735、0.7326、0.6596。受街道面积大小的影响因素较大，在考虑通勤时间与通勤距离的基础上，此类就业功能主导街道普遍存在居住人口通勤距离近时间短，就业人口通勤距离远时间长的特点。

在山前、山后地区存在较大职住差异的同时，研究发现在永定路街道周边，包括万寿路街道与田村路街道，就业人口通勤距离相对较短，时间较低，可判断形成以永定路街道为就业中心的小范围就业主导的平衡组团。

5.研究总结

随着城市空间规模的扩张，职住空间的错位和分离问题不断加剧。这不仅使居民的通勤时间和距离增加，进一步加剧了城市交通拥堵和早晚高峰交通压力，还带来了额外的资源消耗和环境污染等复杂挑战。因此，深入研究职住特征成为解决这些问题、引导城市可持续发展的关键措施。

本研究以北京市及海淀区为研究对象，利用时空大数据，计算职住比、内外通勤、通勤时间、通勤距离等指标，从宏观、中观尺度对北京市及海淀区职住现状进行了分析。研究从职住数量、职住质量、通勤效果等角度，综合分析在《北京城市总体规划（2016年—2035年）》实施后，2017～2021年全市的职住结构变化情况。

在宏观层面上分析了全市职住功能定位，北京市城市结构整体上仍表现出较为明显的单中心圈层结构，中心城区"职大于住"，外围城区"住大于职"。在中观层面上，研究分析了海淀区各个街道的职住平衡指标，对街道当前的职住功能进行了判别。

国土空间规划大数据计算平台的内嵌职住算法模型，可为城市职住研究提供重要支撑，帮助用户对城市职住人群分布、职住关联、职住平衡等方面进行分析和监测。平台操作简单，在用户确定研究方向后，可针对需求选择研究计算内容。

6.4　街道级：北京市东华门街道城市色彩识别与分析

6.4.1　研究背景

城市是历史与现实的共同载体，是人类历史文明的积淀，也是人们对美好未来的期待。作为人类文明的载体，城市面貌是一个地区的地方特征、民族特征和文化传统最直观的反映，视觉作为最重要的认知感官，城市的色彩无疑是一个城市重要的信息之一。色彩本身是具有哲学性的，体现着一个民族所特有的美学思想，任何一种形态和色彩的组合都会体现某一种文化特征[①]。

近年，我国出台了一系列法规标准文件，指导城市色彩的保存、传递、交流和识

---

① 唐碧云.城市色彩在城市规划中的重要性[J].科技咨询导报，2007，（15）：157-158.

别[1]。2017年，住房和城乡建设部发布《城市设计管理办法》，提出重点地区城市设计应当塑造城市风貌特色，确定建筑色彩等控制要求。2017年10月，《历史文化名城名镇名村保护条例》经修订后正式发布，指出历史文化街区、名镇、名村核心保护范围内的历史建筑，应当保持原有的高度、体量、外观形象及色彩。2020年，住房和城乡建设部、国家发展改革委联合发布《关于进一步加强城市与建筑风貌管理的通知》，旨在延续城市文化，加强建筑色彩、空间环境等方面的要求。2021年6月，自然资源部发布《国土空间规划城市设计指南》TD/T 1065—2021，要求总体规划的中心城区需对城市天际线、色彩等要素进行系统构建，并提出导控要求。详细规划中，加强对建筑体量、界面、风格、色彩、第五立面等要素的管控。由此可见，城市色彩规划的实施和监测对于城市风貌塑造和文脉传承具有重要现实意义。

本研究以"东华门街道—王府井街区"为场景开展色彩规划工作。北京老城区王府井街区历史悠久，形成以王府井大街为轴线的棋盘式道路网格局。20世纪末，街区坚持规划先行，开展了三期城市设计整治工程，保留传统商铺、延续原有肌理、整治建筑立面与街道空间环境。当前，为进一步落实《北京城市总体规划（2016年—2035年）》《首都功能核心区控制性详细规划（街区层面）（2018年—2035年）》，东城区政府编制了《王府井商业区更新治理规划》以推进解决街区更新治理的难点问题。在新一轮更新治理规划中，街区尺度、街道尺度及建筑尺度的色彩感知，将成为空间管控设计要求的重要支撑。

6.4.2　研究方法

依托国土空间规划大数据计算平台开展"东华门街道—王府井街区"的城市色彩识别与分析工作。通过网络爬虫技术获取东华门街道图像，初步判定网络爬取的图像质量，剔除色彩偏差较大的路段图像，对于效果较差的图像通过实地拍摄作为补充优化，如图6-65所示。基于实时图像数据，借助平台城市色彩规划算法以及集群计算能力，识别街区尺度色彩标识、评估街道尺度的色彩协调度、识别建筑尺度的施色特征。

---

[1] 张梦宇，顾重泰，陈易辰，等.基于复杂适应系统理论的城市色彩系统建构和方法探索——以北京王府井街区为例[J].上海城市规划，2022，（3）：30-37.

图 6-65　场景图像数据（部分）

6.4.3　平台支撑

本研究依托于程序建模模块构建定制化的算法功能。具体来说，国土空间规划大数据计算平台通过 Python 语言封装了城市色彩规划相关算法，并提供程序建模功能作为算法应用的接口。首先将不同空间尺度的实时影像分别上传至 Hadoop 集群平台的指定路径下，然后操作平台的程序建模功能运行城市色彩规划模型，模型经过集群运算将结果保存至指定的 Hadoop 数据存储路径或集群数据库中。

通过程序建模功能运行城市色彩规划模型，需输入算法指定 Hadoop 路径下的实时影像所在的文件夹名称，以及相应的运行结果输出文件夹名称。模型操作界面较为简单，如图 6-66 所示。

图 6-66　程序建模功能运行城市色彩规划模型示例

6.4.4 结果分析

1. 王府井街区的色彩标识识别

平台城市色彩规划模型识别结果包括12个主要颜色，根据这12个颜色的出现频次，将出现频率最高的6个色彩定位为基调色，剩余色彩为其他代表色，统称为街区主题色，具体如图6-67所示。王府井片区基调色以暖色系为主，包括黄色（5Y、7.5Y）、红黄色（10YR）。明度主要为中高明度6～7，搭配了部分低明度2～3的色彩。彩度以中低彩度1～2为主。王府井片区其他代表色以暖色系为主，包括黄色（2.5Y、5Y）、红黄色（2.5YR、7.5YR）、红色（10R）。明度集中在中高明度4～7。彩度变化值较大，从低彩度1～2至中高彩度8均有分布。中彩度中明度的红黄色、黄色体现了近现代浓厚的商业娱乐氛围，低彩度中明度的黄色和中明度灰色集合了宗教文化和居民生活的特色，奠定了低调柔和的环境基调。根据每个色彩出现的图片，可以确定主要运用的建筑类型（高度、功能、风格等），以及色彩对应的材质等属性。例如，2.5YR 5/4主要出现在北京百货大楼、王府井百货，建筑高度主要为6～7层，属于商业建筑，材质主要以砖为主，该色彩具有20世纪五六十年代的商业建筑风格。

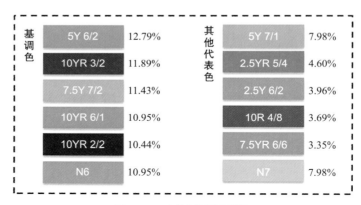

图 6-67　王府井街区主题色

2. 王府井街道的协调评估

通过城市色彩规划模型提取街道立面的色相、明度、彩度，计算得出色彩协调值。如图6-68所示，依据协调值曲线可知，王府井大街存在7个主要的波动折点，图中黄色虚线的5个区域为街道景观节点，其协调值波动符合设计要求。而A、B两个红色框线区域则是由于不协调的广告牌带来的色彩波动，不符合设计要求，应作

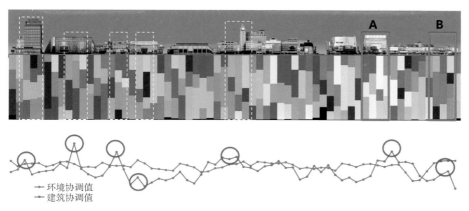

图 6-68 王府井街道立面色彩协调值曲线

为整治对象。

通过以上分析,给出王府井大街立面色彩的评估结论及设计建议。如图6-69所示,街道整体色彩空间主要通过色相和明度进行统一,变化体现在节点建筑的彩度

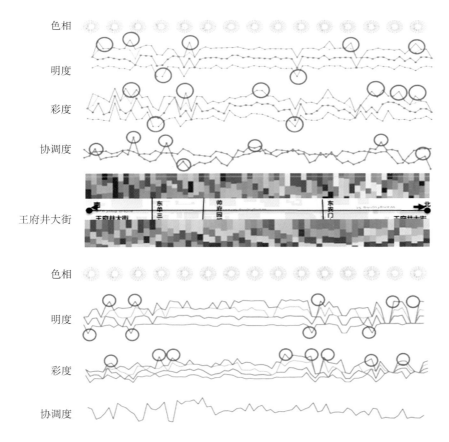

图 6-69 王府井步行街色彩协调度评估

波动，波动范围控制在小于等于5。大街西侧整体协调，色相统一，以暖色系红黄色（7.5YR、10YR）、黄色（2.5Y、5Y、7.5Y）为主。明度集中在5～7，搭配部分高明度8和少量中低明度3～4的色彩。彩度以中低彩度为主，相对变化较大，峰值主要出现在代表性商业建筑。但有少量高明度、高彩度冷色系出现在商业建筑外立面广告牌上，对街道界面有一定影响，建议调整。大街东侧相对协调，色相以暖色系为主，主要为红黄色（10YR）、黄色（2.5Y、5Y、7.5Y），而大街西侧更多使用冷色系的色彩，主要为玻璃幕墙，对街道界面有一定影响，建议控制使用。明度集中在5～7，搭配部分高明度8和少量中低明度3～4的色彩。彩度主要为低彩度1～3，部分大体量玻璃幕墙建筑出现中彩度4～6。

3. 北京饭店单体建筑施色特征识别

选取北京饭店作为节点建筑和标志性建筑进行具体分析，总结景观节点的施色特征。该建筑历史悠久，作为王府井大街南端点融合了东西方文化，如图6-70所示，主体色为红黄色（7.5YR 8/4），搭配红黄色（10YR 6/2）和黄色（2.5Y 7/2）的辅助色，形成浓郁而不失活泼的色彩风格，在更新设计中需重点延续色彩风貌，避免周围建筑的影响。

在节点建筑施色特征识别的基础上，可以依据街区尺度和街道尺度的管控要求，制定节点建筑的整治方案，并对整治后的环境协调度进行评估。以好友世界为例，该建筑为非代表性建筑，通过拆除高明度高彩度广告牌，改用低彩度中明度、暖色系为

建筑

北京饭店＼北京饭店
初期建筑 - 中楼
地址：东长安街33号

主体色　　7.5YR 8/4
辅助色　　10YR 6/2
　　　　　　2.5Y 7/2

图6-70　北京饭店色彩数据

主体色，使其协调值由34降至均值20，与周围环境达到协调。通过王府井大街东西两侧建筑整治前后的色彩协调度曲线可以看出，节点建筑在整治改造后色彩整体趋向稳定，好友世界、工美大厦改造后的正向影响显著（图6-71）。

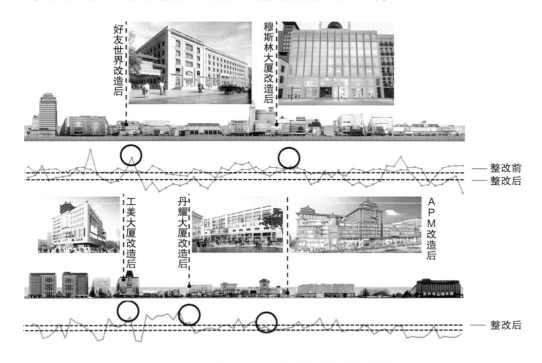

图6-71 王府井东西两侧建筑整治前后色彩协调值比对

6.4.5 研究总结

色彩控制是塑造城市特色的必由之路[①]，一个色彩控制良好，有着优美、和谐色彩主题的城市，不但显示了其文化品位和文化内涵，同时也表达了一种传统美学。

基于国土空间规划大数据计算平台，以王府井街道更新为案例，应用城市色彩规划模型，为建筑单体或建筑群融入街道色彩管控提供了实操手段，在保证街道整体色彩协调性的同时兼顾了重点建筑色彩的个性和文化符号。通过模型运行结果的深入分析，验证了应用平台开展空间现状色彩标识识别、协调度评估和单体建筑色彩引导工作的可行性。本研究为城市色彩的持续监测提供了评估方法，并在空间单元上建立了统一的机制，同时也为城市色彩的持续量化提供了一种系统的思路。规划人员借助计算平台能够更好地理解和规划城市的色彩，通过识别和评估现有的色彩标识，能够为

① 牛强，盛富斌，刘晓阳，等.基于手机信令数据的城内迁居活跃度识别方法研究——以武汉市为例[J].地理研究，2022，41（8）：13.

城市的色彩规划提供有力指导。此外，根据建筑单体或建筑群的特点和文化背景进行个性化的色彩引导，不仅能够提升城市的整体形象和品质，还能够展示城市的独特魅力和文化特色。

综上所述，基于国土空间规划大数据计算平台的城市色彩研究为城市规划和设计提供了重要支持，实现了城市色彩的持续监测和量化，为城市的发展和提升提供了科学的指导和决策依据，有助于打造更美丽、更宜居的城市环境，提升市民的生活质量和幸福感。

参考文献

[1] 房汉廷.挖掘数据潜能驱动创新发展[N].科技日报，2023-07-10（8）.

[2] 龙瀛，李派.新数据环境下的城市增长边界规划实施评价[J].上海城市规划，2017（5）：106-111.

[3] 周洋.基于出租车数据的城市居民活动空间与网络时空特性研究[D].武汉：武汉大学，2016.

[4] 韩昊英，于翔，龙瀛.基于北京公交刷卡数据和兴趣点的功能区识别[J].城市规划，2016，40（6）：52-60.

[5] 赵映慧，谌慧倩，远芳，等.基于QQ群网络的东北地区城市联系特征与层级结构[J].经济地理，2017，37（3）：49-54.

[6] 杨显华，黄洁，田立，等.基于高分辨率遥感数据的矿山环境综合治理研究——以冕宁牦牛坪稀土矿为例[J].国土资源遥感，2015，27（4）：115-121.

[7] 孟祥玉.基于多源数据京津冀城市群边界识别研究[D].北京：中国地质大学，2017.

[8] 《城市规划学刊》编辑部."人工智能对城市规划的影响"学术笔谈会[J].城市规划学刊，2018，（5）：1-10.

[9] 新一代人工智能赋能城市规划：机遇与挑战[J].城市规划学刊，2023（4）：1-11.

[10] MAYER S V, CUKIER K. Big data: A revolution that will transform how we live, work, and think[M]. Houghton Mifflin Harcourt, Boston: 2013.

[11] BATTY M. Smart cities, big data[J]. Environment and Planning B: Planning and Design, 2012, 39（2）: 191-193.

[12] ISHWARAPPA, ANURADHA J. A brief introduction on big data 5Vs characteristics and hadoop technology. Procedia Computer Science[J]. 2015, 48: 319-324.

[13] DOUGLAS, LANEY. 3D Data Manage-ment: Controlling Data Volume, Velocity and Variety[N]. Gartner, 2001-02-06.

[14] BATTY M, AXHAUSEN K W, GIANNOTTI F, et al. Smart Cities of the Future[J]. The European Physical Journal Special Topics, 2013（1）: 481-518.

[15] YUE Y, LAN T, YEH A G O, et al. Zooming into Individuals to Understand the Collective: A Review of Tajectory-based Travel Behaviour Studies[J]. Travel Behaviour and Society, 2014（2）: 69-78.

[16] 彭宇，庞景月，刘大同，等.大数据：内涵、技术体系与展望[J].电子测量与仪器学报，2015，29（4）：469-482.

[17] 王静，孟小峰.半结构化数据的模式研究综述[J].计算机科学，2011，28（2）：6-11.

[18] WILDE E, GLUSHKO R J. XML fever[J]. Communi-cations of the ACM, 2008, 51（7）: 40-46.

[19] KITCHIN R. Big data and human geography: Opportunities, challenges and risks[J]. Dialogues in human geography, 2013, 3（3）: 262-267.

[20] 牛强.城市规划大数据的空间化及利用之道[J].上海城市规划，2014（5）：35-38.

[21] 龙瀛，毛其智.城市规划大数据理论与方法[M].北京：中国建筑工业出版社，2019.

[22] 茅明睿.城市治理中的社会感知方法应用[J].办公自动化，2020，25（5）：11-13.

[23] 袁昕，吴巧，李晓燕.新常态下谈创新，规划要有新能力[J].北京规划建设，2015（6）：183-184.

[24] 刘伦，龙瀛，麦克·巴蒂.城市模型的回顾与展望——访谈麦克·巴蒂之后的新思考[J].城市规划，2014（8）：63-70.

[25] 龙瀛，刘伦伦.新数据环境下定量城市研究的四个变革[J].国际城市规划，2017，32（1）：64-73.

[26] 曹阳，甄峰，席广亮.大数据支撑的智慧化城市治理：国际经验与中国策略[J].国际城市规划，2019，34（3）：71-77.

[27] 纪媛媛.城市社区治理中大数据战略的实施路径[J].社会科学前沿，2017，6（12）：1520-1526.

[28] 曹策俊，李从东，王玉，等.大数据时代城市公共安全风险治理模式研究[J].城市发展研究，2017，24（11）：76-82.

[29] SAGIROGLU S, SINANC D. Big data: A review[C]//2013 international conference on collaboration technologies and systems（CTS）. IEEE, 2013: 42-47.

[30] KANG C, SOBOLEVSKY S, LIU Y, et al. Exploring human movements in Singapore: A comparative analysis based on mobile phone and taxicab usages[J]. explorations, 2013（CD/ROM）: 21282135.

[31] SCHNEIDER C M, BELIK V, COURONNÉ T, et al. Unravelling daily human mobility motifs[J]. Journal of the Royal Society Interface, 2013, 10（84）.

[32] LIU Y, SUI Z, KANG C, et al. Uncovering patterns of inter-urban trip and spatial interaction from social media check-in data[J]. PLoS ONE, 2014, 9（1）: e86026.

[33] NEIROTTI P, MARCO A D, CAGLIANO AC, et al. Current trends in smart city initiatives: Some stylised facts[J]. Cities, 2014, 38: 25-36.

[34] HAWELKA B, SITKOI, BEINAT E, et al. Geo-located Twitter as proxy for global mobility patterns[J]. Cartography and Geographic Information Science, 2014, 41（3）: 260-271.

[35] YOSHIMURA Y, SOBOLEVSKY S, RATTI C, et al. An analysis of visitors' behavior in the louvre museum: A study using bluetooth data. [J]Environment and Planning B: Planning and Design, 2014, 41（6）, 1113 - 1131.

[36] PEI T, SOBOLEVSKY S, RATTI C, et al. A new insight into land use classification based on aggregated mobile phone data[J]. International Journal of Geographical Information Science, 2014, 28（9）, 1988 - 2007.

[37] SOBOLEVSKY S, CAMPARI R, BELYI A, et al. General optimization technique for high-quality community detection in complex networks[J]. Physical Review E-Statistical, Nonlinear, and Soft Matter Physics, 2014, 90（1）: 012811-1-012811-8.

[38] THAKURIAH P, TILAHUN N Y, ZELLNER M. Big data and urban informatics: innovations and challenges to urban planning and knowledge discovery[M]. Seeing cities through big data: Research, methods and applications in urban informatics.

Berlin: Springer, 2017: 11-45.

[39] RATTI C, PULSELLI R M, WILLIAMS S. Mobile landscapes: Using location data from cell phones for urban analysis[J]. Environment and Planning B: Planning and Design, 2006, 33(5), 727-748.

[40] GONZÁLEZ M C, HIDALGO C A, BARABÁSI A L. Understanding individual human mobility patterns[J]. Nature, 2008, 453: 779 - 782.

[41] 秦萧，甄峰.数据驱动的城市规划科学化探讨[J].南方建筑，2016(5)：48-55.

[42] BATTY M. Artificial Intelligence and Smart Cities[J]. Environment and Planning B: Urban Analytics and City Science, 2018, 45(1): 3-6.

[43] 龙瀛，李苗裔，李晶.基于新数据的中国人居环境质量监测：指标体系与典型案例[J].城市发展研究，2018，25(4)：86-96.

[44] 甄峰，翟青.移动信息时代的中国城市地理研究[J].科学，2013，65(1)：42-44.

[45] 丁亮，钮心毅，宋小冬.基于移动定位大数据的城市空间研究进展[J].国际城市规划，2015，30(04)：53-58.

[46] 甄茂成，党安荣，许剑.大数据在城市规划中的应用研究综述[J].地理信息世界，2019，26(1)：6-12.

[47] 龙瀛，沈振江，毛其智，等.基于约束性CA方法的北京城市形态情景分析[J].地理学报，2010，65(6)：643-655.

[48] 梅宏，杜小勇，金海，等.大数据技术前瞻[J].大数据，2023，9(1)：1-20.

[49] 王晓波，樊纪元.电力调度中心统一数据平台的设计[J].电力系统自动化，2006，30(22)：89-92.

[50] 路广，张伯明，孙宏斌.数据仓库与数据挖掘技术在电力系统中的应用[J].电网技术，2001，25(8)：54-57.

[51] 朱朝阳，王继业，邓春宇.电力大数据平台研究与设计[J].电力信息与通信技术，2015，13(6)：1-7.

[52] 吴克寒，王芮，高唱，等.面向城市交通规划的大数据平台构建方法研究[C]//2019中国城市交通规划年会，2019：品质交通与协同共治.

[53] 林涛.基于大数据的交通规划技术创新应用实践——以深圳市为例[J].城市交通，2017，15(1)：43-53.

[54] 张晓春，林涛，段仲渊，等.面向城市交通治理的大数据计算平台TransPaaS[M].上海：同济大学出版社，2021.

[55] 张天然，朱春节，王波，等.上海市交通规划大数据平台建设与应用[J].城市交通，2023，21(1)：9-16.

[56] 史天运，刘军，李平，等.铁路大数据平台总体方案及关键技术研究[J].铁路计算机应用，2016，25(9)：1-6.

[57] 王鹏.智慧矿山安全管控大数据平台建设探讨[J].煤炭工程，2020，52(8)：154-158.

[58] 王冬梅.基于Hadoop的高校大数据平台构建研究[J].互联网周刊，2023，(14)：79-81.

[59] 李杰.大数据和云计算技术在智慧城市建设中的应用[J].网络安全技术与应用，2023(2)：102-103.

[60] 吴志强.人工智能辅助城市规划[J].时代建筑，2018(1)：6-11.

[61] 吴志强，柏旸.欧洲智慧城市的最新实践[J].城市规划学刊，2014(5)：15-22.

[62] 牛强.城市规划大数据的空间化及利用之道[J].上海城市规划，2014（5）：35-38.

[63] 甄茂成，党安荣，许剑.大数据在城市规划中的应用研究综述[J].地理信息世界，2019，26（1）：8.

[64] 张翔.大数据时代城市规划的机遇、挑战与思辨！[J].规划师，2014，30（8）：38-42.

[65] 吴志强.国土空间规划原理[M].上海同济大学出版社：2023.

[66] 黄建中，曹哲静，万舸.TOD理论的发展及新技术环境下的研究展望[J].城市规划学刊，2023（2）：40-46.

[67] 吴志强，陆天赞.引力和网络：长三角创新城市群落的空间组织特征分析[J].城市规划学刊，2015（2）：31-39.

[68] 钮心毅，林诗佳.城市规划研究中的时空大数据：技术演进、研究议题与前沿趋势[J].城市规划学刊，2022（6）：50-57.

[69] FERREIRA D，VALE M. Geography in the big data age：an overview of the historical resonance of current debates[J]. Geographical Review，2022，112（2）：250-266.

[70] 邓毛颖，邓策方.利益统筹视角下的城市更新实施路径——以广州城中村改造为例[J].热带地理，2021，41（4）：760-768.

[71] 龙瀛，毛其智.城市规划大数据理论与方法[M].北京：中国建筑工业出版社，2019.

[72] 丁亮，钮心毅，宋小冬.基于移动定位大数据的城市空间研究进展[J].国际城市规划，2015（4）：53-58.

[73] 吴志峰，柴彦威，党安荣，等.地理学碰上"大数据"：热反应与冷思考[J].地理研究，2015，34（12）：2207-2221.

[74] 柴彦威，申悦，肖作鹏，等.时空间行为研究动态及其实践应用前景[J].地理科学进展，2012，31（6）：667-675.

[75] AHAS R，MARK U. Location Based Services - New Challenges for Planning and Public Administrations？[J]. Futures，2005，37：547-561.

[76] RATTI C，FRENCHMAN D，Pulselli R M，et al. Mobile Landscapes：Using Location Data from Cell Phones for Urban Analysis [J]. Environment and Planning B：Planning and Dsign，2006，33（5）：727-748.

[77] 甄茂成，党安荣，许剑.大数据在城市规划中的应用研究综述[J].地理信息世界，2019，26（1）：6-12.

[78] 叶宇，魏宗财，王海军.大数据时代的城市规划响应[J].规划师，2014（8）：5-11.

[79] 钮心毅，丁亮，宋小冬.基于手机数据识别上海中心城的城市空间结构[J].城市规划学刊，2014（6）：61-67.

[80] 张晓东，许丹丹，王良，等.基于复杂系统理论的平行城市模型架构与计算方法[J].指挥与控制学报，2021，7（1）：28-37.

[81] SAGL G，DELMELLE E，Delmelle E. Mapping Collective Human Activity in an Urban Environment Based on Mobile Phone Data [J]. Cartography and Geographic Information Science，2014，41（3）：272-285.

[82] 龙瀛，张宇，崔承印.利用公交刷卡数据分析北京职住关系和通勤出行[J].地理学报，2012，67（10）：1339-1352.

[83] 钮心毅，岳雨峰，李凯克.长三角城市群中心城市与周边城市的城际出行特征研究[J].上海城市规划，2020（4）：1-8.

[84] 党安荣，袁牧，沈振江.基于智慧城市和大数据的理性规划与城乡治理思考[J].建设科技，2015(5)：64-66.

[85] 王腾.大数据在城市总体规划编制中的应用方法研究[D].武汉：武汉大学，2017.

[86] 龙瀛，曹哲静.基于传感设备和在线平台的自反馈式城市设计方法及其实践[J].国际城市规划，2018，33(1)：34-42.

[87] 杨俊宴，袁奇峰，田宝江，等.第四代城市设计的创新与实践[J].城市规划，2018，42(2)：27-33.

[88] 张逸姬，甄峰，罗桑扎西，等.基于多源数据的城市职住空间匹配及影响因素研究[J].规划师，2019，35(7)：84-89.

[89] 席广亮，甄峰.基于大数据的城市规划评估思路与方法探讨[J].城市规划学刊，2017(1)：56-62.

[90] 喻文承，李晓烨，高娜，等.北京国土空间规划"一张图"建设实践[J].规划师，2020，36(2)：59-64.

[91] AHAS R，SILM S，Jarv O，et al. Using Mobile Positioning Data to Model Locations Meaningful to Users of Mobile Phones [J]. Journal of Urban Technology, 2010, 17(1)：3-27.

[92] 宋程，金安，马小毅，等.广州市职住平衡测度及关联性实证研究[J].城市交通，2020，18(5)：27-33.

[93] 龙瀛，周垠.街道活力的量化评价及影响因素分析——以成都为例[J].新建筑，2016(1)：52-57.

[94] 路启，阚长城，魏星，阴炳成.基于LBS数据的天津市双城通勤圈研究[J].城市交通，2020，18(5)：45-53.

[95] 吴炼，王婧，李锁平，等.基于路网承载力分析的用地布局研究[J].城市交通，2013，11(3)：34-41.

[96] 曾莎洁.基于多源数据的智慧城市运行安全监测指标体系研究[J].智能建筑与智慧城市，2023(09)：6-9.

[97] 翟霞.传统关系数据库与大数据库技术[J].电子技术与软件工程，2019(12)：168.

[98] ZAHARIA M，CHOWDHURY M，DAS T，et al. Resilient distributed datasets：A fault-tolerant abstraction for in-memory cluster computing[C]// Proceedings of the 9th USENIX conference on Networked Systems Design and Implementation. USENIX Association, 2012.

[99] 陈虹君.基于Hadoop平台的Spark框架研究[J].电脑知识与技术，2014，10(35)：8407-8408.

[100] 龚方生.微服务中的Docker技术应用[J].电子技术与软件工程，2021，198(4)：54-56.

[101] 刘智慧，张泉灵.大数据技术研究综述[J].浙江大学学报（工学版），2014，48(6)：957-972.

[102] 夏靖波，韦泽鲲，付凯，等.云计算中Hadoop技术研究与应用综述[J].计算机科学，2016，43(11)：6-11.

[103] 王德文.基于云计算的电力数据中心基础架构及其关键技术[J].电力系统自动化，2012，36(11)：67-71.

[104] 唐振坤.基于Spark的机器学习平台设计与实现[D].厦门大学，2014.

[105] 王宏宇.Hadoop平台在云计算中的应用[J].软件，2011，32（4）：36-38.

[106] 顾荣.大数据处理技术与系统研究[D].南京：南京大学，2016.

[107] 金国栋，卞昊穹，陈跃国，等.HDFS存储和优化技术研究综述[J].软件学报，2020，31（1）：137-161.

[108] 张国华，叶苗，王自然，等.大数据Hadoop框架核心技术对比与实现[J].实验室研究与探索，2021，40（02）：145-148.

[109] 梅俊.Hadoop核心技术及实例分析[J].信息技术与信息化，2019，（10）：85-86.

[110] 冯兴杰，王文超.Hadoop与Spark应用场景研究[J].计算机应用研究，2018，35（9）：2561-2566.

[111] 胡岳.基于Spark分布式并行算法研究[D].武汉：武汉大学，2020.

[112] 姜吉宁.基于Spark和Hive的新型种质资源数据仓库的设计和实现[D].合肥：中国科学技术大学，2018.

[113] 杜威科.基于Kubemetes的大数据流式计算Spark平台设计与实现[D].南京：南京邮电大学，2017.

[114] 马帅.基于Spark Streaming的反刷单系统的设计与实现[D].北京：北京邮电大学，2018.

[115] 车思阳.基于Kafka的大容量实时预警数据汇集分发技术研究[D].成都：电子科技大学，2021.

[116] 孙强强.基于Docker集群的弹性任务调度模型构建[J].自动化技术与应用，2023，42（08）：6-9.

[117] 高文亮.基于Kubernetes的高可用BaaS系统研究与实现[D].北京：北京邮电大学，2023.

[118] 黄伟建，宋园园.HBase负载均衡分析及优化策略[J].微电子学与计算机，2016，33（4）：125-128.

[119] 陈新房，刘义卿.分布式系统数据仓库工具Hive的工作原理及应用[J].科学技术创新，2021，（36）：104-107.

[120] 张艳丽，吴淮北.Hive数据仓库在Hadoop大数据环境下数据的导入与应用[J].电脑编程技巧与维护，2022，（12）：97-99.

[121] 田燕军，王玥.hbase与hive整合研究[J].山西电子技术，2022，（1）：81-83.

[122] Ahmed I.PostgreSQL数据库的特点[J].软件和集成电路，2021，（6）：63.

[123] 汪浩.高性能平台计算资源调度优化关键技术研究[D].长沙：国防科技大学，2021.

[124] 刘曼齐.有关大数据平台的数据安全技术能力体系建设[J].数字技术与应用，2022，40（4）：223-225.

[125] 胡志达.大数据平台数据的安全管理体系架构设计[J].江苏科技信息，2021，38（13）：25-28.

[126] 周志华.机器学习[M].北京：清华大学出版社，2016.

[127] 肖天正.基于神经网络的城市交通和土地利用一体化空间分析[D].北京：清华大学，2021.

[128] 吴博，梁循，张树森，等.图神经网络前沿进展与应用[J].计算机学报，2022，45（1）：35-68.

[129] 程显毅，施佺.深度学习与R语言[M].北京：机械工业出版社，2017.

[130] 刘伦，王辉.城市研究中的计算机视觉应用进展与展望[J].城市规划，2019，43（1）：117-124.

[131] 张丽英，裴韬，陈宜金，等.基于街景图像的城市环境评价研究综述[J].地球信息科学学报，

2019，21（1）：46-58.

[132] 黄鹏，郑淇，梁超.图像分割方法综述[J].武汉大学学报（理学版），2020，66（6）：519-531.

[133] 刘智谦，吕建军，姚尧，等.基于街景图像的可解释性城市感知模型研究方法[J].地球信息科学学报，2022，24（10）：2045-2057.

[134] HUANG D.生成模型与文字探勘：利用LDA建立文件全题模型[EB/OL]（2019-01-10）. https：//taweihuang.hpd.io/2019/01/10/topic-modeling-lda/.

[135] DEVLIN J，CHANG M W，LEE K，et al. BERT：Pre-training of deep bidirectional transformers for language understanding[C]//Proceedings of the 2019 Conference of the North American Chapter of the Association for Computational Linguistics：Human Language Technologies. Minneapolis：ACL，2019.：4171-4186.

[136] 郑诗晨，盛业华，吕海洋.基于粒子滤波的行车轨迹路网匹配方法[J].地球信息科学学报，2020，22（11）：2109-2117.

[137] ZHANG H，SONG X，XIA T，et al. Battery electric vehicles in Japan：human mobile behavior based adoption potential analysis and policy target response[J]. Applied Energy，2018（220）527-535.

[138] 吴美娥.对公交IC卡数据处理分析及应用的探索[D].北京：北京交通大学，2010.

[139] 龙瀛，崔承印，张宇，等.利用公交一卡通刷卡数据评价北京职住分离的空间差异[C]//中国城市规划学会.多元与包容——2012中国城市规划年会论文集（01.城市化与区域规划研究）.昆明：云南科技出版社，2012：32-44.

[140] 郭戎格.基于IC卡数据的定制公交线路优化[D].北京：北京交通大学，2017.

[141] 李海波，陈学武.基于公交IC卡和AVL数据的换乘行为识别方法[J].交通运输系统工程与信息，2013，13（6）：73-79.

[142] 陈丽欣，钟鸣，潘晓锋，等.公共交通乘客换乘时长阈值及换乘行为特征分析[J].交通运输研究，2022，8（2）：68-78.

[143] ZHANG J，SOKHANSANJ S，WU S，et al. A transformation tech-nique from RGB signals to the Munsell system for color analysis of tobacco leaves [J]. Computers & Electronics in A-griculture，1998，19（2）：155-166.

[144] 张振龙，蒋灵德.基于职住平衡与通勤的苏州城市职住空间结构特征[J].规划师，2015，31（3）：81-86.

[145] 艾毅.关于提升成都城市通勤效率的对策建议[J].区域治理，2020（37）：21-22.

[146] 张研.基于产业联系强度的山西省产业空间结构调整[D].临汾：山西师范大学，2019.

[147] 丁嘉铖，安虎森.投入产出、资源禀赋与产业空间分布[J].经济纵横，2023（6）：77-89.

[148] 潘春苗，母爱英.中国三大城市群协同创新网络比较研究——基于专利合作数据[J].重庆理工大学学报（社会科学），2022，36（4）：81-93.

[149] 陆军，孙翔宇，毛文峰.中国四大城市群的投资网络空间结构与演化特征——基于全国海量工商企业信息数据的分析[J].城市问题，2023（4）：21-31.

[150] 石敏俊，孙艺文，王琛等.基于产业链空间网络的京津冀城市群功能协同分析[J].地理研究，2022，41（12）：3143-3163.

[151] CALTHORPE P. The Next American Metropolis：Ecology，Community & the American Dream[J]. Princeton Architectural Press，1993.

[152] 余锦树，杨友生，淦立琴，等.智慧澄海时空大数据平台设计与实现[J].地理空间信息，

2023, 21 (3): 110-113.

[153] 周凯, 胡佩茹.国土空间规划的数据中台架构设计研究[J].智能城市, 2020, 6 (2): 108-110.

[154] 付登坡.数据中台: 让数据用起来[M].北京: 机械工业出版社, 2020.

[155] 张凯.京津冀地区产业协调发展研究[D].武汉: 华中科技大学, 2009.

[156] 张沛祺.京津冀产业发展协同对经济发展质量影响的统计研究[D].北京: 首都经济贸易大学, 2023.

[157] 刘丙乾.基于腾讯人口迁徙数据的城市群协同共治研究[C]//中国城市规划学会城市交通规划学术委员会.品质交通与协同共治——2019年中国城市交通规划年会论文集.北京: 中国建筑工业出版社, 2019: 3224-3237.

[158] 石珊, 吴海平, 孙曦亮.基于百度迁徙数据的湖南城镇发展体系研究[C]//中国城市规划学会.面向高质量发展的空间治理——2021中国城市规划年会论文集 (05城市规划新技术应用).北京: 中国建筑工业出版社, 2021: 1-11.

[159] 周建高.中国城市人口过密的不经济研究[J], 中国名城, 2013 (4): 8-13.

[160] 牛强, 盛富斌, 刘晓阳, 等.基于手机信令数据的城内迁居活跃度识别方法研究——以武汉市为例[J].地理研究, 2022, 41 (8): 13.

[161] 肖作鹏, 柴彦威, 张艳.国内外生活圈规划研究与规划实践进展述评[J].规划师, 2014, 30 (10): 89-95.

[162] 尤国豪, 陈喆.生活圈视角下公共服务设施的布局优化策略[J].建筑与文化, 2021 (7): 121-122.

[163]《城市规划学刊》编辑部.概念·方法·实践: "15分钟社区生活圈规划"的核心要义辨析学术笔谈[J].城市规划学刊, 2020, 255 (1): 1-8.

[164] 唐刚.基于手机信令数据的城市商业中心辐射区域特征分析模型研究[D].重庆: 重庆邮电大学, 2017.

[165] 王德, 王灿, 谢栋灿, 等.基于手机信令数据的上海市不同等级商业中心商圈的比较——以南京东路、五角场、鞍山路为例[J].城市规划学刊, 2015 (3): 50-60.

[166] 张舒沁, 边扬, 李玲.北京市TOD发展成效评价指标体系研究[J].交通工程, 2020, 20 (3): 21-26.

[167] 苏世亮, 赵冲, 李伯钊, 等.公共交通导向发展 (TOD) 的研究进展与展望[J].武汉大学学报 (信息科学版), 2023 (2): 175-191.

[168] 住房和城乡建设部交通基础设施监测与治理实验室, 中国城市规划设计研究院.2021年中国主要城市通勤监测报告[R].北京: 中国城市规划设计研究院, 2021.

[169] 陈丽娜, 吴升, 陈洁, 等.基于手机定位数据的城市人口分布近实时预测[J].地球信息科学学报, 2018, 20 (4): 523-531.

[170] 李苗裔, 王鹏.数据驱动的城市规划新技术: 从GIS到大数据[J].国际城市规划, 2014 (6): 58-65.

[171] 唐碧云.城市色彩在城市规划中的重要性[J].科技咨询导报, 2007, (15): 157-158.

[172] 张梦宇, 顾重泰, 陈易辰, 等.基于复杂适应系统理论的城市色彩系统建构和方法探索——以北京王府井街区为例[J].上海城市规划, 2022, (3): 30-37.

后 记

　　国土空间规划是合理协调国土空间布局、综合部署城市各项规划建设的重要手段，旨在实现城市社会经济文化发展、创造良好舒适的人居生活环境。国土空间规划应坚持以人为本、激活数据价值，盘活城市中的多源、复杂、异构的数据资源，透过数据找寻背后蕴藏的城市复杂逻辑和发展规律，并以多元化视角研究城市复杂系统中存在的问题，不断提升城市品质和建设管理水平。以数字化技术赋能城市治理、提升运转效率、优化民生福祉，已经成为实现城市发展提质增效的必由之路。

　　数字化时代的发展推动了社会经济快速前进，各行各业融入大数据应用进行不断改革和创新，传统型城市规划也在数字技术支撑下转向系统化和深入化的新型模式。传统调查数据依赖于数据的周期性定时采集，受限于时间尺度、调查范围、数据体量和高成本，缺乏实时性和连续性，难以对城市运行状态进行大规模的常态化、精细化追踪描述。大数据产业发展的历史新机遇下，高分辨率动态监测城市空间发展演化成为可能，城市规划研究将从相对简单的观察描述转向更复杂的模型模拟、从静态的统计转向动态的演变、从粗糙的集合转向精细的个体。

　　国土空间规划实施过程中涉及数据信息种类繁多，如何有效整合地理数据、手机信令、视频音频、自然语言等多源异构的国土空间规划大数据是分析挖掘数据价值的重要内容。打造满足多场景要素规划需求、赋能各个规划部门开展基于大数据新技术规划城市空间发展的大数据计算平台，涉及计算机、数据科学、城市规划与管理、地理信息科学、智能交通等多个专业知识，需要多源异构数据的清洗和融合、大数据分析和挖掘、GIS技术、图像处理、文本信息提取等多项关键技术，还需熟悉规划、交通、轨道、市政等多个部门业务流程，是一项十分复杂的系统工程。

　　鉴于传统数据分析手段在国土空间规划过程中数据计算能力、结果表达能力、功能扩展能力上的不足，本书将国土空间规划、计算机和数据科学等多学科交叉融合技术作为出发点，基于多源异构数据融合与智能分析，精准刻画城市发展状态、深入理解城市演化逻辑。面向国土空间规划研发基于对大数据进行采集、存储、清洗、融合、计算、分析、表达的高性能新型科研计算平台，围绕数据要素、前沿技术、城市规划、人工智能、先进计算等主题，搭建高质量、易扩展、可生长的分布式智能计算产业生态，强化对数据资源的统筹利用，推动多部门协同开展规划工作，实现对城市发展的有效控制和管理，助力现代城市规划建设。

本书立足于数字技术视域，以服务国土空间规划的大数据支撑平台搭建为基本框架，分析了大数据在国土空间规划数字化改革中所起的作用以及需要面对的机遇和挑战，梳理总结了大数据赋能国土空间规划的发展趋势，探讨了当前规划大数据理论研究的形势，以及应用转化的趋势，构建了国土空间规划大数据的应用框架和指标体系，详细阐述了国土空间规划大数据计算平台的基本内涵和总体架构，以及数据后台、中台、前台的职责、技术与关联。最后，基于多维实际应用专题勾连规划大数据计算平台与规划业务的纽带，既有规划学科视角下的新型城市建设、治理和管理，也有数据科学视角下的海量数据处理、建模和算法，形成了从概念到方法论，再到应用专题的完整描述。具体创新如下：

（1）形成了一套面向国土空间规划的大数据应用实践框架，将"感知—认知（推演）—决策"技术链条深度融入规划工作体系。该框架贯彻新发展理念，站在人与自然和谐共生的高度，将新一代数字技术综合运用于规划编制、方案审查、规划实施、体检评估和监督反馈等环节，完善了智慧国土空间规划编制方法论，为当前大数据应用面临的数据融合不足、供需关系错位、长时监测匮乏等问题提供了解决思路，推动了国土空间实现集约高效、功能衔接、人地和谐。

（2）构建了空间更加精细、更新高频、覆盖更广的国土空间规划大数据监测指标体系，并提出了指标体系的构建原则和思路，实现了城市运行生命体征的全方位实时感知和认知。指标体系的建设基于创新、协调、绿色、开放、共享的新发展理念，并落实到总体规划、详细规划和专项规划三个层次，在规划工作路径的各个环节实现了对指标制定的决策支持和指标实施的监测预警。基于此，实现了对城市进行全面数据分析和建模的顶层设计，有助于判断城市运行状况指征，刻画全方位、多维度的城市形象，帮助决策者更好地了解城市状况，提高规划决策的科学性和精准性。

（3）研发了面向国土空间规划编制的高度可扩展的分布式大数据计算平台。分布式集群运算的关键技术大幅提升了大数据运算和实时响应能力，运算效率从传统GIS运算的百万级、时级响应提高到十亿级、秒级实时响应的水准。通过计算平台推动多部门协同开展规划工作具有现实意义，加快了数字技术和国土空间规划融合创新的步伐。定制化的数据可视化页面适用于复杂多变的业务场景，支持动态发布需求量较大的专题图。高扩展的平台功能可支持拓宽服务场景，适应不断变化的城市发展需求，实现平台和规划工作的紧密结合，持续赋能实际规划业务。

（4）依托国土空间规划大数据计算平台，构建了面向不同实际业务专题的算法模型，并设计了相应的计算方法和程序。基于实际规划编制工作经验研发了面向职住通勤、人口流动、商业活力、交通运行、产业经济、公共服务以及城市更新的算法模型。通过程序建模和分析建模功能实现了相应场景模型的计算程序。计算平台为国土空间规划模型的应用和展示提供了媒介，提高了对不同应用场景空间治理问题的动态精准识别能力，使得国土空间规划手段更加准确灵活，赋能智慧城市发展。

　　本书为北京市城市规划设计研究院规划大数据联合创新实验室（以下简称实验室）的重要研究成果。实验室基于以上理论和实践创新，搭建了一个集数据存储、数据计算、数据管理、数据分析、数据表示、决策支持于一体的可扩展的国土空间规划大数据计算平台，突破了海量数据操作瓶颈，实现了多源规划大数据的有机融合以及数据资源的有效挖掘与利用。此外，可生长的智能计算生态有效支撑了规划部门在规划实践中业务数据分析的宽度和深度，减少了科研人员和规划人员应用数字技术开展研究工作和规划设计的阻力。